Sichere Lösungen für neues Bauen

Wer baut, braucht zuverlässige Partner. Xella arbeitet mit innovativen Produkten, Dienstleistungen und Systemlösungen daran, das Bauen von morgen rationeller und kundenorientierter zu gestalten und Baukosten zu optimieren.

Xella Kundeninformation
Telefon: 08 00-5 23 56 65 (freecall)
Telefax: 08 00-5 35 65 78 (freecall)
info@xella.com | www.xella.de

Dipl.-Ing. Torsten Schoch

Neuer Wärmebrückenkatalog

Beispiele und Erläuterungen nach DIN 4108 Beiblatt 2 mit zahlreichen Gleichwertigkeitsnachweisen

2., aktualisierte und erweiterte Auflage

Bauwerk

Bibliografische Information Der Deutschen Bibliothek
Die Deutsche Bibliothek verzeichnet diese Publikation in der Deutschen
Nationalbibliografie; detaillierte bibliografische Daten sind im Internet über
http://dnb.ddb.de abrufbar.

Schoch
Neuer Wärmebrückenkatalog

2. Aufl. Berlin: Bauwerk, 2008

ISBN 978-3-89932-204-0

© Bauwerk Verlag GmbH, Berlin 2008
www.bauwerk-verlag.de
info@bauwerk-verlag.de

Alle Rechte, auch das der Übersetzung,
vorbehalten.

Ohne ausdrückliche Genehmigung des
Verlags ist es auch nicht gestattet, dieses Buch
oder Teile daraus auf fotomechanischem Wege
(Fotokopie, Mikrokopie) zu vervielfältigen
sowie die Einspeicherung und Verarbeitung
in elektronischen Systemen vorzunehmen.

Zahlenangaben ohne Gewähr

Druck und Bindung:
Advantage Printpool GmbH, Gilching

Vorwort zur 2. Auflage

Seit der Veröffentlichung des Wärmebrückenkataloges im Jahre 2005 wurden viele Wünsche hinsichtlich einer Erweiterung an den Verlag und an den Autor herangetragen. In der nun vorliegenden 2. Auflage konnten zusätzliche Detaillösungen aus dem Holzbau und für Sanierungsaufgaben berücksichtigt werden.

Des Weiteren galt es, die zwischenzeitlich erfolgte Überarbeitung des Beiblatts 2 zu DIN 4108 und die sich daraus ergebenden Änderungen zu berücksichtigen. Einige Details sind bezüglich der Gleichwertigkeitskriterien nach Beiblatt 2 überarbeitet worden. Die in Beiblatt 2, Ausgabe März 2006 klargestellten Randbedingungen für die Nachweisführung, z.B. von Detaillösungen mit Rollladenkästen, führten zumindest zu einer rechnerischen Überprüfung der bisher angebotenen Ergebnisse, nicht aber immer zu neuen Ergebnissen.

Am erfolgreichen Konzept und an der Zielstellung des Buches wurde festgehalten. Neben einer allgemeinen Darstellung der Wirkungsweise von Wärmebrücken und der rechnerischen Grundlagen nach DIN EN ISO 10211 lag ein weiterer Schwerpunkt in der Darstellung von Details, die zumindest ein Gleichwertigkeitskriterium nach DIN 4108, Ausgabe März 2006 einhalten. Mittels einer übersichtlichen Darstellung sollte es gelungen sein, die wärmetechnischen Eigenschaften der Baustoffe und deren Einfluss auf die wärmetechnische Optimierung von Anschlussdetails zu figurieren. Somit können über den Rahmen der dargestellten Details hinaus auch artverwandte Anschlusssituationen beurteilt werden.

Der Katalog ist als eine Art Arbeitshilfe für den Architekten und Ingenieur gedacht, der sich bereits frühzeitig mit den Grundsätzen einer wärmetechnisch optimierten Planung auseinandersetzt und eigene Details nach den hier aufgeführten Planungsgrundsätzen erstellen möchte. Gewiss kann der Katalog im öffentlich-rechtlichen Nachweis und gegenüber dem Bauherrn auch als Qualitätspass herhalten.

Für Studierende bietet der Katalog die Möglichkeit, sich eingehender mit den Berechnungen von Wärmebrücken zu beschäftigen und eigene Ergebnisse mit den im Buch dargestellten zu vergleichen.

Auch für die 2. Auflage gilt mein besonderer Dank dem Bauwerk-Verlag, insbesondere Herrn Prof. Klaus-Jürgen Schneider, für die stets kritische und zielorientierte Begleitung und letztendlich für die Möglichkeit, eine 2. Auflage zu veröffentlichen. Ein besonderes Dankeschön gebührt auch Herrn Roman Trapp für dessen neuerliche engagierte Mitarbeit am Manuskript.

Neumünster, Juni 2008
Torsten Schoch

Inhaltsverzeichnis

	Vorwort	5
1	Wirkungsweise von Wärmebrücken	11
2	Berücksichtigung des Einflusses zusätzlicher Verluste über Wärmebrücken	11
3	Transmissionswärmeverluste unter Beachtung zusätzlicher Verluste über Wärmebrücken	14
4	Das neue Beiblatt 2 zu DIN 4108	16
4.1	Einleitung...	17
4.2	Was ist neu?	17
4.3	Hinweise zu den Bauteilanschlüssen	17
4.4	Nachweis der Gleichwertigkeit	22
4.5	Empfehlungen zur energetischen Betrachtung	30
5	Der Bauteilkatalog	34
6	Verzeichnis der Normen/Verordnungen	366
7	Literaturverzeichnis	367

Inhaltsverzeichnis

		Monolithisches Bauteil M	Außengedämmtes Bauteil A	Zweischaliges Bauteil K	Holzbauart H
1	Bodenplatte	1-M-1 1-M-2 1-M-3	1-A-4 1-A-5 1-A-6a		
		Seite 38-43	Seite 44-49		
1.1	Bodenplatte auf Erdreich	1.1-M-10a 1.1-M-11a 1.1-M-12	1.1-A-13a 1.1-A-14a 1.1-A-15	1.1-K-16 1.1-K-17	1.1-H-19 1.1-H-20/a 1.1-H-21 1.1-H-22/a 1.1-H-23 1.1-H-24/a 1.1-H-F01/a 1.1-H-F02/a 1.1-H-F03/a
		Seite 50-55	Seite 56-61	Seite 62-65	Seite 66-95
2	Kellerdecke	2-M-25/a 2-M-26/a 2-M-27 2-M-28/a	2-A-29 2-A-30 2-A-31	2-K-32 2-K-33/a 2-K-34 2-K-35/a	2-H-36/a 2-H-37/a/b/c 2-H-38 2-H-39/a 2-H-M06a 2-H-F04a/b/c/d 2-H-F05/a 2-H-F06/a
		Seite 96-109	Seite 110-115	Seite 116-127	Seite 128-163
3	Fensterbrüstung	3-M-42	4-A-43	4-K-44 4-K-45 4-K-46	4-H-47 4-H-F08/a 4-H-F09
		Seite 164-165	Seite 166-167	Seite 168-173	Seite 174-177
4	Fensterlaibung	4-M-48	4-A-49	4-K-50 4-K-51 4-K-52	4-H-53 4-H-F10/a 4-H-F11
		Seite 178-179	Seite 180-181	Seite 182-187	Seite 188-191
5	Fenstersturz	5-M-54a/b	5-A-55/a	5-K-56/a/b/c 5-K-57/a/b/c 5-K-58/a/b/c	5-H-59 5-H-F12a
		Seite 192-195	Seite 196-199	Seite 200-223	Seite 224-227

Inhaltsverzeichnis

		Monolithisches Bauteil M	Außengedämmtes Bauteil A	Zweischaliges Bauteil K	Holzbauart H
6	Rollladenkasten	6-M-60	6-A-61	6-K-62	6-H-65
					6-H-66
		Seite 228-229	Seite 230-231	Seite 232-233	Seite 234-235
7	Terrasse	7-M-67	7-A-69		
		7-M-68	7-A-70		
		Seite 236-237	Seite 238-239		
9	Geschossdecke	9-M-72	9-A-73	9-K-74	9-H-75
					9-H-F15a
					9-H-F16
		Seite 240-241	Seite 242-243	Seite 244-245	Seite 246-249
10	Pfettendach	10-M-77		10-K-78	
		10-M-M25			
		Seite 250-255		Seite 252-253	
11	Sparrendach	11-M-80	11-A-M11	11-K-81	
		Seite 256-257	Seite 260-261	Seite 258-259	
12	Ortgang	12-M-82a/b/c		12-K-83/a/b	12-H-F17/a
		12-M-M52		12-K-M54	12-H-F18/a
					12-H-F19a/b/c
		Seite 262-275		Seite 268-277	Seite 278-293
14	Pfettendach	14-M-84a/b	14-A-M09b	14-K-85a/b	14-H-F23/a
		14-M-M53		14-K-M56	14-H-F24/a
					14-H-F25a/b
		Seite 294-303	Seite 304-305	Seite 298-307	Seite 308-319
16	Sparrendach	16-M-86a/b		16-K-87a/b	16-H-F20/a
					16-H-F21/a
					16-H-F22a/b
		Seite 320-323		Seite 324-327	Seite 328-339
18	Flachdach	18-M-88a/b	18-A-M14	18-K-90a/b	
		18-M-89			
		Seite 340-345	Seite 350-351	Seite 346-349	
19	Dachflächenfenster	21-X-94		19-A-M58	19-H-91
-	Gaubenanschluss	22-X-95		19-A-M59	19-H-92
22	Innenwände	22-X-96/a			20-H-93
		Seite 358-365		Seite 354-355	Seite 352-357

1 Wirkungsweise von Wärmebrücken

Wärmebrücken sind örtlich begrenzte Bereiche von Konstruktionen mit einer erhöhten Wärmestromdichte, die sich sowohl aus geometrischen (Ecken) als auch aus konstruktiven Einflüssen (Vorhandensein von Baustoffen mit erhöhter Wärmeleitfähigkeit) ergeben können. Durch den lokal erhöhten Wärmefluss sinkt die Oberflächentemperatur auf der Seite mit der höheren Raumtemperatur (Bauteilinnenseite). Daraus folgend ergeben sich vor allem zwei Problemfelder im Zusammenhang mit Wärmebrücken:

1. Erhöhte Transmissionswärmeverluste über das Außenbauteil.
2. Anstieg der relativen Luftfeuchte aufgrund des Absinkens der Oberflächentemperatur.

Besonders die letztgenannte Tatsache kann einen weiteren Negativeffekt hervorrufen: die Schimmelpilzbildung. Da Schimmelpilze lediglich eine hohe relative Feuchte, jedoch kein Tauwasser zur Sporenkeimung benötigen, fällt der Vermeidung hoher relativer Feuchten an Bauteiloberflächen besondere Aufmerksamkeit zu.

Prinzipiell lassen sich Wärmebrücken in zwei Gruppen einteilen:

1. Geometrisch bedingte Wärmebrücken.
2. Stofflich bedingte Wärmebrücken.

In der Praxis findet man häufig auch Überlagerungen beider Arten. Typischer Vertreter einer geometrischen Wärmebrücke ist eine Außenecke. In der ungestörten Wand ist die Fläche, die auf der Innenseite Wärme aufnimmt gleich groß wie die Außenfläche, die diese Wärme wieder abgibt. An der Ecke ist, geometrisch bedingt, die Außenfläche größer, es kommt zu einer intensiveren Abkühlung der Innenfläche, oftmals vor allem der Innenkante.
Die stofflich bedingten Wärmebrücken sind in einem Bauwerk vor allem an Flächen und Punkten anzutreffen, an denen aufgrund von Erfordernissen der Tragwerksplanung auf Stoffe mit erhöhter Tragfähigkeit zurückgegriffen werden muss (z.B. Anordnung einer Stahlbetonstütze als Aussteifungsstütze im Mauerwerk) bzw. überall dort, wo die einzelnen Tragsysteme eines Bauwerks ineinander greifen (z.B. Auflagerung der Decken auf dem Mauerwerk).

2 Berücksichtigung des Einflusses zusätzlicher Verluste über Wärmebrücken

Wird der Heizwärmebedarf des Gebäudes nach dem Monatsbilanzverfahren der DIN V 4108-6 oder der DIN V 18599-2 berechnet, so kann die Wirkung von konstruktiv und geometrisch bedingten Wärmebrücken auf den Transmissionswärmeverlust der Gebäudehülle mittels drei normativ gleichwertiger Verfahren Berücksichtigung finden.

a) Berechnung nach DIN EN ISO 10 211-2 (ψ-Werte).
b) Pauschalierte Berücksichtigung mit ΔU_{WB} = 0,05 W/(m² K) unter Berücksichtigung der Planungsgrundsätze nach DIN 4108 Bbl.2.
c) Pauschalierte Berücksichtigung mit ΔU_{WB} = 0,10 W/(m² K), sofern DIN 4108 BBI. 2 unberücksichtigt bleiben soll bzw. die Konstruktionen nicht als gleichwertig zu betrachten sind (siehe auch Abschnitt 4). Bei Außenbauteilen mit innenliegender Dämmschicht und einbindender Massivdecke ist für ΔU_{WB} ein Wert von 0,15 W/(m² K) anzusetzen.

Wirkungsweise von Wärmebrücken

Der pauschale Wärmebrückenzuschlag und der längenbezogene Wärmedurchgangskoeffizient stehen dabei in folgender mathematischer Beziehung zueinander:

$$\Delta U_{WB} = \frac{\Sigma(\Psi \cdot l)}{A} \quad [1]$$

ΔU_{WB} Wärmebrückenkorrekturwert nach DIN V 4108-6 bzw. DIN V 18599-2
ψ Längenbezogener Wärmedurchgangskoeffizient
l Länge der Wärmebrücke
A Wärmeübertragende Umfassungsfläche

Ein Wärmebrückenkorrekturfaktor von 0,05 W/(m² K) beschreibt demzufolge, dass einem Quadratmeter wärmeübertragender Umfassungsfläche ein längenbezogener Wärmebrückenverlustkoeffizient von 0,05 W/mK mit einer Konstruktionslänge von 1 m zuzuordnen ist.

Die Berechnung des ψ-Wertes erfolgt unter Beachtung der DIN EN ISO 10211 mit der folgenden Gleichung:

$$\psi = L^{2D} - \sum_{j=1}^{n} Uj \cdot lj \quad [2]$$

L^{2D} thermischer Leitwert der zweidimensionalen Wärmebrücke;
U_j Wärmedurchgangskoeffizient des jeweils zwei Bereiche trennenden 1-D-Bauteils;
l_j die Länge innerhalb des 2-D-geometrischen Modells, für die der U_j gilt;
n die Nummer der 1-D-Bauteile

Die geometrische Modellbildung ist jeweils nach den Vorgaben der DIN EN 10211-2, Abschnitt 4 durchzuführen.

Begriff des thermischen Leitwertes: In der Bauphysik ist der thermische Leitwert definiert als der Quotient aus dem Wärmestrom und der Temperaturdifferenz zwischen zwei wärmetechnisch durch die betrachtete Konstruktion in Verbindung stehende Umgebung. Der thermische Leitwert kann sowohl auf die Fläche der Konstruktionen, ihre Länge oder auf die Konstruktion schlechthin bezogen sein. Man spricht in diesem Falle von flächenbezogenen, längenbezogenen oder nur von Leitwerten. Der flächenbezogene Leitwert wird in der Bauphysik auch mit dem Begriff „U-Wert" einer Konstruktion beschrieben. Für die Berechnung von zweidimensionalen Wärmebrücken wird der längenbezogene Leitwert benötigt, der den Wärmestrom je Meter Konstruktionslänge bei einer gegebenen Temperaturdifferenz von 1 K zwischen zwei Umgebungen beinhaltet. Werden dreidimensionale Wärmebrücken (so genannte punktförmige Wärmebrücken) berechnet, ist der Leitwert ohne Flächen- oder Längenbezug maßgebend.

Die längenbezogenen Wärmedurchgangskoeffizienten (ψ-Werte) sind gemäß DIN V 4108-6 und DIN V 18599-2 für folgende Wärmebrücken zu berechnen:

- Gebäudekanten,
- Fenster- und Türlaibungen (umlaufend),
- Decken- und Wandeinbindungen,
- Deckenauflager,
- wärmetechnisch entkoppelte Balkonplatten.

Die Randbedingungen für die Berechnung sind der DIN 4108-2 zu entnehmen. Die hierorts enthaltenen Temperaturrandbedingungen sind in der Tabelle 1 enthalten.

Tabelle 1: Temperaturrandbedingungen für die Berechnung der ψ-Werte

Gebäudeteil bzw. Umgebung	Temperatur in °C
Keller	10
Erdreich	10
Unbeheizte Pufferzone	10
Unbeheizter Dachraum	-5
Außenlufttemperatur	-5
Innentemperatur	20

Weitere Randbedingungen für die Berechnung der längenbezogenen Wärmedurchgangskoeffizienten sind der DIN EN 10211-2 und dem Anhang A von Beiblatt 2 zu DIN 4108 zu entnehmen.

Aufgrund der Festlegung, dass alle Flächen im Nachweis außenmaßbezogen unter Beachtung der DIN EN ISO 13789 zu ermitteln sind, hat auch die Berechnung der ψ-Werte außenmaßbezogen zu erfolgen, was unter Umständen (z.B. bei Außenwandecken) zu negativen ψ-Werten führen kann. Im Unterschied zum Nachweis des Heizwärmebedarfs, in dem nur positive Bedarfswerte einbezogen werden, darf auch ein negativer ψ-Wert zur Verringerung der Verluste herangezogen werden.

Die Berechnung des ψ-Wertes unter Anwendung der DIN EN 10211-2 wird nunmehr anhand eines Beispiels erläutert:

Der Wärmebrückeneinfluss einer in der Außenwand eingebundenen Stahlbetonstütze soll untersucht werden. Die Stahlbetonstütze wird außenseitig zusätzlich mit 4 cm Wärmedämmung mit Bemessungswert der Wärmeleitfähigkeit von 0,025 W/(m² K) gedämmt. Die gewählte Schnittführung ist Bild 1 zu entnehmen. Die Stahlbetonstütze ist bei der Ermittlung des U-Wertes der Außenwand nicht berücksichtigt worden.

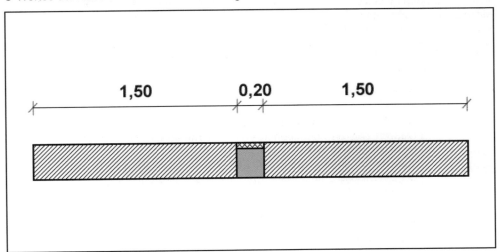

Bild 1: Außenwand mit Stahlbetonstütze

Der U-Wert der Außenwand beträgt 0,59 W/(m² K) (24 cm Porenbetonplatte P4,4/0,6) nach DIN EN ISO 6946.

Der Term $U \cdot l$ aus Gleichung 11 wird zu: 0,59 · 3,20 m = 1,88 W/(m² K)

Der mit einem zweidimensionalen Wärmebrückenprogramm (z.B. HEAT 2.6) ermittelte Wärmestrom beträgt 51,06 W/m.

Der thermische Leitwert berechnet sich aus:

$$L^{2D} = \frac{q}{\Delta \vartheta} = \frac{51,06}{25} = 2,04 \text{ W/mK}$$

q Wärmestrom 2-D aus Wärmebrückenprogramm
$\Delta \vartheta$ Temperaturdifferenz (hier: 20 - (-5) = 25 K)

Außenmaßbezogener Wärmebrückenverlustkoeffizient ψ_a:

$$\psi_a = 2,04 - 1,88 = 0,16 \text{ W/(m}^2 \text{ K)}$$

Bei einer 3 m hohen Stahlbetonstütze wären demnach für den Anschluss zusätzliche Verluste von 0,16 · 3 m = 0,48 W/K zu berücksichtigen. Bezieht man diesen Wert auf eine Heizperiode von 185 d, so wäre ein zusätzlicher Verlust von 31,68 kWh zu berücksichtigen.

Wird der längenbezogene Wärmebrückenverlustkoeffizient auf die wärmeübertragende Umfassungsfläche bezogen, so ergibt sich ein Wert von 0,48 / 9,6 m² = 0,05 W/(m² K).

3 Transmissionswärmeverluste unter Beachtung zusätzlicher Verluste über Wärmebrücken

Gemäß EnEV ist der spezifische Transmissionswärmeverlust H_T nach DIN EN 832 mit denen in DIN V 4108-6 Anhang D genannten Randbedingungen zu ermitteln. Dabei dürfen die Vereinfachungen für den Berechungsgang nach DIN 832 verwendet werden. Diese Festlegung gilt unabhängig vom Temperaturniveau des Gebäudes. Für Nichtwohngebäude gilt ab 2007 die DIN V 18599-2, die für H_T den Begriff des Transmissionswärmetransferkoeffizient verwendet. Dieser Unterschied hat auf den Berechnungsalgorithmus keinen Einfluss und wird daher nicht weiter beachtet. Die Berechnung des spezifischen Transmissionswärmeverlustes erfolgt auf der Grundlage der nachfolgend dargestellten Gleichung:

$$H_T = L_D + L_S + H_U \quad [2]$$

H_T spezifischer Transmissionswärmeverlust
L_D Leitwert zwischen dem beheizten Raum und außen über die Gebäudehülle in W/K
L_S stationärer Leitwert zum Erdreich in W/K nach DIN EN 13370
H_U der spezifische Transmissonswärmeverlustkoeffizient über unbeheizte Räume in W/K nach DIN EN 13789

Der Leitwert L_D ist dabei nach folgender Rechenvorschrift zu bestimmen:

$$L_D = \Sigma_i A_i U_i + \Sigma_k l_k \Psi_k + \Sigma_j \chi_j \quad [3]$$

oder

$$L_D = \Sigma_i \cdot A_i \cdot U_i + \Sigma_k \cdot L_k^{2D} + \Sigma_j \cdot L_j^{3D} \quad [4]$$

A_i	die Fläche des Bauteils i der Gebäudehülle in m²;
U_i	der Wärmedurchgangskoeffizient in W/(m²K) des Bauteils i der Gebäudehülle, berechnet nach DIN EN ISO 6946 und DIN EN ISO 10077;
l_k	die Länge der zweidimensionalen Wärmebrücke k;
Ψ_k	der längenbezogene Wärmedurchgangskoeffizient in W/(mK) der Wärmebrücke k nach DIN EN ISO 10211-2;
X_j	der punktbezogene Wärmedurchgangskoeffizient in W/k der punktförmigen Wärmebrücke j, berechnet nach DIN EN ISO 10211-1;
L_k^{2D}	der thermische Leitwert in W/(mK), der durch die zweidimensionale Berechnung nach DIN EN ISO 10211-1 ermittelt wird;
L_j^{3D}	der thermische Leitwert in W/K, der durch dreidimensionale Berechnung nach DIN EN ISO 10211-1 ermittelt wird.

Die mögliche Vereinfachung des Rechenganges besteht in der Verwendung von Temperaturkorrekturfaktoren F_x für Bauteile, die nicht an die Außenluft grenzen nach Tabelle 3 der DIN V 4108-6 bzw. nach Tabelle 3 der DIN V 18599-2 und in der Verwendung eines pauschalen, auf die wärmeübertragende Umfassungsfläche bezogenen Wärmebrückenzuschlages ΔU_{WB}. Dreidimensionale Wärmebrücken werden im Rahmen des öffentlich-rechtlichen Nachweises nicht beachtet, zweidimensionale Wärmebrücken zu niedrig beheizte Räume dürfen vernachlässigt werden. Der zusätzliche spezifische Wärmeverlust für Bauteile mit Flächenheizung ist im öffentlich-rechtlichen Nachweis nach Abschnitt 6.1.4 der DIN V 4108-6 zu ermitteln und zum spezifischen Transmissionswärmeverlust zu addieren. Unter Beachtung dieser Vereinfachungen ergibt sich folgende Berechnungsvorschrift für den spezifischen Transmissionswärmeverlust:

$$H_T = \Sigma\,(F_{xi}\cdot U_i \cdot A_i) + \Delta U_{WB} \cdot A + \Delta H_{T,FH} \qquad [5]$$

F_{xi}	Temperaturkorrekturfaktor nach Tabelle 3 DIN V 4108-6, für Bauteile gegen Außenluft ist $F_{xi} = 1$;
U_i	Wärmedurchgangskoeffizient eines Bauteils in W/(m²K);
A_i	Fläche eines Bauteils in m²;
ΔU_{WB}	spezifischer Wärmebrückenzuschlag in W/(m²K);
A	Wärmeübertragende Umfassungsfläche des Gebäudes;
$\Delta H_{T,FH}$	spezifischer Wärmeverlust über Bauteile mit Flächenheizung.

Wird, abweichend von Gleichung 5, der zusätzliche Verlust über Wärmebrücken nach DIN EN ISO 10211-2 berechnet, so ist statt des Terms $\Delta U_{WB} \cdot A$ der Leitwert L zu verwenden. Die Berechnung des Wärmedurchgangskoeffizienten U_i hat nach den Vorschriften der DIN EN ISO 6946, DIN EN ISO 10077 (Fenster) und DIN 13370 bzw. Anhang E der DIN V 4108-6 (Bauteile, die an das Erdreich grenzen) zu erfolgen. Wird der U-Wert für Bauteile, die an das Erdreich grenzen, nach Anhang E der DIN V 4108-6 berechnet, so ist zu beachten, dass bei an das Erdreich grenzenden Bauteilen (z.B. Bodenplatten) der äußere Wärmeübergangswiderstand zu null zu setzen ist.

Aus dem berechneten spezifischen Transmissionswärmeverlust ergibt sich der spezifische, auf die wärmeübertragende Umfassungsfläche bezogene Transmissionswärmeverlust nach folgender Beziehung:

$$H_T{'} = \frac{H_T}{A} \qquad [6]$$

$H_T{'}$	spezifischer auf die wärmeübertragende Umfassungsfläche bezogener Transmissionswärmeverlust;

H_T spezifischer Transmissionswärmeverlust;
A wärmeübertragende Umfassungsfläche

Der nach Gleichung 6 berechnete spezifische Transmissionswärmeverlust ist mit dem zulässigen Wert nach Anhang 1 der Energieeinsparverordnung, Tabelle 1 (für Gebäude mit normalen Innentemperaturen) bzw. nach Anhang 2, Tabelle 1 (für Gebäude mit geringen Innentemperaturen) zu vergleichen. Die Anforderung gilt als erfüllt, wenn der Wert nicht überschritten wird.
Werden Nichtwohngebäude nachgewiesen, so ist der Nachweis nach Gleichung 6a unter Einbeziehung der DIN V 18599-2 zu führen.

$$H_T^{'} = \frac{H_{T,D} + F_x \cdot H_{T,iu} + F_x \cdot H_{T,s}}{A}$$

$H_T^{'}$ spezifischer, auf die wärmeübertragende Umfassungsfläche bezogener Transmissionswärmetransferkoeffizient in W/(m²K)
$H_{T,D}$ Transmissionswärmetransferkoeffizient zwischen der beheizten und/oder gekühlten Gebäudezone und außen
$H_{T,iu}$ Transmissionswärmetransferkoeffizient zwischen beheizten und/oder gekühlten und unbeheizten Gebäudezonen
$H_{T,s}$ Wärmetransferkoeffizient der beheizten und/oder gekühlten Gebäudezone über das Erdreich
F_x Temperaturkorrekturkoeffizient nach DIN V 18599-2

Der ΔU_{WB} ist auch bei Nichtwohngebäuden – abweichend von den Aussagen in der DIN V 18599 – als Zuschlag auf die gesamte wärmeübertragende Umfassungsfläche anzusetzen.

4 Das neue Beiblatt 2 zu DIN 4108 (Ausgabe März '06)

4.1 Einleitung

Seit Einführung der Energieeinsparverordnung (EnEV) im Jahre 2002 werden im öffentlich-rechtlichen Nachweis die zusätzlichen Verluste über Wärmebrücken mittels pauschalen Ansätzen oder genauen rechnerischen Nachweisen berücksichtigt. Sollte ein pauschaler Zuschlag auf die Wärmedurchgangskoeffizienten der gesamten wärmeübertragenden Umfassungsfläche von 0,05 W/m²K angesetzt werden (ohne Einbeziehung der Temperaturkorrekturkoeffizienten), so wurde dafür als eine unerlässliche Voraussetzung die Übereinstimmung der geplanten und ausgeführten Details mit den im Beiblatt 2 enthaltenen Details definiert. Konnte diese Übereinstimmung nicht festgestellt werden, war entweder ein doppelter Zuschlag anzusetzen oder ein genauer Nachweis nach DIN EN ISO 10211 zu führen. Der erste Fall führte in aller Regel zu völlig unwirtschaftlichen Bauteilaufbauten, der zweite zu aufwendigen Nachweisverfahren. Daher war und ist es allzu verständlich, dass sich in der Praxis eine Hinwendung zum Beiblatt 2 einstellte, wohl wissend, dass mit dem Beiblatt ein für die Praxis nur wenig taugliches Planungsinstrument bereitstand. Die Untauglichkeit ergab sich vornehmlich aus dem Umstand, dass zu wenig Details im Beiblatt abgebildet waren und überdies klare Instruktionen fehlten, wie bei kleineren oder auch größeren Abweichungen zu verfahren, sprich: wie der Nachweis der Gleichwertigkeit eigener Details mit denen im Beiblatt dargestellten zu führen war.

Mit dem im März 2006 veröffentlichten neuen Beiblatt sollten die oben erwähnten Unklarheiten im Normtext weitestgehend beseitigt werden, ohne ein Werk schaffen zu wollen, welches alle nur erdenklichen Konstruktionsfragen im Zusammenhang mit Wärmebrücken im Hochbau erschöpfend beantwortet. Das neue Beiblatt 2 zu DIN 4108 „Wärmebrücken – Planungs-

und Ausführungsbeispiele" wird von EnEV 2007 in Bezug genommen und löst somit das alte Beiblatt 2, Ausgabe 2004 ab.

4.2 Was ist neu?

Gegenüber Beiblatt 2 zu DIN 4108:1998-08 und DIN 4108:2004-01 wurden folgende Änderungen vorgenommen:

1. Aufnahme von **38** neuen Anschlussdetails (zum Beispiel Anschlüsse Bodenplatte/ Mauerwerk für nicht unterkellerte Gebäude).
2. Aufnahme eines Kapitels „Gleichwertigkeitsnachweis".
3. Aufnahme eines Kapitels „Empfehlungen zur energetischen Betrachtung".
4. Aufnahme von längenbezogenen Wärmebrückenverlustkoeffizienten (Ψ-Werte) für alle abgebildeten Anschlussdetails.
5. Aufnahme eines Abschnittes „Randbedingungen" mit Darstellung der für die Berechnung der Ψ- und f_{RSI}-Werte verwendeten Annahmen.
6. Aufnahme eines Mini-Aufsatzkastens.
7. Aufnahme eines Leichtbau-Rollladenkastens und eines tragenden Rollladenkastens mit den zugehörigen Referenzwerten und Randbedingungen.
8. Überarbeitung der Randbedingungen für den Nachweis der Gleichwertigkeit von Rollladenkästen.

Der Temperaturfaktor f_{RSI} wird auch im neuen Beiblatt für die dargestellten Konstruktionen nicht separat nachgewiesen, da davon ausgegangen wird, dass alle vorgestellten Konstruktionen an der ungünstigsten Stelle einen Wert von mindestens 0,7 aufweisen und somit die Mindestanforderungen nach DIN 4108-2:2003-07 zur Vermeidung von Schimmelpilzbildung an Bauteiloberflächen erfüllen. Diese Annahme gilt auch für den Fall, dass eine Gleichwertigkeit nach den im Beiblatt formulierten Kriterien allein für den längenbezogenen Wärmebrückenverlustkoeffizienten (Ψ-Wert) nachgewiesen wird.

4.3 Hinweise zu den Bauteilanschlüssen

Im neuen Beiblatt 2 wurde die Auswahl der für eine Gleichwertigkeitsbeurteilung zugrunde zu legenden Bauteilanschlüsse um einige Praxisfälle erweitert. Streng genommen war es bislang zum Beispiel unmöglich, für nicht unterkellerte Gebäude unter Hinweis auf Beiblatt 2 den pauschalen Wärmebrückenverlust in Ansatz zu bringen, da die Anschlüsse Bodenplatte/ Außenmauerwerk im Beiblatt gar nicht vorkamen. Diese Lücke wurde geschlossen und darüber hinaus erfolgte eine Überarbeitung der bereits im alten Beiblatt vorhandenen Details mit stärkerer Orientierung zum handwerklich Machbaren. Im Abschnitt 3.4 des Beiblatts sind nunmehr auch zusätzliche Hinweise enthalten, die einen Gleichwertigkeitsnachweis unter Verwendung von Rechenprogrammen ermöglichen. Einflüsse, die in der Berechnung der Ψ-Werte zu berücksichtigen sind, werden im Beiblatt direkt ausgewiesen. Beispielhaft sei an dieser Stelle der im Nachweis nicht zu beachtende Einfluss von Drahtankern bei zweischaligem Mauerwerk genannt.

Im Abschnitt 5 des neuen Beiblatts werden alle Anschlussdetails in einer Übersichtsmatrix dargestellt. Abbildung 1 zeigt einen Ausschnitt.

Art des Anschlusses		Regelquerschnitt				
		M	A	K	S	H
		Bild				
6		Bild 60	Bild 61	Bild 62 bis Bild 64		Bild 65 bis Bild 66
7		Bild 67 bis Bild 68		Bild 69 bis Bild 70		—
8				Bild 71		—
9		Bild 72	Bild 73	Bild 74		Bild 75

Bild. 2: Auszug Übersichtsmatrix Beiblatt 2

Die Details werden in der Übersicht den jeweiligen Regelquerschnitten zugeordnet. Die Abkürzungen im Tabellenkopf stehen für folgende Konstruktionsarten:

M	Monolithisches Mauerwerk
A	Außengedämmtes Mauerwerk
K	Mauerwerk mit Kerndämmung und Verblender
S	Stahlbeton mit Kerndämmung und Verblender
H	Holzkonstruktionen

Dieser Matrix folgend ist zum Beispiel das Detail für einen Geschossdeckenanschluss im monolithischen Mauerwerk im Bild 72 des Beiblattes dargestellt.

Hinweis: Im Beiblatt wird nicht zwischen gedämmtem Mauerwerk mit oder ohne Luftschicht differenziert. Soll eine Luftschicht ausgeführt werden, so können die Details für kerngedämmtes Mauerwerk verwendet werden. Dies ist möglich, da bei der Berechnung der Ψ-Werte und der f_{Rsi}-Werte weder die Luftschicht noch der Verblender als thermisch wirksame Schicht in die Berechnung impliziert wurden. Unter Beachtung der Tatsache, dass Luftschichten im zweischaligen Mauerwerk gemäß Definition der DIN EN ISO 6946 überwiegend als stark belüftete Luftschichten ausgeführt werden, ist eine korrekte Herangehensweise.

Die im neuen Beiblatt gewählte Darstellung der Anschlussdetails ist in Bild 3 dargestellt.

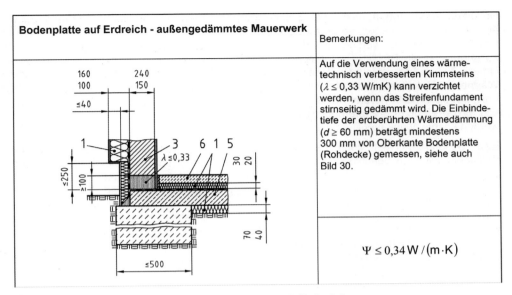

Bild 3: Darstellung der Anschlussdetails im Beiblatt 2 (Beispiel)

Hinweis: Eine Übersicht über die Zuordnung der verwendeten Baustoffe zu den in den Details enthaltenen Nummern ist am Ende des Abschnitts 4 zu finden.

Für alle Details werden die für einen eventuell erforderlichen Gleichwertigkeitsnachweis wichtigen Eingangsdaten dargestellt. Die Zuordnung der Bemessungswerte der Wärmeleitfähigkeiten nach Tabelle 2 des Beiblattes erfolgt über die in den Zeichnungen gewählte Flächenschraffur. In Abbildung 2 fällt auf, dass nicht alle Konstruktionselemente vermaßt wurden. Auf ein Vermaßen wurde immer dann verzichtet, wenn das Konstruktionselement keinen wesentlichen Beitrag am Wärmeverlust leistet und dessen Ausführungsdicke daher ohne Belang ist. Im Gleichwertigkeitsnachweis könnte man dieses Konstruktionselement daher auch komplett eliminieren.

Beispiel: Ob der Estrich in Bild 3 mit 4 cm oder 8 cm ausgeführt wird, beeinflusst das Ergebnis für den längenbezogenen Wärmebrückenverlustkoeffizient nicht oder allenfalls in der vierten Stelle nach dem Komma.

Jedem Detail wird im Beiblatt 2 ein längenbezogener Wärmebrückenverlustkoeffizient (Ψ-Wert) zugeordnet, der mit den im Beiblatt dargestellten Randbedingungen berechnet worden ist. Dieser Wert dient als Grundlage für einen Nachweis der Gleichwertigkeit für Konstruktionen, die vom Konstruktionsprinzip des im Beiblatt dargestellten Details abweichen (siehe Abschnitt Gleichwertigkeitsnachweis). Wenn erforderlich, werden den Details zusätzliche verbale Ergänzungen beigeordnet. So kann z.B. für das in Bild 3 dargestellte Detail auch auf einen wärmetechnisch verbesserten Kimmstein mit $\lambda \leq 0{,}33$ W/(mK) verzichtet werden, wenn stattdessen eine 6 cm Dämmung an der Stirnseite des Fundaments mit einer Einbindetiefe von 30 cm ab Oberkante Bodenplatte angeordnet wird. Auch für diesen Fall gilt die Ausführung als gleichwertig, obgleich eine genaue Berechnung einen höheren Ψ-Wert ergäbe, da aufgrund des nach DIN EN ISO 13789 zu verwendenden Außenmaßbezuges die stirnseitige Dämmung an der Außenseite des Fundaments in die Berechnung nicht eingeht. Mit den zusätzlichen Hinweisen wird folglich auch die aus den Rechenansätzen resultierende „Unschärfe" teilweise geglättet.

Hevorzuheben ist ferner, dass im Gegensatz zum alten Beiblatt 2 die möglichen Wanddicken erheblich erweitert wurden. So kann eine monolithische Wand jetzt mit einer Wanddicke von 24 bis 37,5 cm ausgeführt werden, ohne dass der Zwang entstünde, einen rechnerischen Nachweis zu führen. Das alte Beiblatt sah für monolithische Konstruktionen nur eine Wanddicke von 36,5 cm vor. Zu beachten ist jedoch, dass bei einer Wanddicke von 30 cm der Bemessungswert der Wärmeleitfähigkeit maximal 0,18 W/mK und bei einer Wanddicke von 24 cm maximal 0,14 W/(mK) betragen darf. Hierorts wurde dem Umstand Rechnung getragen, dass trotz Einhaltung von Ψ-Werten und f_{Rsi}-Werten der Mindestwärmeschutz bei höheren λ-Werten unterschritten werden könnte, was unter Bezug auf DIN 4108-2 zu vermeiden ist.

Eine Besonderheit ist auch bei Konstruktionsdetails mit Dachflächenfenstern und Rollladenkästen zu beachten. Für die im neuen Beiblatt 2 dargebotenen Details wurden zwar vereinfachend die Wärmebrückenverluste (Ψ-Werte) berechnet, der Nachweis der minimalen Oberflächentemperatur über den f_{Rsi}-Wert (Mindestwert 0,7, was einer minimalen Oberflächentemperatur von 12,6 °C entspricht) konnte jedoch für so komplexe Detaillösungen unter Beachtung der mannigfaltigen Ausführungsvarianten nicht geführt werden. Das Beiblatt verlangt für diese Konstruktionen einen Nachweis der Hersteller, dass die Mindestoberflächentemperatur von 12,6 °C mit dem angebotenen Konstruktionsprinzip erreicht werden kann. Auf diese Besonderheit ist bereits in der Planungsphase zu achten, die Übereinstimmung mit der Konstruktion nach Beiblatt 2 oder die Einhaltung des angegebenen Ψ-Wertes allein reicht für diesen Fall nicht aus.

Stichwort Rollladenkasten: In der Ausgabe des Beiblatts aus dem Jahre 1989 wurde die Verteilung der Dämmung im Rollladenkasten noch obligatorisch vorgeschrieben. Aus dem Vergleich mit den am Markt erhältlichen Rollladenkästen - insbesondere in Bezug auf die tragenden Rollladenkästen - war jedoch ersichtlich, dass die im alten Beiblatt dargestellten Rollladenkästen mit einer innenseitigen Dämmung von 6 cm, wenn überhaupt, nur mit großem technischem Aufwand hergestellt werden können. Streng genommen war für kein Gebäude mit Rollladenkästen der verringerte pauschale Wärmebrückenverlust anwendbar, es sei denn, man entschloss sich zu genauen Berechnungen. Auch eilig vorpreschende Hersteller mit dem Drang, für den öffentlich-rechtlichen Nachweis unmaßgebende Gütesiegel zu entwickeln, konnten dieses Problem nicht lösen. Der Normausschuss hatte sich nach eingehender Diskussion dazu entschlossen, die Anordnung der Dämmung in den Rollladenkästen freizustellen, jedoch nur unter Beachtung der Prämisse, dass die Mindestanforderungen nach DIN 4108-2 (Mindestwärmeschutz) eingehalten werden. Bild 4 zeigt ein Beispiel für eine derartige Konstruktion mit beigefügten Ausführungshinweisen.

Die Grenzwerte im Beiblatt wurden unter der Voraussetzung berechnet, dass es sich bei den Kästen um tragende Elemente handelt. Tragende Rollladenkästen werden auch heute noch vereinzelt mit filigranen Stahlblechen als tragende Konstruktion ausgeführt, die es bei der Berechnung des Ψ-Wertes zu berücksichtigen gilt.

Andererseits bietet die Industrie seit Jahren gut gedämmte nicht tragende Kästen und so genannte Aufsatzkästen an, für die die im Beiblatt 2 angegebenen Grenzwerte deutlich zu hoch sind. In der aktuellen Ausgabe des Beiblatts werden daher Unterscheidungen zwischen einzelnen Arten von Rollladenkästen vorgenommen, um nicht einer Verschlechterung des baulichen Wärmeschutzes über eine gezielte Fehlinterpretation des Beiblattes Vorschub zu leisten. Überdies enthält die Neuausgabe des Beiblattes eindeutige Randbedingungen für die Berechnung von Wärmeströmen über Rollladenkästen, sodass Differenzen in den Berechnungsergebnissen, die allein auf einer Fehlinterpretation der Randbedingungen basieren, künftig ausgeschlossen werden können.

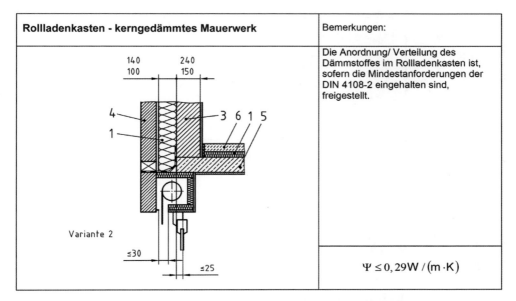

Bild 4: Rollladenkasten - kerngedämmtes Mauerwerk nach Beiblatt 2, Bild 63

Hinweis: In allen Details wurde auch die Darstellung der Abdichtungen mit aufgenommen. Diese Darstellungen sind jedoch vornehmlich als Prinzipskizzen zu verstehen und dienen daher nicht als Grundlage für die Planung einer funktionierenden Abdichtung nach DIN 18195.

Eine weitere Besonderheit stellt die Modellbildung im Bereich von Fensteranschlüssen dar. Um gegebenenfalls rechnerische Nachweise führen zu können, mussten für den Bereich des Fensteranschlusses Vereinfachungen gefunden werden, da bekanntermaßen sowohl Verluste aus den Laibungsanschlüssen als auch aus den Randverbindungen der Verglasungen mit dem Rahmen zu berücksichtigen sind. Die im neuen Beiblatt gewählte Lösung verdeutlicht Bild 5.

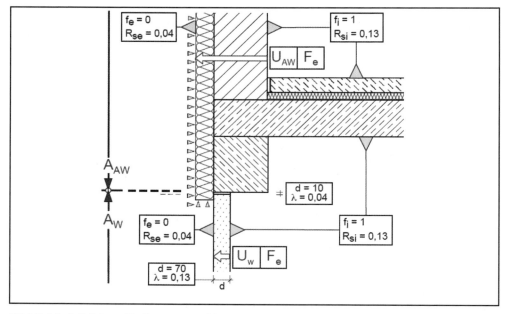

Bild 5: Modellbildung für Fensteranschlüsse nach Bbl 2

Das „Modellfenster" besteht, wie aus Bild 5 ersichtlich, aus einem 70 mm dicken Baustoff mit einem Bemessungswert der Wärmeleitfähigkeit von 0,13 W/(mK). Unter Hinzuzählung der Wärmeübergangswiderstände ergibt sich für das Fenster demnach ein U-Wert von ca. 1,4 W/(m²K). Mit diesem Modell können nur die Wärmebrückenverluste am Anschluss des Fensters zur Gebäudehülle erfasst werden. Die Verluste über den Randverbund Glas-Rahmen werden in die Berechnung nicht mit einbezogen. Diese sind ohnehin schon im deklarierten U-Wert des Fensters nach ISO 10077 bzw. DIN V 4108-4 enthalten. Dass sich der Ψ-Wert eines Anschlusses bei Beachtung der Randverluste verändert, wird im Rahmen des Nachweises nach Beiblatt 2 aus Vereinfachungsgründen ignoriert.

4.4 Nachweis der Gleichwertigkeit

Mittels der in Abschnitt 4.3 dargestellten Prinzipien wird ein Gleichwertigkeitsnachweis ermöglicht. Der Nachweis der Gleichwertigkeit von Konstruktionen zu den im Beiblatt 2 aufgezeigten kann mit einem der nachfolgenden Verfahren vorgenommen werden:

a) **Bei der Möglichkeit einer eindeutigen Zuordnung des konstruktiven Grundprinzips und bei Vorliegen der Übereinstimmung der beschriebenen Bauteilabmessungen und Baustoffeigenschaften ist eine Gleichwertigkeit gegeben.**

Diese Art des Gleichwertigkeitsnachweises folgt dem Grundsatz, dass das zu beurteilende Detail mit einem Detail aus dem Beiblatt übereinstimmt. Ein Beispiel ist in Tabelle 2 aufgeführt.

Tabelle 2: Gleichwertigkeitsnachweis nach Verfahren a)

Nachweis der Gleichwertigkeit

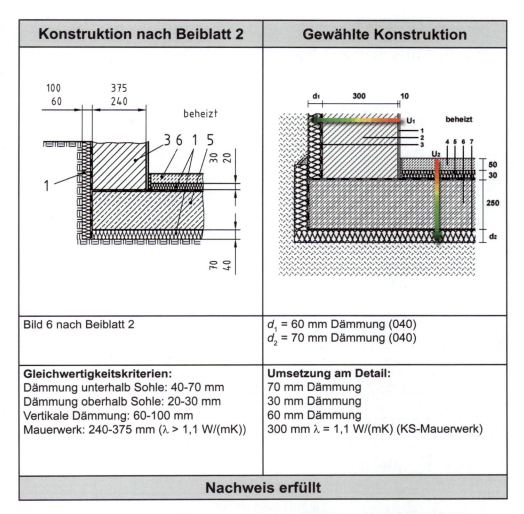

Konstruktion nach Beiblatt 2	Gewählte Konstruktion
Bild 6 nach Beiblatt 2	d_1 = 60 mm Dämmung (040) d_2 = 70 mm Dämmung (040)
Gleichwertigkeitskriterien: Dämmung unterhalb Sohle: 40-70 mm Dämmung oberhalb Sohle: 20-30 mm Vertikale Dämmung: 60-100 mm Mauerwerk: 240-375 mm (λ > 1,1 W/(mK))	**Umsetzung am Detail:** 70 mm Dämmung 30 mm Dämmung 60 mm Dämmung 300 mm λ = 1,1 W/(mK) (KS-Mauerwerk)
Nachweis erfüllt	

b) **Bei Materialien mit abweichender Wärmeleitfähigkeit erfolgt der Nachweis der Gleichwertigkeit über den Wärmedurchlasswiderstand der jeweiligen Schicht.**

Diese Instruktion für eine Feststellung der Gleichwertigkeit soll ermöglichen, dass bei Einhaltung der energetischen Qualität der Gesamtkonstruktion auch abweichende Aufbauten verwendet werden können. In der Praxis wird man diese Regel vor allem dann anwenden können, wenn zum Beispiel Mauerwerk oder Dämmung geringerer Wärmeleitfähigkeit zum Einsatz kommen soll. Es ist jedoch zu beachten, dass in Beiblatt 2 kein Wärmedurchlasswiderstand ausgewiesen wird, es ist daher immer zunächst davon auszugehen, dass der Aufbau mit den minimalen Wärmeleitfähigkeiten nach Tabelle 2 aus Beiblatt 2 als Vergleichsgrundlage zu dienen hat. Der folgende Vergleich verdeutlicht die Nachweisführung anhand eines Beispiels:

Nachweis der Gleichwertigkeit

Tabelle 3: Gleichwertigkeitsnachweis nach Verfahren b)

Konstruktion nach Beiblatt 2	Gewählte Konstruktion
Bild 58 nach Beiblatt 2	d_1 = 175 mm Porenbeton (0,16 W/(mK)) d_2 = 100 mm Dämmung (040) d_3 = 200 mm Stahlbeton
Gleichwertigkeitskriterien: Mauerwerk: 150-240 mm ($\lambda \geq$ 1,1 W/(mK)) Dämmung: 100-140 mm (λ = 0,04 W/(mK)) Stahlbetondecke Stahlbetonsturz (λ = 2,1 W/(mK)) Fuge Blendrahmen-Baukörper mit 10 mm Dämmstoff ausfüllen	**Umsetzung am Detail:** 175 mm Porenbeton (λ = 0,18 W/(mK)) 100 mm Dämmung (λ = 0,04 W/(mK)) Stahlbetondecke Porenbetonflachsturz (λ = 0,21 W/(mK)) Fuge Blendrahmen-Baukörper mit 10 mm Dämmstoff ausfüllen
Nachweis erfüllt	
R_1	$\leq$ R_2

Hinweis: Die Forderung nach Einhaltung des Wärmedurchlasswiderstandes gilt für alle Bereiche der Konstruktion, nicht nur für das Mauerwerk selbst. Deshalb ist bei dem dargestellten Detail eine Reduzierung der Dämmung auf 80 mm nur dann möglich, wenn eine Dämmung mit einer Wärmeleitfähigkeit von $\leq$ 0,03 W/(m² K) zum Einsatz käme, da ansonsten der Wärmedurchlasswiderstand an der Stirnseite der Decke geringer ausfiele.

c) Ist auf dem unter a) und b) dargestellten Wege keine Übereinstimmung zu erreichen, so sollte die Gleichwertigkeit des Anschlussdetails mit einer Wärmebrückenberechnung nach den in DIN EN ISO 10211-1 beschriebenen Verfahren unter Verwendung der in Beiblatt 2 angegebenen Randbedingungen vorgenommen werden.

Nachweis der Gleichwertigkeit

Für diese Art des Nachweises der Gleichwertigkeit ist also eine Berechnung des Ψ-Wertes gefordert. Eine solche Berechnung kann nur unter Verwendung von speziellen EDV-Programmen (z.B. HEAT) vorgenommen werden. Zu beachten ist hierbei, dass in Beiblatt 2 an einigen Stellen von den in DIN EN ISO 10211-1 vorgeschriebenen Randbedingungen abgewichen wird (z.B. bei erdberührten Bauteilen). Die Berechnungen des Ψ-Wertes für ebensolche Anschlussdetails können daher nur für den Nachweis der Gleichwertigkeit verwendet werden und nicht für einen detaillierten Nachweis der Wärmebrückenverluste eines Gebäudes.

Die zu benutzenden Randbedingungen sind im Kapitel 7 des Beiblatts enthalten. In Bild 6 werden exemplarisch die Randbedingungen für die Berechnung des Ψ-Wertes eines Anschlusses der obersten Geschossdecke dargestellt. Der Dachraum ist unbeheizt.

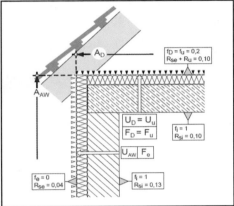

Bild 6: Randbedingung für die Berechnung des Ψ-Wertes (Beispiel)

In den Randbedingungen werden festgelegt:

1. Wärmeübergangswiderstände (nach DIN EN 6946)
2. Der gewählte Außenmaßbezug der Bauteile nach DIN EN ISO 13789
3. Temperaturfaktoren (f-Werte)

Hinweis: Die Temperaturfaktoren f_x sind aus den Temperaturkorrekturfaktoren F_x nach DIN V 4108-6 abgeleitet und stehen in folgender Beziehung zueinander:

$$F_x = 1 - f_x \qquad [7]$$

Der Wert für den Temperaturkorrekturfaktor zum ungeheizten Dachraum F_u für das in Abbildung 5 aufgezeigte Anschlussdetail ist nach DIN V 4108-6 mit 0,8 anzunehmen, daher wird f_u 0,2. Bei Verwendung von Temperaturfaktoren kann auf das Umrechnen auf die konkreten Temperaturen verzichtet werden, was eine Vereinfachung, gleichwohl aber keine Notwendigkeit und schon gar keine Voraussetzung darstellt.

Die Temperaturkorrekturfaktoren für an das Erdreich grenzende Bauteile (Bodenplatte, Kellerwand) werden im Beiblatt 2 einheitlich für alle Details auf 0,6 fixiert. Diese Annahme liegt auf der sicheren Seite, da die positiven Einflüsse aus Geometrie und Dämmung derartiger Bauteile nicht in die Berechnung eingehen. Für detaillierte Nachweise nach DIN EN ISO 10211-1 sollten diese Einflüsse jedoch nicht unberücksichtigt bleiben.

Nachweis der Gleichwertigkeit

Alle im Beiblatt berechneten Ψ-Werte sind außenmaßbezogene Werte. Der Ψ-Wert wird bestimmt nach:

$$y = L^{2D} - \sum_{j=1}^{J} U_j \cdot l_j \qquad [8]$$

L^{2D} der längenbezogene thermische Leitwert aus einer 2-D-Berechnung

U_j der Wärmedurchgangskoeffizient des 1-D-Teiles

l_j die Länge, über die der U_j-Wert gilt

Da über den Außenmaßbezug nach DIN EN ISO 13789 bei der Berechnung der Wärmeverluste schon ein Teil der Wärmebrückenverluste in die Berechnung eingeht, ist der Ψ-Wert vorderhand nur ein Verhältniswert, der das Verhältnis bereits einbezogener Verluste zu den tatsächlich vorhandenen Verlusten darstellt. Der außenmaßbezogene Ψ-Wert ist daher kein Wert zur energetischen Beurteilung der Anschlussdetails.

Der Nachweis der Gleichwertigkeit über die Berechnung des Ψ-Wertes soll im Folgenden an einem Beispiel erläutert werden.

Tabelle 4: Gleichwertigkeitsnachweis nach Verfahren c)

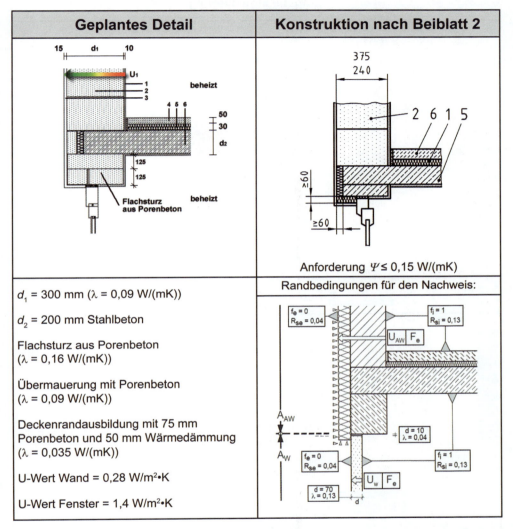

d_1 = 300 mm (λ = 0,09 W/(mK))

d_2 = 200 mm Stahlbeton

Flachsturz aus Porenbeton
(λ = 0,16 W/(mK))

Übermauerung mit Porenbeton
(λ = 0,09 W/(mK))

Deckenrandausbildung mit 75 mm Porenbeton und 50 mm Wärmedämmung
(λ = 0,035 W/(mK))

U-Wert Wand = 0,28 W/m²·K

U-Wert Fenster = 1,4 W/m²·K

Die Modellierung des Details sowie die Ergebnisse (Wärmeströme) sind aus Bild 7 zu entnehmen.

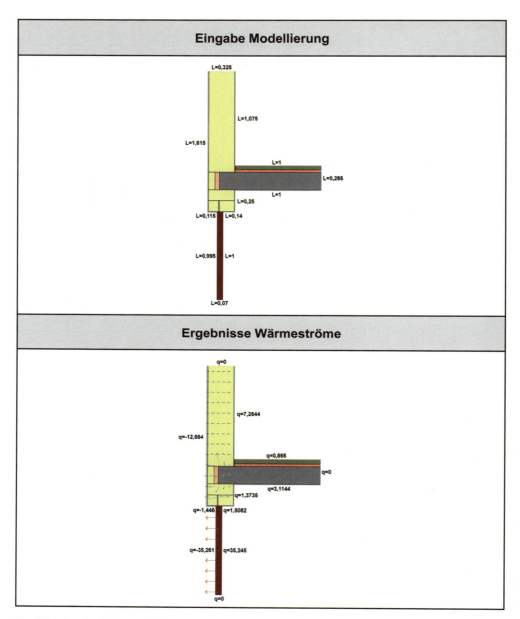

Bild 7: Eingabedaten und Ergebnisse der Berechnung mit dem Programm HEAT 2.6

Auf der Basis der Berechnungsergebnisse erfolgt die Ermittlung des längenbezogenen Wärmebrückenkoeffizienten.

Ermittlung des Ψ-Wertes:

Eingangsdaten:	Ergebnisse
U-Wert der Wandkonstruktion im ungestörten Bereich	0,277 W/(m²·K)
U-Wert des Fensters	1,40 W/(m²·K)
Länge der Wand gemäß Modellierung (Eingabe der Länge mit Außenmaßbezug nach DIN EN ISO 13789)	1,60 m
Länge des Fensters gemäß Modellierung (Eingabe der Länge mit Außenmaßbezug nach DIN EN ISO 13789)	1,01 m
Sollwärmestrom über die Wandfläche	0,28 • 1,60 = 0,443 W/(m²·K)
Sollwärmestrom über die Fensterfläche	1,40 • 1,01 = 1,414 W/(m²·K)
Gesamt-Sollwärmestrom	1,414 + 0,443 = 1,857 W/(m²·K)
Temperaturdifferenz $\Delta\theta$ (innen: 20 °C, außen: -5 °C)	25 K
Ausgabedaten:	
Gesamtwärmestrom:	49,37 W/m
Berechnungsdaten:	
Leitwert: Gesamtwärmestrom / Temperaturdifferenz	49,37 / 25 = 1,9748 W/mK
Ψ-Wert: Leitwert − Gesamt-Sollwärmestrom	1,9748 − 1,857 = 0,1178 W/mK
Vergleich:	
0,15 >	0,12

Der Nachweis der Gleichwertigkeit wurde erbracht, da der berechnete Ψ-Wert kleiner ist als der für dieses Detail im Beiblatt 2 geforderte. Bei Übereinstimmung der restlichen Detaillösungen des Gebäudes mit den in Beiblatt 2 enthaltenen kann somit der pauschale Wärmebrückenzuschlag von 0,05 W/(m² K) zur Anwendung gebracht werden. Sollten auch andere Details nicht mit denen nach Beiblatt 2 übereinstimmen, so ist die oben veranschaulichte Vorgehensweise für jedes Detail zu wiederholen.

d) Ebenso können Ψ-Werte Veröffentlichungen oder Herstellernachweisen entnommen werden, die auf den im Beiblatt festgelegten Randbedingungen basieren.

Mit dieser vom Beiblatt eingeräumten Nachweisart wird erstmals die Möglichkeit eröffnet, die von Herstellern bereitgestellten Ψ-Werte als Grundlage einer Gleichwertigkeitsbeurteilung zu verwenden. Dem Planer obliegt jedoch eine gewisse Prüfpflicht, die sich vor allem darauf beschränkt, die verwendeten Randbedingungen zu hinterfragen. Gegebenenfalls sollte sich der Planer, um die Haftungsfrage eindeutig zu regeln, vom Anbieter die verwendeten Randbedingungen detailliert bescheinigen lassen. Alle in diesem Katalog berechneten Werte basieren auf den Randbedingungen des Beiblatts 2 und können daher auch für den Nachweis der Gleichwertigkeit verwendet werden.

4.5 Empfehlungen zur energetischen Betrachtung

Das alte Beiblatt 2 ließ die Frage offen, unter welchen Voraussetzungen geometrische und konstruktive Wärmebrücken im öffentlich-rechtlichen Nachweis unberücksichtigt bleiben dürfen. Diese Frage wird im neuen Beiblatt wie nachfolgend aufgezeigt beantwortet:

1. **Anschlüsse Außenwand/Außenwand (Außen- und Innenecke) dürfen bei der energetischen Betrachtung vernachlässigt werden.**

Diese Möglichkeit wurde deshalb eingeräumt, weil der Außenmaßbezug bei der Berechnung der thermischen Verluste über die Außenwände die zusätzlichen Verluste an solchen Anschlüssen generell einschließt. Bei der detaillierten Berechnung des außenmaßbezogenen Ψ-Wertes für solche Anschlussdetails werden daher auch stets negative Verlustwerte (sprich: Wärmegewinne) ermittelt. Eine Gleichwertigkeitsbetrachtung ist daher entbehrlich. Dies bedeutet jedoch nicht, dass die Gewinne bei einer detaillierten Berechnung aller Wärmebrücken eines Gebäudes nach DIN EN ISO 10211-1 nicht einbezogen werden dürfen.

Ergänzend sei jedoch hinzugefügt, dass diese Empfehlung nur für den Fall einer thermisch homogenen Eckausbildung zutrifft. Werden zum Beispiel Stahlbetonstützen oder Stahlstützen im Eckbereich angeordnet, so ist sicherlich eine detaillierte Berechnung der Ψ-Werte und der f_{Rsi}-Werte zu empfehlen. Derartige Konstruktionen werden von der oben erwähnten Vereinfachung nicht erfasst.

2. **Der Anschluss Geschossdecke (zwischen beheizten Geschossen) an die Außenwand, bei der eine durchlaufende Dämmschicht mit einer Dicke ≥ 100 mm bei einer Wärmeleitfähigkeit von 0,04 W/(m²K) vorhanden ist, kann bei der energetischen Betrachtung vernachlässigt werden.**

Ein Beispiel für die Anwendung dieser Vereinfachung dokumentiert Bild 8

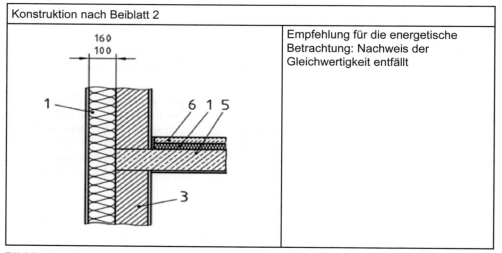

Bild 8: Anschlussdetail Decke/Außenwand

Die zusätzlichen Verluste am Anschluss Decke /Außenwand sind auch für den in Abbildung 9 dargereichten Fall durch den im Nachweis verwendeten Außenmaßbezug bereits im Gesamtverlust der Außenwand enthalten. Die geforderte minimale Oberflächentemperatur von 12,6 °C an der Innenseite wird aufgrund der durchlaufenden Dämmschicht mit einem Mindestwärmedurchlasswiderstand von 2,5 m²K/W sicher eingehalten.

Werden zum Beispiel Aussteifungsstützen im Außenmauerwerk angeordnet, so gilt diese Vereinfachung aber nur dann, wenn die Außenwand bereits als zusammengesetztes inhomogenes Bauteil berechnet wurde. Eine detaillierte Berechnung der Oberflächentemperatur sollte auch für diesen Fall vorgenommen werden.

3. **Anschluss Innenwand an eine durchlaufende Außenwand oder obere und untere Außenbauteile, die nicht durchstoßen werden bzw. wenn eine durchlaufende Dämmschicht mit einer Dicke von ≥ 100 mm bei einer Wärmeleitfähigkeit von 0,04 W/(m² K) vorliegt, dürfen bei der energetischen Betrachtung vernachlässigt werden.**

Die Grundlage für diese Vereinfachung wurde bereits unter 1. erläutert. Diese Empfehlung folgt dem Grundsatz, dass ohne Perforation der Dämmschicht keine Wärmebrücken auftreten, zumindest nicht für den hierorts bereits mehrfach erwähnten außenmaßbezogenen Berechnungsfall. In Bild 9 ist ein Beispiel für die Anwendung dieser Empfehlung beigefügt.

Konstruktion nach Beiblatt 2	
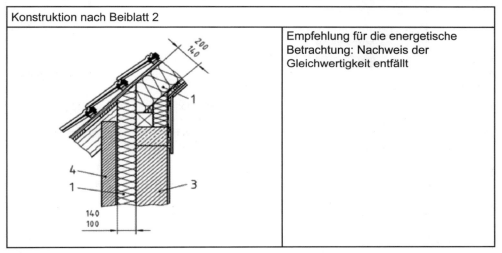	Empfehlung für die energetische Betrachtung: Nachweis der Gleichwertigkeit entfällt

Bild 9: Anschlussdetail Pfettendach an das Außenmauerwerk

Hinweis: Mit dem in Bild 9 dargestellten Konstruktionsprinzip sind auch auskragende Bauteile (Balkonplatte) erfasst. Hier fordert das Beiblatt, grundsätzlich auskragende Bauteile thermisch von der Gebäudehülle zu trennen. Auch für diesen Anwendungsfall sind keine weiteren Nachweise erforderlich.

4. **Einzeln auftretende Türanschlüsse in der wärmetauschenden Hüllfläche (Haustür, Kellerabgangstür, Kelleraußentür, Türen zum unbeheizten Dachraum) dürfen bei der energetischen Betrachtung vernachlässigt werden.**

Diese normativen Hinweise würdigen den Umstand, dass derlei Wärmebrücken auf den Energieverlust eines Gebäudes in der Tat nur einen geringen Einfluss haben. Detaillierte Nachweise sind ohnehin sehr aufwendig und nur mit vereinfachenden Modellbildungen realisierbar. Dies schließt aber wiederum nicht die Sorgfaltspflicht des Planers aus, diese Details so zu planen, dass an den Anschlüssen keine niedrigen Oberflächentemperaturen aufgrund hoher Wärmeverluste auftreten. Mit der im Normtext gewählten Formulierung soll lediglich die Möglichkeit eingeräumt werden, auch bei Vorhandensein einzelner im Beiblatt nicht abgebildeter Details trotzdem den pauschalen Wärmebrückenverlust von 0,05 W/(m²K) auf die gesamte wärmeübertragende Umfassungsfläche anwenden zu können.

Energetische Betrachtung

Nummer des Bildelements	Zeichnerische Abbildung	Material	Bemessungswert der Wärmeleitfähigkeit λ W/(m · K)
1		Wärmedämmung	0,04[a]
2		Mauerwerk	$\leq 0{,}21$[b]
3			$0{,}21 < \lambda \leq 1{,}1$
4			$> 1{,}1$
5		Stahlbeton	2,3
6		Estrich	—
7		Gipskartonplatte	—
8		Holzwerkstoffplatte	—
—		Holz	—

Energetische Betrachtung

Nummer des Bildelements	Zeichnerische Abbildung	Material	Bemessungswert der Wärmeleitfähigkeit λ W/(m · K)
—		unbewehrter Beton	—
—		Putz	—
—		Erdreich	—

a Allen Maßangaben bei Wärmedämmstoffen liegt eine Wärmeleitfähigkeit von λ = 0,04 W/(m · K) zugrunde.
b Zur Einhaltung des Mindestwärmeschutzes sollte bei einschaligem Mauerwerk mit 300 mm Wanddicke eine Wärmeleitfähigkeit λ = 0,18 W/(m · K) und für Mauerwerk mit 240 mm Wanddicke eine Wärmeleitfähigkeit λ = 0,14 W/(m · K) eingehalten werden.

5 Der Bauteilkatalog

Der nachfolgende Bauteilkatalog enthält Konstruktionen, die mindestens 1 Gleichwertigkeitskriterium nach Beiblatt 2 (siehe Abschnitt 4) erfüllen. Für verschiedene Wand-/Deckenaufbauten wurden jeweils die längenbezogenen Wärmebrückenverlustkoeffizienten (Ψ-Wert) berechnet. Alle dargestellten Konstruktionen erfüllen darüber hinaus die Anforderungen an die Mindestoberflächentemperatur nach DIN 4108-2 (z.B. für Bauteile, die an die Außenluft grenzen = 12,6 °C).

Die Benutzung des Kataloges wird anhand der Konstruktion 1-M-1 erläutert. Die Gleichwertigkeit der in Bild 10 dargestellten Konstruktion soll nachgewiesen werden.

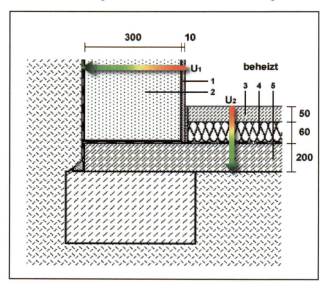

Bild 10: Konstruktion, deren Gleichwertigkeit nachgewiesen werden soll

Da es sich um eine Bodenplatte eines nicht unterkellerten Gebäudes handelt, bildet Bild 1 von BBl. 2 die Basis eines Gleichwertigkeitsnachweises.

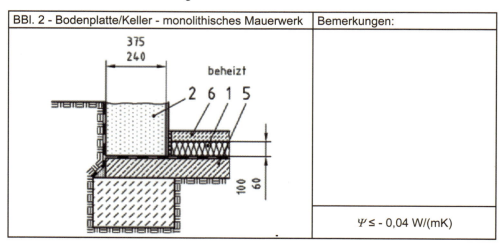

Der längenbezogene Wärmebrückenverlustkoeffizient darf max. − 0,04 W/(mK) betragen. Ist der längenbezogene Verlust größer als nach Bild 1 vorgeschrieben, so kann die Gleichwertigkeit noch über das Kriterium „gleiche Detailausbildung nachgewiesen werden".

Der Bezeichnung aus dem Beiblatt 2 folgend, sind im Bauteilkatalog im Abschnitt 1 „Bodenplatten /Keller" alle Konstruktionen dieses Typs zu finden.

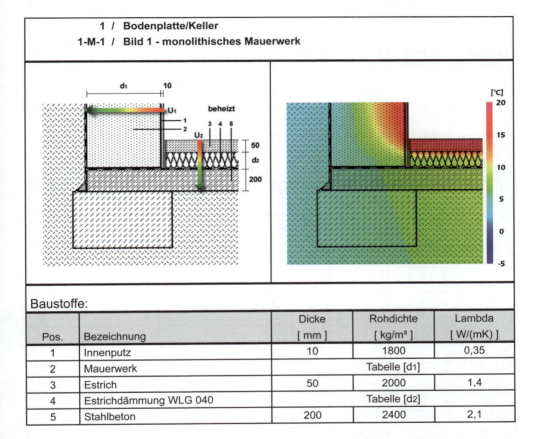

		1 / Bodenplatte/Keller		
		1-M-1 / Bild 1 - monolithisches Mauerwerk		

Baustoffe:

Pos.	Bezeichnung	Dicke [mm]	Rohdichte [kg/m³]	Lambda [W/(mK)]
1	Innenputz	10	1800	0,35
2	Mauerwerk	Tabelle [d1]		
3	Estrich	50	2000	1,4
4	Estrichdämmung WLG 040	Tabelle [d2]		
5	Stahlbeton	200	2400	2,1

Die Bezeichnung 1-M-1 bedeutet: Abschnitt 1 – Monolithisches Mauerwerk – Bild 1. Für Konstruktionen, die nicht im Beiblatt 2 enthalten sind, ist der zweiten Ziffer jeweils ein Buchstabenindex beigefügt worden: 2–M-25**a** (Seite 64) = Abschnitt 2 - Monolithisches Mauerwerk - Bild 25 nach Beiblatt 2, erweitertes Detail a.

Unterhalb des Details werden die Dicke, die Rohdichte und der Rechenwert der Wärmeleitfähigkeit für diejenigen Baustoffe tabellarisch erfasst, die keinen variablen Bemessungswert erhalten. In der Regel sind das Baustoffe, die nur einen geringen und zumeist vernachlässigbaren Einfluss auf die Ermittlung des Ψ-Wertes ausüben.

Hinweis: Die Wärmeleitfähigkeit für Stahlbetonbauteile ist aufgrund der Vorgaben aus dem Beiblatt mit 2,1 W/mK angenommen worden. Dem Autor ist bekannt, dass DIN EN 12524 für bewehrte Betonbauteile eine Wärmeleitfähigkeit von ≥ 2,3 W/mK vorsieht. Die hierdurch zu erwartende Differenz im Ψ-Wert der Konstruktion liegt ca. bei 5/1000 W/(mK), folglich ohne nennenswerte Auswirkungen auf das Gesamtergebnis.

Für unser Beispiel ist aus den nachfolgenden Tabellen nunmehr der richtige Wert auszuwählen.

Die Angabe zu den U-Werten der beiden Konstruktionen ist eine zusätzliche Information, um gegebenenfalls eigene Berechnungen validieren zu können.

Für die vorgegebene Konstruktion kann ein Ψ-Wert abgelesen werden von: -0,03 W/mK. Der Wert liegt etwas oberhalb des nach Beiblatt 2 geforderten Wertes. Da es sich aber um eine mit Bild 1 nach Beiblatt 2 übereinstimmende Ausführung handelt, ist die Gleichwertigkeit erbracht:

Hinweis: Alle Details mit erdberührten Bauteilen dieses Kataloges sind unter Verwendung der Randbedingungen der DIN EN ISO 10211 berechnet worden. Daher kann es zu Differenzen bei den Ψ-Werten kommen, die auf den ersten Blick nicht nachvollziehbar erscheinen. Mit dieser Vorgehensweise ist jedoch sichergestellt, dass alle Ψ-Werte im Einzelnachweis der Wärmebrückenverluste benützt werden können. Diese Möglichkeit bestünde nicht, wenn die Randbedingungen nach Anhang A von Beiblatt 2 zur Anwendung gekommen wären. Der Nutzer des Kataloges ist daher gehalten, die Differenzen bei erdberührten Bauteilen nicht fälschlicherweise als Mangel im Detail zu interpretieren.

U-Wert [U_1]:

Variable	Dicke [mm]	Rohdichte [kg/m³]	Lambda [W/(mK)]	U-Wert [U_1] [W/(m²K)]
Mauerwerk [d_1]	300	450	0,12	0,37
	300	500	0,14	0,43
	300	550	0,16	0,48
	365	350	0,09	0,24
	365	400	0,10	0,26
	365	450	0,12	0,31
	365	500	0,14	0,36
	365	550	0,16	0,40

U-Wert [U_2]:

Variable	Dicke [mm]	Rohdichte [kg/m³]	Lambda [W/(mK)]	U-Wert [U_2] [W/(m²K)]
Estrich-dämmung [d_2]	60	150	0,04	0,54
	80	150	0,04	0,43
	100	150	0,04	0,35

Wärmebrückenverlustkoeffizient: (Ψ-Wert, außenmaßbezogen)

Variable	Dicke [mm]	Rohdichte [kg/m³]	Lambda [W/(mK)]	Variable [d_2] - Estrichdämmung WLG 040		
				60 mm	80 mm	100 mm
Mauerwerk [d_1]	300	450	0,12	-0,02	0,09	0,15
	300	500	0,14	-0,02	0,09	0,15
	300	550	0,16	-0,03	0,09	0,15
	365	350	0,09	-0,03	0,08	0,14
	365	400	0,10	-0,03	0,08	0,14
	365	450	0,12	-0,03	0,09	0,15
	365	500	0,14	-0,03	0,09	0,15
	365	550	0,16	-0,03	0,09	0,15

Wärmebrückenkatalog zum Beiblatt 2 der DIN 4108-6

1 / Bodenplatte/Keller
1-M-1 / Bild 1 - monolithisches Mauerwerk

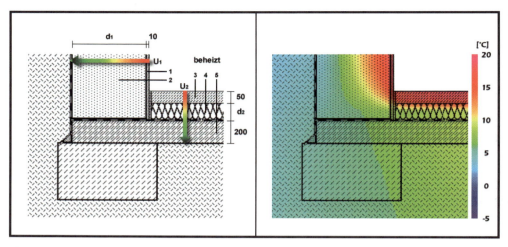

Baustoffe:

Pos.	Bezeichnung	Dicke [mm]	Rohdichte [kg/m³]	Lambda [W/(mK)]
1	Innenputz	10	1800	0,35
2	Mauerwerk		Tabelle [d1]	
3	Estrich	50	2000	1,4
4	Estrichdämmung WLG 040		Tabelle [d2]	
5	Stahlbeton	200	2400	2,1

U-Wert [U_1]:

Variable	Dicke [mm]	Rohdichte [kg/m³]	Lambda [W/(mK)]	U-Wert [U_1] [W/(m²K)]
Mauerwerk [d1]	300	450	0,12	0,37
	300	500	0,14	0,43
	300	550	0,16	0,48
	365	350	0,09	0,24
	365	400	0,10	0,26
	365	450	0,12	0,31
	365	500	0,14	0,36
	365	550	0,16	0,40

U-Wert [U_2]:

Variable	Dicke [mm]	Rohdichte [kg/m³]	Lambda [W/(mK)]	U-Wert [U_2] [W/(m²K)]
Estrich-dämmung [d2]	60	150	0,04	0,54
	80	150	0,04	0,43
	100	150	0,04	0,35

Wärmebrückenverlustkoeffizient: (Ψ-Wert, außenmaßbezogen)

Variable	Dicke [mm]	Rohdichte [kg/m³]	Lambda [W/(mK)]	Variable [d2] - Estrichdämmung WLG 040		
				60 mm	80 mm	100 mm
Mauerwerk [d1]	300	450	0,12	-0,02	0,09	0,15
	300	500	0,14	-0,02	0,09	0,15
	300	550	0,16	-0,03	0,09	0,15
	365	350	0,09	-0,03	0,08	0,14
	365	400	0,10	-0,03	0,08	0,14
	365	450	0,12	-0,03	0,09	0,15
	365	500	0,14	-0,03	0,09	0,15
	365	550	0,16	-0,03	0,09	0,15

1 / Bodenplatte/Keller
1-M-2 / Bild 2 - monolithisches Mauerwerk

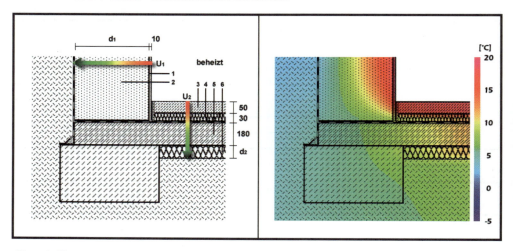

Baustoffe:

Pos.	Bezeichnung	Dicke [mm]	Rohdichte [kg/m³]	Lambda [W/(mK)]
1	Innenputz	10	1800	0,35
2	Mauerwerk		Tabelle [d1]	
3	Estrich	50	2000	1,4
4	Perimeterdämmung WLG 045		Tabelle [d2]	
5	Stahlbeton	180	2400	2,1

Wärmebrückenkatalog zum Beiblatt 2 der DIN 4108-6

U-Wert [U_1]:

Variable	Dicke [mm]	Rohdichte [kg/m³]	Lambda [W/(mK)]	U-Wert [U_1] [W/(m²K)]
Mauerwerk [d1]	300	450	0,12	0,37
	300	500	0,14	0,43
	300	550	0,16	0,48
	365	350	0,09	0,24
	365	400	0,10	0,26
	365	450	0,12	0,31
	365	500	0,14	0,36
	365	550	0,16	0,40

U-Wert [U_2]:

Variable	Dicke [mm]	Rohdichte [kg/m³]	Lambda [W/(mK)]	U-Wert [U_2] [W/(m²K)]
Perimeter- dämmung [d2]	40	150	0,045	0,51
	50	150	0,045	0,46
	60	150	0,045	0,41
	70	150	0,045	0,38

Wärmebrückenverlustkoeffizient: (Ψ-Wert, außenmaßbezogen)

Variable	Dicke [mm]	Rohdichte [kg/m³]	Lambda [W/(mK)]	Variable [d2] - Perimeterdämmung WLG 045			
				40 mm	50 mm	60 mm	70 mm
Mauerwerk [d1]	300	450	0,12	0,03	0,09	0,14	0,17
	300	500	0,14	0,02	0,08	0,12	0,16
	300	550	0,16	0,00	0,06	0,11	0,15
	365	350	0,09	0,03	0,09	0,14	0,18
	365	400	0,10	0,03	0,09	0,14	0,18
	365	450	0,12	0,03	0,09	0,14	0,18
	365	500	0,14	0,02	0,08	0,13	0,17
	365	550	0,16	0,01	0,07	0,12	0,16

Wärmebrückenkatalog zum Beiblatt 2 der DIN 4108-6

1 / Bodenplatte/Keller
1-M-3 / Bild 3 - monolithisches Mauerwerk

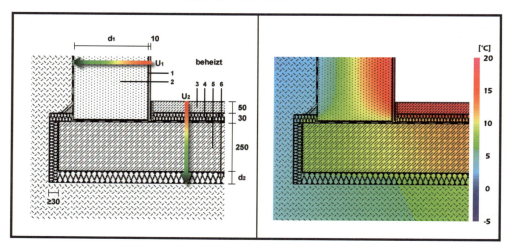

Baustoffe:

Pos.	Bezeichnung	Dicke [mm]	Rohdichte [kg/m³]	Lambda [W/(mK)]
1	Innenputz	10	1800	0,35
2	Mauerwerk	Tabelle [d1]		
3	Estrich	50	2000	1,4
4	Wärmedämmung	30	150	0,04
5	Perimeterdämmung WLG 045	Tabelle [d2]		
6	Stahlbeton	250	2400	2,1

U-Wert [U_1]:

Variable	Dicke [mm]	Rohdichte [kg/m³]	Lambda [W/(mK)]	U-Wert [U_1] [W/(m²K)]
Mauerwerk [d1]	300	450	0,12	0,37
	300	500	0,14	0,43
	300	550	0,16	0,48
	365	350	0,09	0,24
	365	400	0,10	0,26
	365	450	0,12	0,31
	365	500	0,14	0,36
	365	550	0,16	0,40

U-Wert [U_2]:

Variable	Dicke [mm]	Rohdichte [kg/m³]	Lambda [W/(mK)]	U-Wert [U_2] [W/(m²K)]
Perimeter-dämmung [d2]	40	150	0,045	0,50
	50	150	0,045	0,45
	60	150	0,045	0,41
	70	150	0,045	0,37

Wärmebrückenverlustkoeffizient: (Ψ-Wert, außenmaßbezogen)

Variable	Dicke [mm]	Rohdichte [kg/m³]	Lambda [W/(mK)]	Variable [d2] - Perimeterdämmung WLG 045			
				40 mm	50 mm	60 mm	70 mm
Mauerwerk [d1]	300	450	0,12	0,00	0,05	0,09	0,12
	300	500	0,14	-0,02	0,04	0,08	0,11
	300	550	0,16	-0,03	0,02	0,00	0,10
	365	350	0,09	0,01	0,06	0,11	0,13
	365	400	0,10	0,01	0,06	0,10	0,13
	365	450	0,12	0,00	0,05	0,10	0,13
	365	500	0,14	-0,01	0,05	0,09	0,12
	365	550	0,16	-0,01	0,04	0,08	0,11

Wärmebrückenkatalog zum Beiblatt 2 der DIN 4108-6

1 / Bodenplatte/Keller
1-A-4 / Bild 4 - außengedämmtes Mauerwerk

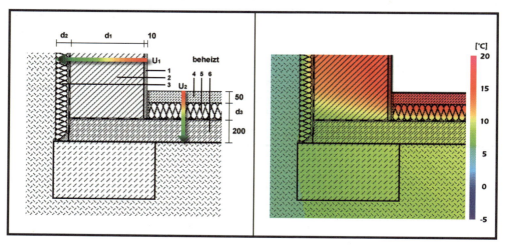

Baustoffe:

Pos.	Bezeichnung	Dicke [mm]	Rohdichte [kg/m³]	Lambda [W/(mK)]
1	Innenputz	10	1800	0,35
2	Mauerwerk		Tabelle [d1]	
3	Perimeterdämmung WLG 045		Tabelle [d2]	
4	Estrich	50	2000	1,4
5	Estrichdämmung WLG 040		Tabelle [d3]	
6	Stahlbeton	200	2400	2,1

Wärmebrückenkatalog zum Beiblatt 2 der DIN 4108-6

U-Wert [U_1]:

	Variable [d1] - Kalksandstein **ohne** Kimmstein 300 mm - 0,99 W/(mK)			
Variable	Dicke [mm]	Rohdichte [kg/m³]	Lambda [W/(mK)]	U-Wert [U_1] [W/(m²K)]
Perimeter-dämmung [d2]	60	150	0,045	0,54
	80	150	0,045	0,44
	100	150	0,045	0,37

	Variable [d1] - Kalksandstein **mit ISO** Kimmstein 300 mm - 0,99 W/(mK)			
Variable	Dicke [mm]	Rohdichte [kg/m³]	Lambda [W/(mK)]	U-Wert [U_1] [W/(m²K)]
Perimeter-dämmung [d2]	60	150	0,045	0,54
	80	150	0,045	0,44
	100	150	0,045	0,37

U-Wert [U_2]:

Variable	Dicke [mm]	Rohdichte [kg/m³]	Lambda [W/(mK)]	U-Wert [U_2] [W/(m²K)]
Estrich-dämmung [d3]	60	150	0,04	0,54
	80	150	0,04	0,43
	100	150	0,04	0,35

Wärmebrückenverlustkoeffizient: (Ψ-Wert, außenmaßbezogen)

	Variable [d1] - Kalksandstein **ohne** Kimmstein 300 mm - 0,99 W/(mK)					
Variable	Dicke [mm]	Rohdichte [kg/m³]	Lambda [W/(mK)]	Variable [d3] - Estrichdämmung WLG 040		
				60 mm	80 mm	100 mm
Perimeter-dämmung [d2]	60	150	0,045	0,06	0,19	0,26
	80	150	0,045	0,09	0,21	0,28
	100	150	0,045	0,10	0,22	0,29

	Variable [d1] - Kalksandstein **mit ISO** Kimmstein 300 mm - 0,99 W/(mK)					
Variable	Dicke [mm]	Rohdichte [kg/m³]	Lambda [W/(mK)]	Variable [d3] - Estrichdämmung WLG 040		
				60 mm	80 mm	100 mm
Perimeter-dämmung [d2]	60	150	0,045	0,01	0,14	0,21
	80	150	0,045	0,04	0,16	0,23
	100	150	0,045	0,05	0,17	0,24

Wärmebrückenkatalog zum Beiblatt 2 der DIN 4108-6

1 / Bodenplatte/Keller
1-A-5 / Bild 5 - außengedämmtes Mauerwerk

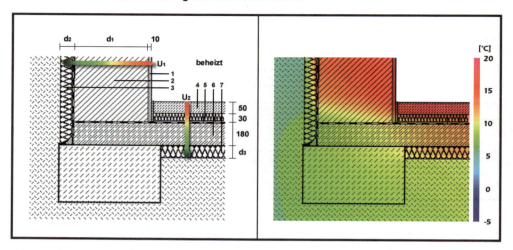

Baustoffe:

Pos.	Bezeichnung	Dicke [mm]	Rohdichte [kg/m³]	Lambda [W/(mK)]
1	Innenputz	10	1800	0,35
2	Mauerwerk		Tabelle [d1]	
3	Perimeterdämmung WLG 045		Tabelle [d2]	
4	Estrich	50	2000	1,4
5	Estrichdämmung WLG 040	30	150	0,04
6	Stahlbeton	180	2400	2,1
7	Perimeterdämmung WLG 045		Tabelle [d3]	

U-Wert [U_1]:

Variable [d1] - Kalksandstein **ohne** Kimmstein 300 mm - 0,99 W/(mK)				
Variable	Dicke [mm]	Rohdichte [kg/m³]	Lambda [W/(mK)]	U-Wert [U_1] [W/(m²K)]
Perimeter-dämmung [d2]	60	150	0,045	0,54
	80	150	0,045	0,44
	100	150	0,045	0,37

Variable [d1] - Kalksandstein **mit ISO** Kimmstein 300 mm - 0,99 W/(mK)				
Variable	Dicke [mm]	Rohdichte [kg/m³]	Lambda [W/(mK)]	U-Wert [U_1] [W/(m²K)]
Perimeter-dämmung [d2]	60	150	0,045	0,54
	80	150	0,045	0,44
	100	150	0,045	0,37

U-Wert [U_2]:

Variable	Dicke [mm]	Rohdichte [kg/m³]	Lambda [W/(mK)]	U-Wert [U_2] [W/(m²K)]
Perimeter-dämmung [d3]	40	150	0,045	0,51
	50	150	0,045	0,46
	60	150	0,045	0,41
	70	150	0,045	0,38

Wärmebrückenverlustkoeffizient: (Ψ-Wert, außenmaßbezogen)

Variable [d1] - Kalksandstein **ohne** Kimmstein 300 mm - 0,99 W/(mK)							
Variable	Dicke [mm]	Rohdichte [kg/m³]	Lambda [W/(mK)]	Variable [d3] - Perimeterdämmung WLG 045			
				40 mm	50 mm	60 mm	70 mm
Perimeter-dämmung [d2]	60	150	0,045	0,05	0,11	0,16	0,20
	80	150	0,045	0,09	0,15	0,20	0,25
	100	150	0,045	0,11	0,18	0,23	0,27

Variable [d1] - Kalksandstein **mit ISO** Kimmstein 300 mm - 0,99 W/(mK)							
Variable	Dicke [mm]	Rohdichte [kg/m³]	Lambda [W/(mK)]	Variable [d3] - Perimeterdämmung WLG 045			
				40 mm	50 mm	60 mm	70 mm
Perimeter-dämmung [d2]	60	150	0,045	0,00	0,08	0,12	0,16
	80	150	0,045	0,05	0,11	0,16	0,20
	100	150	0,045	0,07	0,13	0,18	0,22

1 / Bodenplatte/Keller
1-A-6a / Bild 6a - außengedämmtes Mauerwerk

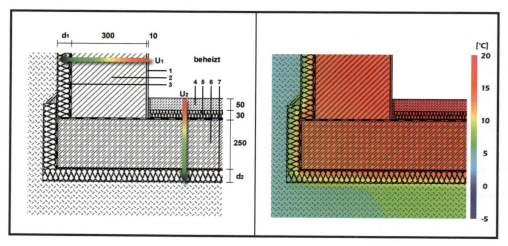

Baustoffe:

Pos.	Bezeichnung	Dicke [mm]	Rohdichte [kg/m³]	Lambda [W/(mK)]
1	Innenputz	10	1800	0,35
2	Kalksandstein	300	2100	0,99
3	Perimeterdämmung WLG 040	Tabelle [d1]		
4	Estrich	50	2000	1,4
5	Estrichdämmung WLG 040	30	150	0,04
6	Stahlbeton	250	2400	2,1
7	Perimeterdämmung WLG 045	Tabelle [d2]		

U-Wert [U_1]:

Variable	Dicke [mm]	Rohdichte [kg/m³]	Lambda [W/(mK)]	U-Wert [U_1] [W/(m²K)]
Perimeter-dämmung [d1]	60	150	0,04	0,50
	80	150	0,04	0,40
	100	150	0,04	0,33

U-Wert [U_2]:

Variable	Dicke [mm]	Rohdichte [kg/m³]	Lambda [W/(mK)]	U-Wert [U_2] [W/(m²K)]
Perimeter-dämmung [d2]	40	150	0,045	0,50
	50	150	0,045	0,45
	60	150	0,045	0,41
	70	150	0,045	0,37

Wärmebrückenverlustkoeffizient: (Ψ-Wert, außenmaßbezogen)

Variable	Dicke [mm]	Rohdichte [kg/m³]	Lambda [W/(mK)]	Variable [d2] - Perimeterdämmung WLG 045			
				40 mm	50 mm	60 mm	70 mm
Perimeter-dämmung [d1]	60	150	0,04	-0,06	-0,01	0,03	0,06
	80	150	0,04	-0,03	0,02	0,06	0,09
	100	150	0,04	-0,01	0,04	0,07	0,10

Wärmebrückenkatalog zum Beiblatt 2 der DIN 4108-6

1.1 / Bodenplatte auf Erdreich
1.1-M-10a / Bild 10a - monolithisches Mauerwerk

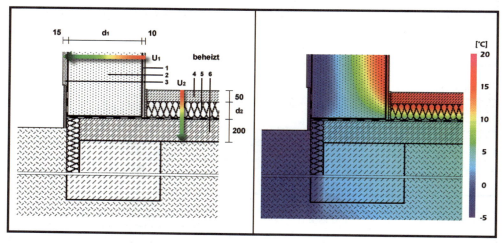

Baustoffe:

Pos.	Bezeichnung	Dicke [mm]	Rohdichte [kg/m³]	Lambda [W/(mK)]
1	Innenputz	10	1800	0,35
2	Mauerwerk	Tabelle [d1]		
3	Außenputz	15	1300	0,2
4	Estrich	50	2000	1,4
5	Estrichdämmung WLG 040	Tabelle [d2]		
6	Stahlbeton	200	2400	2,1

Wärmebrückenkatalog zum Beiblatt 2 der DIN 4108-6

U-Wert [U_1]:

Variable	Dicke [mm]	Rohdichte [kg/m³]	Lambda [W/(mK)]	U-Wert [U_1] [W/(m²K)]
Mauerwerk [d1]	240	350	0,09	0,34
	300	350	0,09	0,28
	365	350	0,09	0,23
	240	400	0,10	0,37
	300	400	0,10	0,31
	365	400	0,10	0,25
	240	450	0,12	0,44
	300	450	0,12	0,36
	365	450	0,12	0,30
	240	500	0,14	0,50
	300	500	0,14	0,41
	365	500	0,14	0,35
	240	550	0,16	0,56
	300	550	0,16	0,47
	365	550	0,16	0,39

U-Wert [U_2]:

Variable	Dicke [mm]	Rohdichte [kg/m³]	Lambda [W/(mK)]	U-Wert [U_2] [W/(m²K)]
Estrich-dämmung [d2]	60	150	0,04	0,54
	80	150	0,04	0,43
	100	150	0,04	0,35

Wärmebrückenverlustkoeffizient: (Ψ-Wert, außenmaßbezogen)

Variable	Dicke [mm]	Rohdichte [kg/m³]	Lambda [W/(mK)]	Variable [d2] - Estrichdämmung WLG 040		
				60 mm	80 mm	100 mm
Mauerwerk [d1]	240	350	0,09	-0,16	-0,04	0,02
	300	350	0,09	-0,17	-0,05	0,02
	365	350	0,09	-0,18	-0,05	0,01
	240	400	0,10	-0,16	-0,04	0,02
	300	400	0,10	-0,17	-0,05	0,02
	365	400	0,10	-0,18	-0,05	0,01
	240	450	0,12	-0,17	-0,05	0,02
	300	450	0,12	-0,17	-0,05	0,01
	365	450	0,12	-0,18	-0,05	0,01
	240	500	0,14	-0,17	-0,05	0,01
	300	500	0,14	-0,17	-0,05	0,01
	365	500	0,14	-0,18	-0,05	0,01
	240	550	0,16	-0,17	-0,05	0,01
	300	550	0,16	-0,17	-0,05	0,01
	365	550	0,16	-0,18	-0,05	0,01

1.1 / Bodenplatte auf Erdreich
1.1-M-11a / Bild 11a - monolithisches Mauerwerk

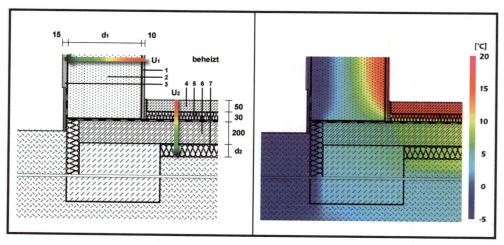

Baustoffe:

Pos.	Bezeichnung	Dicke [mm]	Rohdichte [kg/m³]	Lambda [W/(mK)]
1	Innenputz	10	1800	0,35
2	Mauerwerk	Tabelle [d1]		
3	Außenputz	15	1300	0,2
4	Estrich	50	2000	1,4
5	Estrichdämmung WLG 040	30	150	0,04
6	Stahlbeton	200	2400	2,1
7	Perimeterdämmung WLG 045	Tabelle [d2]		

U-Wert [U_1]:

Variable	Dicke [mm]	Rohdichte [kg/m³]	Lambda [W/(mK)]	U-Wert [U_1] [W/(m²K)]
Mauerwerk [d_1]	240	350	0,09	0,34
	300	350	0,09	0,28
	365	350	0,09	0,23
	240	400	0,10	0,37
	300	400	0,10	0,31
	365	400	0,10	0,25
	240	450	0,12	0,44
	300	450	0,12	0,36
	365	450	0,12	0,30
	240	500	0,14	0,50
	300	500	0,14	0,41
	365	500	0,14	0,35
	240	550	0,16	0,56
	300	550	0,16	0,47
	365	550	0,16	0,39

U-Wert [U_2]:

Variable	Dicke [mm]	Rohdichte [kg/m³]	Lambda [W/(mK)]	U-Wert [U_2] [W/(m²K)]
Perimeter-dämmung [d_2]	40	150	0,045	0,51
	50	150	0,045	0,45
	60	150	0,045	0,41
	70	150	0,045	0,38

Wärmebrückenverlustkoeffizient: (Ψ-Wert, außenmaßbezogen)

Variable	Dicke [mm]	Rohdichte [kg/m³]	Lambda [W/(mK)]	Variable [d_2] - Perimeterdämmung WLG 045			
				40 mm	50 mm	60 mm	70 mm
Mauerwerk [d_1]	240	350	0,09	-0,12	-0,05	0,00	0,04
	300	350	0,09	-0,11	-0,04	0,00	0,05
	365	350	0,09	-0,11	-0,04	0,02	0,06
	240	400	0,10	-0,13	-0,06	-0,01	0,03
	300	400	0,10	-0,12	-0,05	0,00	0,04
	365	400	0,10	-0,11	-0,04	0,01	0,05
	240	450	0,12	-0,14	-0,07	-0,02	0,02
	300	450	0,12	-0,13	-0,06	-0,01	0,03
	365	450	0,12	-0,12	-0,05	0,00	0,04
	240	500	0,14	-0,16	-0,09	-0,04	0,00
	300	500	0,14	-0,14	-0,07	-0,02	0,02
	365	500	0,14	-0,13	-0,06	-0,01	0,03
	240	550	0,16	-0,17	-0,11	-0,06	-0,02
	300	550	0,16	-0,16	-0,09	-0,03	0,01
	365	550	0,16	-0,16	-0,07	-0,02	0,02

1.1 / Bodenplatte auf Erdreich
1.1-M-12 / Bild 12 - monolithisches Mauerwerk

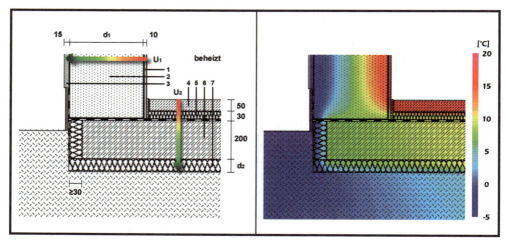

Baustoffe:

Pos.	Bezeichnung	Dicke [mm]	Rohdichte [kg/m³]	Lambda [W/(mK)]
1	Innenputz	10	1800	0,35
2	Mauerwerk		Tabelle [d1]	
3	Außenputz	15	1300	0,2
4	Estrich	50	2000	1,4
5	Estrichdämmung WLG 040	30	150	0,04
6	Stahlbeton	200	2400	2,1
7	Perimeterdämmung WLG 045		Tabelle [d2]	

U-Wert [U_1]:

Variable	Dicke [mm]	Rohdichte [kg/m³]	Lambda [W/(mK)]	U-Wert [U_1] [W/(m²K)]
Mauerwerk [d1]	240	350	0,09	0,34
	300	350	0,09	0,28
	365	350	0,09	0,23
	240	400	0,10	0,37
	300	400	0,10	0,31
	365	400	0,10	0,25
	240	450	0,12	0,44
	300	450	0,12	0,36
	365	450	0,12	0,30
	240	500	0,14	0,50
	300	500	0,14	0,41
	365	500	0,14	0,35
	240	550	0,16	0,56
	300	550	0,16	0,47
	365	550	0,16	0,39

U-Wert [U_2]:

Variable	Dicke [mm]	Rohdichte [kg/m³]	Lambda [W/(mK)]	U-Wert [U_2] [W/(m²K)]
Perimeter- dämmung [d2]	40	150	0,045	0,51
	50	150	0,045	0,45
	60	150	0,045	0,41
	70	150	0,045	0,38

Wärmebrückenverlustkoeffizient: (Ψ-Wert, außenmaßbezogen)

Variable	Dicke [mm]	Rohdichte [kg/m³]	Lambda [W/(mK)]	Variable [d2] - Perimeterdämmung WLG 045			
				40 mm	50 mm	60 mm	70 mm
Mauerwerk [d1]	240	350	0,09	-0,16	-0,11	-0,06	-0,03
	300	350	0,09	-0,15	-0,09	-0,05	-0,02
	365	350	0,09	-0,15	-0,09	-0,04	-0,01
	240	400	0,10	-0,17	-0,12	-0,07	-0,04
	300	400	0,10	-0,16	-0,10	-0,06	-0,03
	365	400	0,10	-0,16	-0,10	-0,05	-0,02
	240	450	0,12	-0,19	-0,14	-0,09	-0,06
	300	450	0,12	-0,18	-0,12	-0,07	-0,04
	365	450	0,12	-0,17	-0,11	-0,06	-0,03
	240	500	0,14	-0,21	-0,16	-0,11	-0,08
	300	500	0,14	-0,19	-0,13	-0,09	-0,06
	365	500	0,14	-0,18	-0,12	-0,07	-0,04
	240	550	0,16	-0,23	-0,18	-0,13	-0,10
	300	550	0,16	-0,21	-0,15	-0,11	-0,08
	365	550	0,16	-0,19	-0,13	-0,09	-0,06

1.1 / Bodenplatte auf Erdreich
1.1-A-13a / Bild 13a - außengedämmtes Mauerwerk

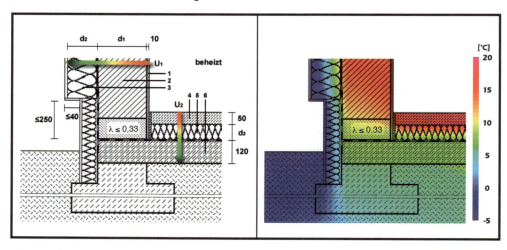

Baustoffe:

Pos.	Bezeichnung	Dicke [mm]	Rohdichte [kg/m³]	Lambda [W/(mK)]
1	Innenputz	10	1800	0,35
2	Mauerwerk		Tabelle [d1]	
3	Wärmedämmverbundsystem		Tabelle [d2]	
4	Estrich	50	2000	1,4
5	Estrichdämmung WLG 040		Tabelle [d3]	
6	Stahlbeton	120	2400	2,1

Bemerkungen für Ausführung ohne Kimmstein:

Die Einbindetiefe der erdberührten Wärmedämmung (d ≥ 60 mm) beträgt mindestens 300 mm von Oberkante Bodenplatte (Rohdecke) gemessen.

U-Wert [U_1]:

Variable	Dicke [mm]	Rohdichte [kg/m³]	Lambda [W/(mK)]	U-Wert [U_1] [W/(m²K)]
WDVS [d2]	100	150	0,04	0,35
	120	150	0,04	0,30
	140	150	0,04	0,26
	160	150	0,04	0,23
	100	150	0,045	0,38
	120	150	0,045	0,33
	140	150	0,045	0,29
	160	150	0,045	0,25

Variable [d1] - Kalksandstein **ohne** Kimmstein 175 mm - 0,99 W/(mK)

Variable [d1] - Kalksandstein **mit ISO** Kimmstein 175 mm - 0,99 W/(mK)				
Variable	Dicke [mm]	Rohdichte [kg/m³]	Lambda [W/(mK)]	U-Wert [U1] [W/(m²K)]
WDVS [d2]	100	150	0,04	0,35
	120	150	0,04	0,30
	140	150	0,04	0,26
	160	150	0,04	0,23
	100	150	0,045	0,38
	120	150	0,045	0,33
	140	150	0,045	0,29
	160	150	0,045	0,25

U-Wert [U2]:

Variable	Dicke [mm]	Rohdichte [kg/m³]	Lambda [W/(mK)]	U-Wert [U2] [W/(m²K)]
Estrich- dämmung [d3]	60	150	0,04	0,55
	80	150	0,04	0,43
	100	150	0,04	0,36

Wärmebrückenverlustkoeffizient: (Ψ-Wert, außenmaßbezogen)

Variable [d1] - Kalksandstein **ohne** Kimmstein 175 mm - 0,99 W/(mK)						
Variable	Dicke [mm]	Rohdichte [kg/m³]	Lambda [W/(mK)]	Variable [d3] - Estrichdämmung WLG 040		
				60 mm	80 mm	100 mm
WDVS [d2]	100	150	0,04	-0,05	0,09	0,17
	120	150	0,04	-0,06	0,08	0,16
	140	150	0,04	-0,07	0,08	0,16
	160	150	0,04	-0,08	0,07	0,15
	100	150	0,045	-0,05	0,09	0,16
	120	150	0,045	-0,06	0,08	0,16
	140	150	0,045	-0,07	0,08	0,15
	160	150	0,045	-0,08	0,07	0,15

Variable [d1] - Kalksandstein **mit ISO** Kimmstein 175 mm - 0,99 W/(mK)						
Variable	Dicke [mm]	Rohdichte [kg/m³]	Lambda [W/(mK)]	Variable [d3] - Estrichdämmung WLG 040		
				60 mm	80 mm	100 mm
WDVS [d2]	100	150	0,04	-0,11	0,03	0,11
	120	150	0,04	-0,12	0,03	0,10
	140	150	0,04	-0,13	0,02	0,10
	160	150	0,04	-0,13	0,01	0,09
	100	150	0,045	-0,11	0,03	0,10
	120	150	0,045	-0,12	0,03	0,10
	140	150	0,045	-0,13	0,02	0,09
	160	150	0,045	-0,13	0,01	0,09

1.1 / Bodenplatte auf Erdreich
1.1-A-14a / Bild 14a - außengedämmtes Mauerwerk

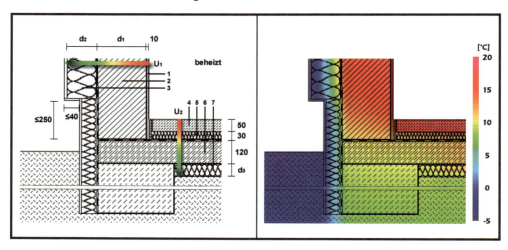

Baustoffe:

Pos.	Bezeichnung	Dicke [mm]	Rohdichte [kg/m³]	Lambda [W/(mK)]
1	Innenputz	10	1800	0,35
2	Mauerwerk	Tabelle [d1]		
3	Wärmedämmverbundsystem	Tabelle [d2]		
4	Estrich	50	2000	1,4
5	Estrichdämmung WLG 040	30	150	0,04
6	Stahlbeton	120	2400	2,1
7	Perimeterdämmung WLG 045	Tabelle [d3]		

Bemerkungen für Ausführung ohne Kimmstein:

Die Einbindetiefe der erdberührten Wärmedämmung (d ≥ 60 mm) beträgt mindestens 300 mm von Oberkante Bodenplatte (Rohdecke) gemessen.

U-Wert [U_1]:

Variable	Variable [d1] - Kalksandstein **ohne** Kimmstein 175 mm - 0,99 W/(mK)			U-Wert [U_1] [W/(m²K)]
	Dicke [mm]	Rohdichte [kg/m³]	Lambda [W/(mK)]	
WDVS [d2]	100	150	0,04	0,35
	120	150	0,04	0,30
	140	150	0,04	0,26
	160	150	0,04	0,23
	100	150	0,045	0,38
	120	150	0,045	0,33
	140	150	0,045	0,29
	160	150	0,045	0,25

Wärmebrückenkatalog zum Beiblatt 2 der DIN 4108-6

Variable [d1] - Kalksandstein **mit ISO** Kimmstein 175 mm - 0,99 W/(mK)				
Variable	Dicke [mm]	Rohdichte [kg/m³]	Lambda [W/(mK)]	U-Wert [U1] [W/(m²K)]
WDVS [d2]	100	150	0,04	0,35
	120	150	0,04	0,30
	140	150	0,04	0,26
	160	150	0,04	0,23
	100	150	0,045	0,38
	120	150	0,045	0,33
	140	150	0,045	0,29
	160	150	0,045	0,25

U-Wert [U_2]:

Variable	Dicke [mm]	Rohdichte [kg/m³]	Lambda [W/(mK)]	U-Wert [U_2] [W/(m²K)]
Perimeter-dämmung [d3]	40	150	0,045	0,52
	50	150	0,045	0,46
	60	150	0,045	0,42
	70	150	0,045	0,38

Wärmebrückenverlustkoeffizient: (Ψ-Wert, außenmaßbezogen)

Variable [d1] - Kalksandstein **ohne** Kimmstein 175 mm - 0,99 W/(mK)							
Variable	Dicke [mm]	Rohdichte [kg/m³]	Lambda [W/(mK)]	Variable [d3] - Perimeterdämmung WLG 045			
				40 mm	50 mm	60 mm	70 mm
WDVS [d2]	100	150	0,04	-0,10	-0,02	0,04	0,08
	120	150	0,04	-0,11	-0,04	0,02	0,07
	140	150	0,04	-0,12	-0,04	0,02	0,07
	160	150	0,04	-0,13	-0,05	0,01	0,06
	100	150	0,045	-0,10	-0,02	0,04	0,08
	120	150	0,045	-0,11	-0,04	0,02	0,07
	140	150	0,045	-0,12	-0,04	0,02	0,07
	160	150	0,045	-0,13	-0,05	0,01	0,05

Variable [d1] - Kalksandstein **mit ISO** Kimmstein 175 mm - 0,99 W/(mK)							
Variable	Dicke [mm]	Rohdichte [kg/m³]	Lambda [W/(mK)]	Variable [d3] - Perimeterdämmung WLG 045			
				40 mm	50 mm	60 mm	70 mm
WDVS [d2]	100	150	0,04	-0,13	-0,06	0,00	0,04
	120	150	0,04	-0,15	-0,07	-0,01	0,04
	140	150	0,04	-0,15	-0,08	-0,02	0,03
	160	150	0,04	-0,16	-0,08	-0,02	0,03
	100	150	0,045	-0,14	-0,06	0,00	0,04
	120	150	0,045	-0,14	-0,07	-0,01	0,03
	140	150	0,045	-0,16	-0,08	-0,02	0,03
	160	150	0,045	-0,16	-0,08	-0,02	0,02

1.1 / Bodenplatte auf Erdreich
1.1-A-15 / Bild 15 - außengedämmtes Mauerwerk

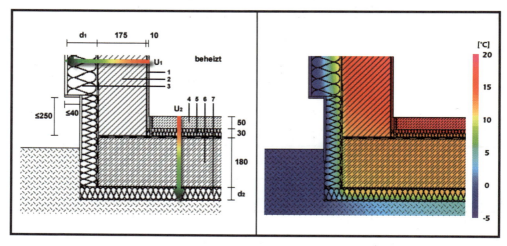

Baustoffe:

Pos.	Bezeichnung	Dicke [mm]	Rohdichte [kg/m³]	Lambda [W/(mK)]
1	Innenputz	10	1800	0,35
2	Kalksandstein	175	1800	0,99
3	Wärmedämmverbundsystem	Tabelle [d1]		
4	Estrich	50	2000	1,4
5	Estrichdämmung WLG 040	30	150	0,04
6	Stahlbeton	180	2400	2,1
7	Perimeterdämmung WLG 045	Tabelle [d2]		

Bemerkungen:

Kann auch ohne Dämmung unter dem Estrich ausgeführt werden.

U-Wert [U_1]:

Variable	Dicke [mm]	Rohdichte [kg/m³]	Lambda [W/(mK)]	*U*-Wert [U_1] [W/(m²K)]
WDVS [d_1]	100	150	0,04	0,35
	120	150	0,04	0,30
	140	150	0,04	0,26
	160	150	0,04	0,23
	100	150	0,045	0,38
	120	150	0,045	0,33
	140	150	0,045	0,29
	160	150	0,045	0,25

U-Wert [U_2]:

Variable	Dicke [mm]	Rohdichte [kg/m³]	Lambda [W/(mK)]	*U*-Wert [U_2] [W/(m²K)]
Perimeter-dämmung [d_2]	40	150	0,045	0,52
	50	150	0,045	0,46
	60	150	0,045	0,42
	70	150	0,045	0,38

Wärmebrückenverlustkoeffizient: (Ψ-Wert, außenmaßbezogen)

Variable	Dicke [mm]	Rohdichte [kg/m³]	Lambda [W/(mK)]	Variable [d_2] - Perimeterdämmung WLG 045			
				40 mm	50 mm	60 mm	70 mm
WDVS [d_1]	100	150	0,04	-0,12	-0,07	-0,03	0,00
	120	150	0,04	-0,13	-0,08	-0,04	-0,01
	140	150	0,04	-0,13	-0,08	-0,04	-0,01
	160	150	0,04	-0,13	-0,08	-0,04	-0,02
	100	150	0,045	-0,13	-0,08	-0,04	-0,01
	120	150	0,045	-0,13	-0,08	-0,04	-0,01
	140	150	0,045	-0,14	-0,09	-0,05	-0,02
	160	150	0,045	-0,14	-0,08	-0,04	-0,02

Wärmebrückenkatalog zum Beiblatt 2 der DIN 4108-6

1.1 / Bodenplatte auf Erdreich
1.1-K-16 / Bild 16 - zweischaliges Mauerwerk

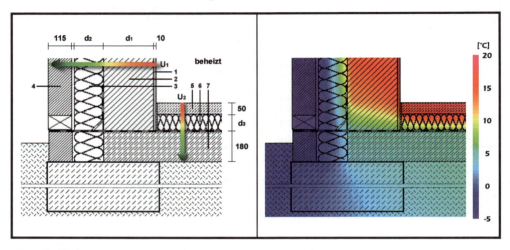

Baustoffe:

Pos.	Bezeichnung	Dicke [mm]	Rohdichte [kg/m³]	Lambda [W/(mK)]
1	Innenputz	10	1800	0,35
2	Mauerwerk		Tabelle [d1]	
3	Kerndämmung		Tabelle [d2]	
4	Verblendmauerwerk	115	2000	0,96
5	Estrich	50	2000	1,4
6	Estrichdämmung WLG 040		Tabelle [d3]	
7	Stahlbeton	180	2400	2,1

Bemerkungen für Ausführung ohne Kimmstein:

Die Einbindetiefe dieser Kerndämmung (d ≥ 60 mm) beträgt mindestens 300 mm von Oberkante Bodenplatte (Rohdecke) gemessen.

U-Wert [U_1]:

				U-Wert [U_1] [W/(m²K)]				
	Dicke [mm]	Rohdichte [kg/m³]	Lambda [W/(mK)]	Variable [d1] - 175 mm				
Variable				KS ohne Kimm-stein	KS mit ISO Kimm-stein	Mauer-werk 0,10 W/(mK)	Mauer-werk 0,12 W/(mK)	Mauer-werk 0,14 W/(mK)
Kerndäm-mung [d2]	100	150	0,04	0,33	0,33	0,22	0,23	0,25
	120	150	0,04	0,29	0,29	0,20	0,21	0,22
	140	150	0,04	0,25	0,25	0,18	0,19	0,20

Wärmebrückenkatalog zum Beiblatt 2 der DIN 4108-6

U-Wert [U_2]:

Variable	Dicke [mm]	Rohdichte [kg/m³]	Lambda [W/(mK)]	U-Wert [U_2] [W/(m²K)]
Estrichdämmung [d3]	60	150	0,04	0,55
	80	150	0,04	0,43
	100	150	0,04	0,36

Wärmebrückenverlustkoeffizient: (Ψ-Wert, außenmaßbezogen)

				Variable [d3] - Estrichdämmung WLG 040		
	Variable [d1] - Kalksandstein **ohne** Kimmstein 175 mm - 0,99 W/(mK)					
Variable	Dicke [mm]	Rohdichte [kg/m³]	Lambda [W/(mK)]	60 mm	80 mm	100 mm
Kerndämmung [d2]	100	150	0,04	-0,02	0,11	0,18
	120	150	0,04	-0,02	0,11	0,18
	140	150	0,04	-0,03	0,11	0,18

				Variable [d1] - Kalksandstein **mit ISO** Kimmstein 175 mm - 0,99 W/(mK)		
Variable	Dicke [mm]	Rohdichte [kg/m³]	Lambda [W/(mK)]	60 mm	80 mm	100 mm
Kerndämmung [d2]	100	150	0,04	0,03	0,05	0,05
	120	150	0,04	0,03	0,05	0,06
	140	150	0,04	0,03	0,05	0,06

				Variable [d1] - Mauerwerk 175 mm - 0,10 W/(mK)		
Variable	Dicke [mm]	Rohdichte [kg/m³]	Lambda [W/(mK)]	60 mm	80 mm	100 mm
Kerndämmung [d2]	100	150	0,04	-0,17	-0,04	0,02
	120	150	0,04	-0,17	-0,04	0,02
	140	150	0,04	-0,18	-0,04	0,02

				Variable [d1] - Mauerwerk 175 mm - 0,12 W/(mK)		
Variable	Dicke [mm]	Rohdichte [kg/m³]	Lambda [W/(mK)]	60 mm	80 mm	100 mm
Kerndämmung [d2]	100	150	0,04	-0,16	-0,04	0,03
	120	150	0,04	-0,17	-0,04	0,03
	140	150	0,04	-0,17	-0,04	0,03

				Variable [d1] - Mauerwerk 175 mm - 0,14 W/(mK)		
Variable	Dicke [mm]	Rohdichte [kg/m³]	Lambda [W/(mK)]	60 mm	80 mm	100 mm
Kerndämmung [d2]	100	150	0,04	-0,16	-0,03	0,03
	120	150	0,04	-0,16	-0,03	0,03
	140	150	0,04	-0,16	-0,03	0,03

Wärmebrückenkatalog zum Beiblatt 2 der DIN 4108-6

1.1 / Bodenplatte auf Erdreich
1.1-K-17 / Bild 17 - zweischaliges Mauerwerk

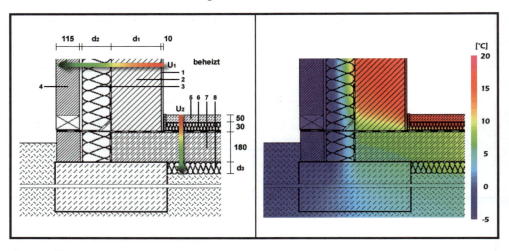

Baustoffe:

Pos.	Bezeichnung	Dicke [mm]	Rohdichte [kg/m³]	Lambda [W/(mK)]
1	Innenputz	10	1800	0,35
2	Mauerwerk		Tabelle [d1]	
3	Kerndämmung		Tabelle [d2]	
4	Verblendmauerwerk	115	2000	0,96
5	Estrich	50	2000	1,4
6	Estrichdämmung WLG 040	30	150	0,04
7	Stahlbeton	180	2400	2,1
8	Perimeterdämmung		Tabelle [d3]	

Bemerkungen für Ausführung ohne Kimmstein:

Die Einbindetiefe dieser Kerndämmung (d ≥ 60 mm) beträgt mindestens 300 mm von Oberkante Bodenplatte (Rohdecke) gemessen.

U-Wert [U_1]:

				U-Wert [U_1] [W/(m²K)]					
		Dicke [mm]	Rohdichte [kg/m³]	Lambda [W/(mK)]	Variable [d1] - 175 mm				
Variable					KS ohne Kimm-stein	KS mit ISO Kimm-stein	Mauer-werk 0,10 W/(mK)	Mauer-werk 0,12 W/(mK)	Mauer-werk 0,14 W/(mK)
Kerndäm-mung [d2]		100	150	0,04	0,33	0,33	0,22	0,23	0,25
		120	150	0,04	0,29	0,29	0,20	0,21	0,22
		140	150	0,04	0,25	0,25	0,18	0,19	0,20

U-Wert [U_2]:

Variable	Dicke [mm]	Rohdichte [kg/m³]	Lambda [W/(mK)]	U-Wert [U_2] [W/(m²K)]
Perimeter-dämmung [d3]	40	150	0,045	0,51
	50	150	0,045	0,46
	60	150	0,045	0,41
	70	150	0,045	0,38

Wärmebrückenverlustkoeffizient: (Ψ-Wert, außenmaßbezogen)

	Variable [d1] - Kalksandstein **ohne** Kimmstein 175 mm - 0,99 W/(mK)						
Variable	Dicke [mm]	Rohdichte [kg/m³]	Lambda [W/(mK)]	Variable [d3] - Perimeterdämmung WLG 045			
				40 mm	50 mm	60 mm	70 mm
Kerndäm-mung [d2]	100	150	0,04	0,15	0,17	0,19	0,20
	120	150	0,04	0,15	0,17	0,19	0,20
	140	150	0,04	0,15	0,17	0,18	0,20

	Variable [d1] - Kalksandstein **mit ISO** Kimmstein 175 mm - 0,99 W/(mK)						
Variable	Dicke [mm]	Rohdichte [kg/m³]	Lambda [W/(mK)]	Variable [d3] - Perimeterdämmung WLG 045			
				40 mm	50 mm	60 mm	70 mm
Kerndäm-mung [d2]	100	150	0,04	0,06	0,08	0,10	0,12
	120	150	0,04	0,06	0,08	0,10	0,12
	140	150	0,04	0,06	0,08	0,10	0,12

	Variable [d1] - Mauerwerk 175 mm - 0,10 W/(mK)						
Variable	Dicke [mm]	Rohdichte [kg/m³]	Lambda [W/(mK)]	Variable [d3] - Perimeterdämmung WLG 045			
				40 mm	50 mm	60 mm	70 mm
Kerndäm-mung [d2]	100	150	0,04	-0,10	-0,02	0,03	0,08
	120	150	0,04	-0,10	-0,02	0,03	0,08
	140	150	0,04	-0,11	-0,03	0,03	0,07

	Variable [d1] - Mauerwerk 175 mm - 0,12 W/(mK)						
Variable	Dicke [mm]	Rohdichte [kg/m³]	Lambda [W/(mK)]	Variable [d3] - Perimeterdämmung WLG 045			
				40 mm	50 mm	60 mm	70 mm
Kerndäm-mung [d2]	100	150	0,04	-0,10	-0,02	0,03	0,08
	120	150	0,04	-0,10	-0,02	0,03	0,08
	140	150	0,04	-0,10	-0,03	0,03	0,07

	Variable [d1] - Mauerwerk 175 mm - 0,14 W/(mK)						
Variable	Dicke [mm]	Rohdichte [kg/m³]	Lambda [W/(mK)]	Variable [d3] - Perimeterdämmung WLG 045			
				40 mm	50 mm	60 mm	70 mm
Kerndäm-mung [d2]	100	150	0,04	-0,10	-0,02	0,03	0,08
	120	150	0,04	-0,10	-0,02	0,03	0,08
	140	150	0,04	-0,10	-0,03	0,03	0,07

1.1 / Bodenplatte auf Erdreich
1.1-H-19 / Bild 19 - Holzbauart

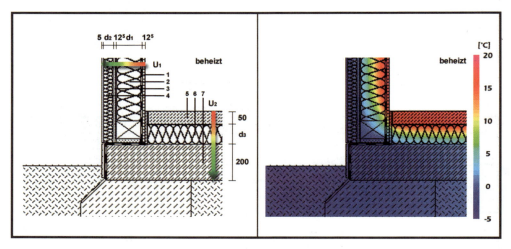

Baustoffe:

Pos.	Bezeichnung	Dicke [mm]	Rohdichte [kg/m³]	Lambda [W/(mK)]
1	Gipsfaserplatte	12,5	1150	0,32
2	Dämmung WLG 040	Tabelle [d1]		
3	Gipsfaserplatte	12,5	1150	0,32
4	WDVS WLG 040	Tabelle [d2]		
5	Estrich	50	2000	1,4
6	Estrichdämmung WLG 040	Tabelle [d3]		
7	Stahlbeton	200	2400	2,1

Wärmebrückenkatalog zum Beiblatt 2 der DIN 4108-6

U-Wert [U_1]:

				U-Wert [U_1] [W/(m²K)]				
Variable	Dicke [mm]	Rohdichte [kg/m³]	Lambda [W/(mK)]	Variable [d1] - Dämmung WLG 040				
				120 mm	140 mm	160 mm	180 mm	200 mm
WDVS [d2]	40	30	0,04	0,24	0,21	0,19	0,17	0,16
	60	30	0,04	0,21	0,19	0,17	0,16	0,15
	80	30	0,04	0,19	0,17	0,16	0,15	0,14
	100	30	0,04	0,17	0,16	0,15	0,14	0,13
	120	30	0,04	0,16	0,15	0,14	0,13	0,12

U-Wert [U_2]:

Variable	Dicke [mm]	Rohdichte [kg/m³]	Lambda [W/(mK)]	U-Wert [U_2] [W/(m²K)]
Estrich- dämmung [d3]	60	150	0,04	0,54
	80	150	0,04	0,43
	100	150	0,04	0,35

Wärmebrückenverlustkoeffizient: (Ψ-Wert, außenmaßbezogen)

				Variable [d3] - Estrichdämmung 60 mm - 0,04 W/(mK)				
Variable	Dicke [mm]	Rohdichte [kg/m³]	Lambda [W/(mK)]	Variable [d1] - Dämmung WLG 040				
				120 mm	140 mm	160 mm	180 mm	200 mm
WDVS [d2]	40	30	0,04	0,08	0,07	0,07	0,06	0,06
	60	30	0,04	0,07	0,07	0,06	0,06	0,05
	80	30	0,04	0,07	0,07	0,06	0,06	0,05
	100	30	0,04	0,07	0,06	0,06	0,05	0,05
	120	30	0,04	0,07	0,06	0,06	0,05	0,04

				Variable [d3] - Estrichdämmung 80 mm - 0,04 W/(mK)				
Variable	Dicke [mm]	Rohdichte [kg/m³]	Lambda [W/(mK)]	Variable [d1] - Dämmung WLG 040				
				120 mm	140 mm	160 mm	180 mm	200 mm
WDVS [d2]	40	30	0,04	0,15	0,15	0,15	0,14	0,14
	60	30	0,04	0,15	0,15	0,15	0,14	0,14
	80	30	0,04	0,15	0,15	0,15	0,14	0,14
	100	30	0,04	0,15	0,15	0,14	0,14	0,14
	120	30	0,04	0,15	0,15	0,14	0,14	0,14

				Variable [d3] - Estrichdämmung 100 mm - 0,04 W/(mK)				
Variable	Dicke [mm]	Rohdichte [kg/m³]	Lambda [W/(mK)]	Variable [d1] - Dämmung WLG 040				
				120 mm	140 mm	160 mm	180 mm	200 mm
WDVS [d2]	40	30	0,04	0,18	0,18	0,18	0,18	0,18
	60	30	0,04	0,18	0,18	0,18	0,18	0,18
	80	30	0,04	0,18	0,18	0,18	0,18	0,18
	100	30	0,04	0,18	0,18	0,18	0,18	0,17
	120	30	0,04	0,18	0,18	0,18	0,18	0,17

1.1 / Bodenplatte auf Erdreich
1.1-H-20 / Bild 20 - Holzbauart

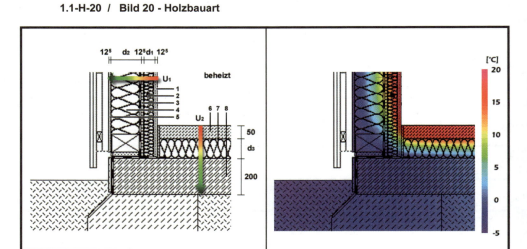

Baustoffe:

Pos.	Bezeichnung	Dicke [mm]	Rohdichte [kg/m³]	Lambda [W/(mK)]
1	Gipsfaserplatte	12,5	1150	0,32
2	Dämmung WLG 040	Tabelle [d1]		
3	Gipsfaserplatte	12,5	1150	0,32
4	Dämmung WLG 040	Tabelle [d2]		
5	Gipsfaserplatte	12,5	1150	0,32
6	Estrich	50	2000	1,4
7	Estrichdämmung WLG 040	Tabelle [d3]		
8	Stahlbeton	200	2400	2,1

Wärmebrückenkatalog zum Beiblatt 2 der DIN 4108-6

U-Wert [U_1]:

Variable	Dicke [mm]	Rohdichte [kg/m³]	Lambda [W/(mK)]	*U*-Wert [U_1] [W/(m²K)]				
				Variable [d2] - Dämmung WLG 040				
				120 mm	140 mm	160 mm	180 mm	200 mm
Dämmung [d1]	40	30	0,04	0,23	0,21	0,19	0,17	0,16
	60	30	0,04	0,21	0,19	0,17	0,16	0,15

U-Wert [U_2]:

Variable	Dicke [mm]	Rohdichte [kg/m³]	Lambda [W/(mK)]	*U*-Wert [U_2] [W/(m²K)]
Estrich-dämmung [d3]	60	150	0,04	0,54
	80	150	0,04	0,43
	100	150	0,04	0,35

Wärmebrückenverlustkoeffizient: (Ψ-Wert, außenmaßbezogen)

Variable [d3] - Estrichdämmung 60 mm - 0,04 W/(mK)								
Variable	Dicke [mm]	Rohdichte [kg/m³]	Lambda [W/(mK)]	Variable [d2] - Dämmung WLG 040				
				120 mm	140 mm	160 mm	180 mm	200 mm
Dämmung [d1]	40	30	0,04	0,06	0,06	0,05	0,05	0,05
	60	30	0,04	0,05	0,05	0,05	0,05	0,05

Variable [d3] - Estrichdämmung 80 mm - 0,04 W/(mK)								
Variable	Dicke [mm]	Rohdichte [kg/m³]	Lambda [W/(mK)]	Variable [d2] - Dämmung WLG 040				
				120 mm	140 mm	160 mm	180 mm	200 mm
Dämmung [d1]	40	30	0,04	0,14	0,14	0,14	0,13	0,13
	60	30	0,04	0,14	0,13	0,12	0,12	0,11

Variable [d3] - Estrichdämmung 100 mm - 0,04 W/(mK)								
Variable	Dicke [mm]	Rohdichte [kg/m³]	Lambda [W/(mK)]	Variable [d2] - Dämmung WLG 040				
				120 mm	140 mm	160 mm	180 mm	200 mm
Dämmung [d1]	40	30	0,04	0,18	0,17	0,17	0,17	0,17
	60	30	0,04	0,18	0,17	0,17	0,17	0,17

1.1 / Bodenplatte auf Erdreich
1.1-H-20a / Bild 20a - Holzbauart

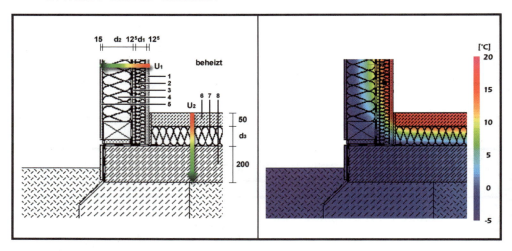

Baustoffe:

Pos.	Bezeichnung	Dicke [mm]	Rohdichte [kg/m³]	Lambda [W/(mK)]
1	Gipsfaserplatte	12,5	1150	0,32
2	Dämmung WLG 040	Tabelle [d_1]		
3	Gipsfaserplatte	12,5	1150	0,32
4	Dämmung WLG 040	Tabelle [d_2]		
5	Powerpanel HD	15	1000	0,4
6	Estrich	50	2000	1,4
7	Estrichdämmung WLG 040	Tabelle [d_3]		
8	Stahlbeton	200	2400	2,1

Wärmebrückenkatalog zum Beiblatt 2 der DIN 4108-6

U-Wert [U_1]:

				U-Wert [U_1] [W/(m²K)]				
Variable	Dicke [mm]	Rohdichte [kg/m³]	Lambda [W/(mK)]	Variable [d2] - Dämmung WLG 040				
				120 mm	140 mm	160 mm	180 mm	200 mm
Dämmung [d1]	40	30	0,04	0,23	0,21	0,19	0,17	0,16
	60	30	0,04	0,21	0,19	0,17	0,16	0,15

U-Wert [U_2]:

Variable	Dicke [mm]	Rohdichte [kg/m³]	Lambda [W/(mK)]	U-Wert [U_2] [W/(m²K)]
Estrich-dämmung [d3]	60	150	0,04	0,54
	80	150	0,04	0,43
	100	150	0,04	0,35

Wärmebrückenverlustkoeffizient: (Ψ-Wert, außenmaßbezogen)

				Variable [d3] - Estrichdämmung 60 mm - 0,04 W/(mK)				
Variable	Dicke [mm]	Rohdichte [kg/m³]	Lambda [W/(mK)]	Variable [d2] - Dämmung WLG 040				
				120 mm	140 mm	160 mm	180 mm	200 mm
Dämmung [d1]	40	30	0,04	0,06	0,06	0,05	0,05	0,05
	60	30	0,04	0,05	0,05	0,05	0,05	0,05

				Variable [d3] - Estrichdämmung 80 mm - 0,04 W/(mK)				
Variable	Dicke [mm]	Rohdichte [kg/m³]	Lambda [W/(mK)]	Variable [d2] - Dämmung WLG 040				
				120 mm	140 mm	160 mm	180 mm	200 mm
Dämmung [d1]	40	30	0,04	0,14	0,14	0,14	0,13	0,13
	60	30	0,04	0,14	0,13	0,12	0,12	0,11

				Variable [d3] - Estrichdämmung 100 mm - 0,04 W/(mK)				
Variable	Dicke [mm]	Rohdichte [kg/m³]	Lambda [W/(mK)]	Variable [d2] - Dämmung WLG 040				
				120 mm	140 mm	160 mm	180 mm	200 mm
Dämmung [d1]	40	30	0,04	0,18	0,17	0,17	0,17	0,17
	60	30	0,04	0,18	0,17	0,17	0,17	0,17

Wärmebrückenkatalog zum Beiblatt 2 der DIN 4108-6

1.1 / Bodenplatte auf Erdreich
1.1-H-21 / Bild 21 - Holzbauart

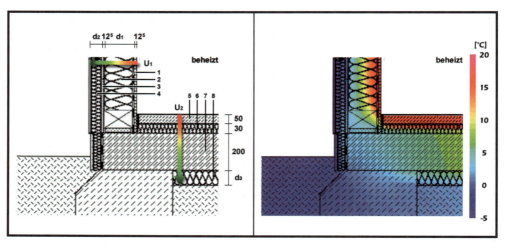

Baustoffe:

Pos.	Bezeichnung	Dicke [mm]	Rohdichte [kg/m³]	Lambda [W/(mK)]
1	Gipsfaserplatte	12,5	1150	0,32
2	Dämmung WLG 040	Tabelle [d1]		
3	Gipsfaserplatte	12,5	1150	0,32
4	Dämmung WLG 040	Tabelle [d2]		
5	Estrich	50	2000	1,4
6	Estrichdämmung	30	150	0,04
7	Stahlbeton	200	2400	2,1
8	Perimeterdämmung WLG 040	Tabelle [d3]		

U-Wert [U_1]:

				U-Wert [U_1] [W/(m²K)]				
Variable	Dicke [mm]	Rohdichte [kg/m³]	Lambda [W/(mK)]	Variable [d1] - Dämmung WLG 040				
				120 mm	140 mm	160 mm	180 mm	200 mm
WDVS [d2]	40	30	0,04	0,24	0,21	0,19	0,17	0,16
	60	30	0,04	0,21	0,19	0,17	0,16	0,15
	80	30	0,04	0,19	0,17	0,16	0,15	0,14
	100	30	0,04	0,17	0,16	0,15	0,14	0,13
	120	30	0,04	0,16	0,15	0,14	0,13	0,12

U-Wert [U_2]:

Variable	Dicke [mm]	Rohdichte [kg/m³]	Lambda [W/(mK)]	U-Wert [U_2] [W/(m²K)]
Perimeter-dämmung [d3]	40	150	0,04	0,48
	50	150	0,04	0,43
	60	150	0,04	0,39
	70	150	0,04	0,35

Wärmebrückenverlustkoeffizient: (Ψ-Wert, außenmaßbezogen)

				Variable [d3] - Perimeterdämmung 40 mm - 0,04 W/(mK)				
Variable	Dicke [mm]	Rohdichte [kg/m³]	Lambda [W/(mK)]	Variable [d1] - Dämmung WLG 040				
				120 mm	140 mm	160 mm	180 mm	200 mm
WDVS [d2]	40	30	0,04	0,22	0,22	0,21	0,21	0,21
	60	30	0,04	0,21	0,21	0,21	0,21	0,21
	80	30	0,04	0,21	0,21	0,20	0,20	0,20
	100	30	0,04	0,21	0,20	0,20	0,20	0,19
	120	30	0,04	0,20	0,20	0,19	0,19	0,19

				Variable [d3] - Perimeterdämmung 50 mm - 0,04 W/(mK)				
Variable	Dicke [mm]	Rohdichte [kg/m³]	Lambda [W/(mK)]	Variable [d1] - Dämmung WLG 040				
				120 mm	140 mm	160 mm	180 mm	200 mm
WDVS [d2]	40	30	0,04	0,28	0,28	0,27	0,27	0,26
	60	30	0,04	0,28	0,27	0,27	0,26	0,25
	80	30	0,04	0,27	0,27	0,26	0,26	0,25
	100	30	0,04	0,27	0,26	0,26	0,25	0,24
	120	30	0,04	0,27	0,26	0,25	0,25	0,24

				Variable [d3] - Perimeterdämmung 60 mm - 0,04 W/(mK)				
Variable	Dicke [mm]	Rohdichte [kg/m³]	Lambda [W/(mK)]	Variable [d1] - Dämmung WLG 040				
				120 mm	140 mm	160 mm	180 mm	200 mm
WDVS [d2]	40	30	0,04	0,33	0,32	0,32	0,31	0,31
	60	30	0,04	0,32	0,32	0,31	0,31	0,30
	80	30	0,04	0,32	0,32	0,31	0,30	0,30
	100	30	0,04	0,32	0,31	0,30	0,30	0,29
	120	30	0,04	0,31	0,31	0,30	0,29	0,29

				Variable [d3] - Perimeterdämmung 70 mm - 0,04 W/(mK)				
Variable	Dicke [mm]	Rohdichte [kg/m³]	Lambda [W/(mK)]	Variable [d1] - Dämmung WLG 040				
				120 mm	140 mm	160 mm	180 mm	200 mm
WDVS [d2]	40	30	0,04	0,37	0,36	0,36	0,35	0,34
	60	30	0,04	0,36	0,36	0,35	0,34	0,34
	80	30	0,04	0,36	0,35	0,35	0,34	0,33
	100	30	0,04	0,35	0,35	0,34	0,33	0,33
	120	30	0,04	0,35	0,34	0,34	0,33	0,32

1.1 / Bodenplatte auf Erdreich
1.1-H-22 / Bild 22 - Holzbauart

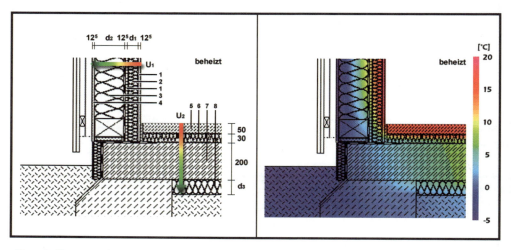

Baustoffe:

Pos.	Bezeichnung	Dicke [mm]	Rohdichte [kg/m³]	Lambda [W/(mK)]
1	Gipsfaserplatte	25	1150	0,32
2	Dämmung WLG 040	Tabelle [d1]		
3	Dämmung WLG 040	Tabelle [d2]		
4	Gipsfaserplatte	12,5	1150	0,32
5	Estrich	50	2000	1,4
6	Estrichdämmung WLG 040	30	150	0,04
7	Stahlbeton	200	2400	2,1
8	Perimeterdämmung WLG 040	Tabelle [d3]		

U-Wert [U_1]:

Variable	Dicke [mm]	Rohdichte [kg/m³]	Lambda [W/(mK)]	U-Wert [U_1] [W/(m²K)]					
				Variable [d2] - Dämmung WLG 040				
				120 mm	140 mm	160 mm	180 mm	200 mm
Dämmung [d1]	40	30	0,04	0,23	0,21	0,19	0,17	0,16
	60	30	0,04	0,21	0,19	0,17	0,16	0,15

U-Wert [U_2]:

Variable	Dicke [mm]	Rohdichte [kg/m³]	Lambda [W/(mK)]	U-Wert [U_2] [W/(m²K)]
Perimeter- dämmung [d3]	40	150	0,04	0,48
	50	150	0,04	0,43
	60	150	0,04	0,39
	70	150	0,04	0,35

Wärmebrückenverlustkoeffizient: (Ψ-Wert, außenmaßbezogen)

Variable	Variable [d1] - Dämmung 40 mm - 0,04 W/(mK)							
	Dicke [mm]	Rohdichte [kg/m³]	Lambda [W/(mK)]	Variable [d2] - Dämmung WLG 040				
				120 mm	140 mm	160 mm	180 mm	200 mm
Perimeter- dämmung [d3]	40	150	0,04	0,22	0,22	0,22	0,22	0,22
	50	150	0,04	0,27	0,26	0,26	0,25	0,25
	60	150	0,04	0,32	0,31	0,31	0,30	0,30
	70	150	0,04	0,35	0,35	0,34	0,34	0,33

Variable	Variable [d1] - Dämmung 60 mm - 0,04 W/(mK)							
	Dicke [mm]	Rohdichte [kg/m³]	Lambda [W/(mK)]	Variable [d2] - Dämmung WLG 040				
				120 mm	140 mm	160 mm	180 mm	200 mm
Perimeter- dämmung [d3]	40	150	0,04	0,21	0,21	0,20	0,20	0,19
	50	150	0,04	0,26	0,26	0,25	0,25	0,25
	60	150	0,04	0,31	0,31	0,30	0,30	0,29
	70	150	0,04	0,35	0,34	0,34	0,33	0,33

Wärmebrückenkatalog zum Beiblatt 2 der DIN 4108-6

1.1 / Bodenplatte auf Erdreich
1.1-H-22a / Bild 22a - Holzbauart

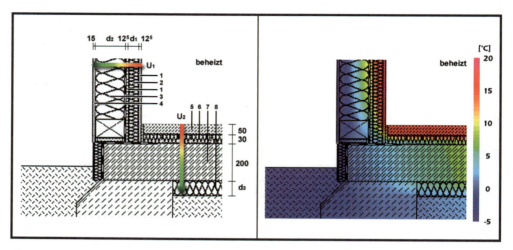

Baustoffe:

Pos.	Bezeichnung	Dicke [mm]	Rohdichte [kg/m³]	Lambda [W/(mK)]
1	Gipsfaserplatte	25	1150	0,32
2	Dämmung WLG 040	Tabelle [d1]		
3	Dämmung WLG 040	Tabelle [d2]		
4	Powerpanel HD	15	1000	0,4
5	Estrich	50	2000	1,4
6	Estrichdämmung WLG 040	30	150	0,04
7	Stahlbeton	200	2400	2,1
8	Perimeterdämmung WLG 040	Tabelle [d3]		

Wärmebrückenkatalog zum Beiblatt 2 der DIN 4108-6

U-Wert [U_1]:

				U-Wert [U_1] $[W/(m^2K)]$				
Variable	Dicke [mm]	Rohdichte [kg/m³]	Lambda [W/(mK)]	Variable [d2] - Dämmung WLG 040				
				120 mm	140 mm	160 mm	180 mm	200 mm
Dämmung [d1]	40	30	0,04	0,23	0,21	0,19	0,17	0,16
	60	30	0,04	0,21	0,19	0,17	0,16	0,15

U-Wert [U_2]:

Variable	Dicke [mm]	Rohdichte [kg/m³]	Lambda [W/(mK)]	U-Wert [U_2] $[W/(m^2K)]$
Perimeter-dämmung [d3]	40	150	0,04	0,48
	50	150	0,04	0,43
	60	150	0,04	0,39
	70	150	0,04	0,35

Wärmebrückenverlustkoeffizient: (Ψ-Wert, außenmaßbezogen)

				Variable [d1] - Dämmung 40 mm - 0,04 W/(mK)				
Variable	Dicke [mm]	Rohdichte [kg/m³]	Lambda [W/(mK)]	Variable [d2] - Dämmung WLG 040				
				120 mm	140 mm	160 mm	180 mm	200 mm
Perimeter-dämmung [d3]	40	150	0,04	0,22	0,22	0,22	0,22	0,22
	50	150	0,04	0,27	0,26	0,26	0,25	0,25
	60	150	0,04	0,32	0,31	0,31	0,30	0,30
	70	150	0,04	0,35	0,35	0,34	0,34	0,33

				Variable [d1] - Dämmung 60 mm - 0,04 W/(mK)				
Variable	Dicke [mm]	Rohdichte [kg/m³]	Lambda [W/(mK)]	Variable [d2] - Dämmung WLG 040				
				120 mm	140 mm	160 mm	180 mm	200 mm
Perimeter-dämmung [d3]	40	150	0,04	0,21	0,21	0,20	0,20	0,19
	50	150	0,04	0,26	0,26	0,25	0,25	0,25
	60	150	0,04	0,31	0,31	0,30	0,30	0,29
	70	150	0,04	0,35	0,34	0,34	0,33	0,33

Wärmebrückenkatalog zum Beiblatt 2 der DIN 4108-6

1.1 / Bodenplatte auf Erdreich
1.1-H-23 / Bild 23 - Holzbauart

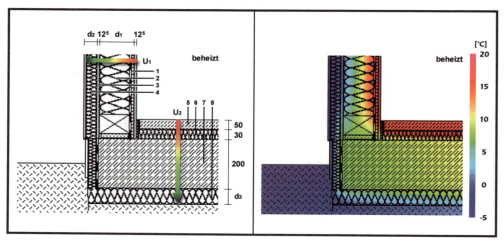

Baustoffe:

Pos.	Bezeichnung	Dicke [mm]	Rohdichte [kg/m³]	Lambda [W/(mK)]
1	Gipsfaserplatte	12,5	1150	0,32
2	Dämmung WLG 040	Tabelle [d1]		
3	Gipsfaserplatte	12,5	1150	0,32
4	WDVS WLG 040	Tabelle [d2]		
5	Estrich	50	2000	1,4
6	Estrichdämmung WLG 040	30	150	0,04
7	Stahlbeton	200	2400	2,1
8	Perimeterdämmung WLG 040	Tabelle [d3]		

U-Wert [U_1]:

				U-Wert [U_1] - [W/(m²K)]				
Variable	Dicke [mm]	Rohdichte [kg/m³]	Lambda [W/(mK)]	Variable [d1] - Dämmung WLG 040				
				120 mm	140 mm	160 mm	180 mm	200 mm
WDVS [d2]	40	30	0,04	0,24	0,21	0,19	0,17	0,16
	60	30	0,04	0,21	0,19	0,17	0,16	0,15
	80	30	0,04	0,19	0,17	0,16	0,15	0,14
	100	30	0,04	0,17	0,16	0,15	0,14	0,13
	120	30	0,04	0,16	0,15	0,14	0,13	0,12

U-Wert [U_2]:

Variable	Dicke [mm]	Rohdichte [kg/m³]	Lambda [W/(mK)]	U-Wert [U_2] [W/(m²K)]
Perimeter-dämmung [d3]	40	150	0,04	0,48
	50	150	0,04	0,43
	60	150	0,04	0,39
	70	150	0,04	0,35

Wärmebrückenkatalog zum Beiblatt 2 der DIN 4108-6

Wärmebrückenverlustkoeffizient: (Ψ-Wert, außenmaßbezogen)

		Variable [d2] - WDVS 40 mm - 0,04 W/(mK)							
Variable	Dicke [mm]	Rohdichte [kg/m³]	Lambda [W/(mK)]	Variable [d1] - Dämmung WLG 040					
				120 mm	140 mm	160 mm	180 mm	200 mm
Perimeter-dämmung [d3]	40	150	0,04	0,11	0,11	0,11	0,11	0,11
	50	150	0,04	0,16	0,16	0,16	0,16	0,16
	60	150	0,04	0,20	0,20	0,20	0,20	0,20
	70	150	0,04	0,23	0,23	0,23	0,23	0,23

		Variable [d2] - WDVS 60 mm - 0,04 W/(mK)							
Variable	Dicke [mm]	Rohdichte [kg/m³]	Lambda [W/(mK)]	Variable [d1] - Dämmung WLG 040					
				120 mm	140 mm	160 mm	180 mm	200 mm
Perimeter-dämmung [d3]	40	150	0,04	0,11	0,11	0,11	0,11	0,11
	50	150	0,04	0,16	0,16	0,16	0,16	0,16
	60	150	0,04	0,20	0,20	0,20	0,20	0,20
	70	150	0,04	0,23	0,23	0,23	0,22	0,22

		Variable [d2] - WDVS 80 mm - 0,04 W/(mK)							
Variable	Dicke [mm]	Rohdichte [kg/m³]	Lambda [W/(mK)]	Variable [d1] - Dämmung WLG 040					
				120 mm	140 mm	160 mm	180 mm	200 mm
Perimeter-dämmung [d3]	40	150	0,04	0,11	0,11	0,11	0,10	0,10
	50	150	0,04	0,16	0,16	0,16	0,16	0,15
	60	150	0,04	0,20	0,20	0,20	0,19	0,19
	70	150	0,04	0,23	0,22	0,22	0,22	0,22

		Variable [d2] - WDVS 100 mm - 0,04 W/(mK)							
Variable	Dicke [mm]	Rohdichte [kg/m³]	Lambda [W/(mK)]	Variable [d1] - Dämmung WLG 040					
				120 mm	140 mm	160 mm	180 mm	200 mm
Perimeter-dämmung [d3]	40	150	0,04	0,11	0,11	0,10	0,10	0,10
	50	150	0,04	0,16	0,16	0,16	0,15	0,15
	60	150	0,04	0,20	0,20	0,19	0,19	0,19
	70	150	0,04	0,23	0,22	0,22	0,22	0,22

		Variable [d2] - WDVS 120 mm - 0,04 W/(mK)							
Variable	Dicke [mm]	Rohdichte [kg/m³]	Lambda [W/(mK)]	Variable [d1] - Dämmung WLG 040					
				120 mm	140 mm	160 mm	180 mm	200 mm
Perimeter-dämmung [d3]	40	150	0,04	0,11	0,11	0,10	0,10	0,10
	50	150	0,04	0,16	0,16	0,15	0,15	0,15
	60	150	0,04	0,20	0,19	0,19	0,19	0,19
	70	150	0,04	0,22	0,22	0,22	0,22	0,21

1.1 / Bodenplatte auf Erdreich
1.1-H-24 / Bild 24 - Holzbauart

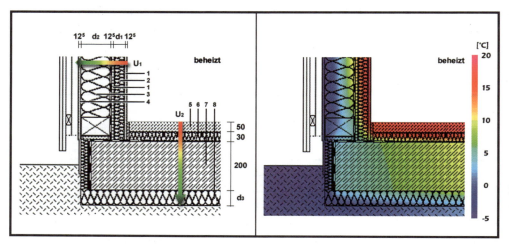

Baustoffe:

Pos.	Bezeichnung	Dicke [mm]	Rohdichte [kg/m³]	Lambda [W/(mK)]
1	Gipsfaserplatte	25	1150	0,32
2	Dämmung WLG 040		Tabelle [d1]	
3	Dämmung WLG 040		Tabelle [d2]	
4	Gipsfaserplatte	12,5	1150	0,32
5	Estrich	50	2000	1,4
6	Estrichdämmung WLG 040	30	150	0,04
7	Stahlbeton	200	2400	2,1
8	Perimeterdämmung WLG 040		Tabelle [d3]	

U-Wert [U_1]:

Variable	Dicke [mm]	Rohdichte [kg/m³]	Lambda [W/(mK)]	Variable [d2] - Dämmung WLG 040 U-Wert [U_1] [W/(m²K)]				
				120 mm	140 mm	160 mm	180 mm	200 mm
Dämmung [d1]	40	30	0,04	0,23	0,21	0,19	0,17	0,16
	60	30	0,04	0,21	0,19	0,17	0,16	0,15

U-Wert [U_2]:

Variable	Dicke [mm]	Rohdichte [kg/m³]	Lambda [W/(mK)]	U-Wert [U_2] [W/(m²K)]
Perimeter- dämmung [d3]	40	150	0,04	0,48
	50	150	0,04	0,43
	60	150	0,04	0,39
	70	150	0,04	0,35

Wärmebrückenverlustkoeffizient: (Ψ-Wert, außenmaßbezogen)

Variable [d1] - Dämmung 40 mm - 0,04 W/(mK)								
Variable	Dicke [mm]	Rohdichte [kg/m³]	Lambda [W/(mK)]	Variable [d2] - Dämmung WLG 040				
				120 mm	140 mm	160 mm	180 mm	200 mm
Perimeter- dämmung [d3]	40	150	0,04	0,15	0,14	0,14	0,14	0,14
	50	150	0,04	0,20	0,20	0,19	0,19	0,19
	60	150	0,04	0,24	0,24	0,23	0,23	0,23
	70	150	0,04	0,27	0,27	0,27	0,26	0,26

Variable [d1] - Dämmung 60 mm - 0,04 W/(mK)								
Variable	Dicke [mm]	Rohdichte [kg/m³]	Lambda [W/(mK)]	Variable [d2] - Dämmung WLG 040				
				120 mm	140 mm	160 mm	180 mm	200 mm
Perimeter- dämmung [d3]	40	150	0,04	0,14	0,14	0,14	0,14	0,14
	50	150	0,04	0,20	0,20	0,19	0,19	0,19
	60	150	0,04	0,24	0,24	0,23	0,23	0,23
	70	150	0,04	0,27	0,26	0,26	0,26	0,26

1.1 / Bodenplatte auf Erdreich
1.1-H-24a / Bild 24a - Holzbauart

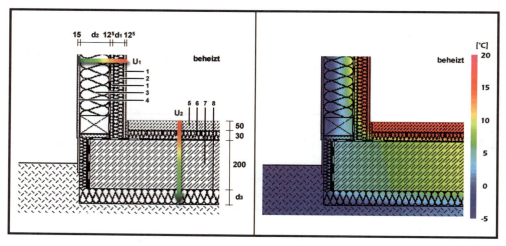

Baustoffe:

Pos.	Bezeichnung	Dicke [mm]	Rohdichte [kg/m³]	Lambda [W/(mK)]
1	Gipsfaserplatte	25	1150	0,32
2	Dämmung WLG 040	Tabelle [d1]		
3	Dämmung WLG 040	Tabelle [d2]		
4	Powerpanel HD	15	1000	0,4
5	Estrich	50	2000	1,4
6	Estrichdämmung WLG 040	30	150	0,04
7	Stahlbeton	200	2400	2,1
8	Perimeterdämmung WLG 040	Tabelle [d3]		

Wärmebrückenkatalog zum Beiblatt 2 der DIN 4108-6

U-Wert [U_1]:

				U-Wert [U_1] [W/(m²K)]				
Variable	Dicke [mm]	Rohdichte [kg/m³]	Lambda [W/(mK)]	Variable [d2] - Dämmung WLG 040				
				120 mm	140 mm	160 mm	180 mm	200 mm
Dämmung [d1]	40	30	0,04	0,23	0,21	0,19	0,17	0,16
	60	30	0,04	0,21	0,19	0,17	0,16	0,15

U-Wert [U_2]:

Variable	Dicke [mm]	Rohdichte [kg/m³]	Lambda [W/(mK)]	U-Wert [U_2] [W/(m²K)]
Perimeter-dämmung [d3]	40	150	0,04	0,48
	50	150	0,04	0,43
	60	150	0,04	0,39
	70	150	0,04	0,35

Wärmebrückenverlustkoeffizient: (Ψ-Wert, außenmaßbezogen)

				Variable [d1] - Dämmung 40 mm - 0,04 W/(mK)				
Variable	Dicke [mm]	Rohdichte [kg/m³]	Lambda [W/(mK)]	Variable [d2] - Dämmung WLG 040				
				120 mm	140 mm	160 mm	180 mm	200 mm
Perimeter-dämmung [d3]	40	150	0,04	0,15	0,14	0,14	0,14	0,14
	50	150	0,04	0,20	0,20	0,19	0,19	0,19
	60	150	0,04	0,24	0,24	0,23	0,23	0,23
	70	150	0,04	0,27	0,27	0,27	0,26	0,26

				Variable [d1] - Dämmung 60 mm - 0,04 W/(mK)				
Variable	Dicke [mm]	Rohdichte [kg/m³]	Lambda [W/(mK)]	Variable [d2] - Dämmung WLG 040				
				120 mm	140 mm	160 mm	180 mm	200 mm
Perimeter-dämmung [d3]	40	150	0,04	0,14	0,14	0,14	0,14	0,14
	50	150	0,04	0,20	0,20	0,19	0,19	0,19
	60	150	0,04	0,24	0,24	0,23	0,23	0,23
	70	150	0,04	0,27	0,26	0,26	0,26	0,26

1.1 / Bodenplatte auf Erdreich
1.1-H-F01 / Bild F01 - Holzbauart

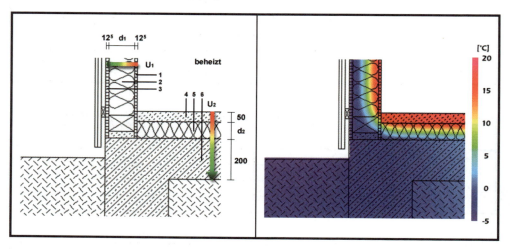

Baustoffe:

Pos.	Bezeichnung	Dicke [mm]	Rohdichte [kg/m³]	Lambda [W/(mK)]
1	Gipsfaserplatte	15	1150	0,32
2	Dämmung WLG 040	Tabelle [d1]		
3	Gipsfaserplatte	12,5	1150	0,32
4	Estrich	50	2000	1,4
5	Estrichdämmung WLG 040	Tabelle [d2]		
6	Stahlbeton	200	2400	2,1

Wärmebrückenkatalog zum Beiblatt 2 der DIN 4108-6

U-Wert [U_1]:

Variable	Dicke [mm]	Rohdichte [kg/m³]	Lambda [W/(mK)]	U-Wert [U_1] [W/(m²K)]
Dämmung [d1]	120	150	0,04	0,31
	140	150	0,04	0,27
	160	150	0,04	0,23
	180	150	0,04	0,21
	200	150	0,04	0,19

U-Wert [U_2]:

Variable	Dicke [mm]	Rohdichte [kg/m³]	Lambda [W/(mK)]	U-Wert [U_2] [W/(m²K)]
Estrich-dämmung [d2]	60	150	0,04	0,54
	80	150	0,04	0,43
	100	150	0,04	0,35

Wärmebrückenverlustkoeffizient: (Ψ-Wert, außenmaßbezogen)

Variable	Dicke [mm]	Rohdichte [kg/m³]	Lambda [W/(mK)]	Variable [d1] - Dämmung WLG 040				
				120 mm	140 mm	160 mm	180 mm	200 mm
Estrich-dämmung [d2]	60	150	0,04	0,06	0,06	0,06	0,06	0,05
	80	150	0,04	0,13	0,13	0,13	0,13	0,13
	100	150	0,04	0,16	0,16	0,16	0,16	0,16

1.1 / Bodenplatte auf Erdreich
1.1-H-F01a / Bild F01a - Holzbauart

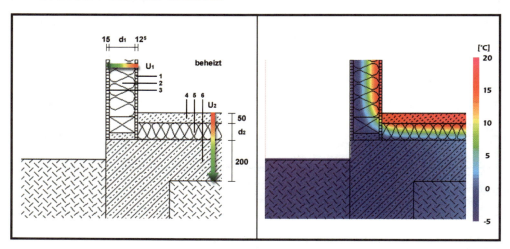

Baustoffe:

Pos.	Bezeichnung	Dicke [mm]	Rohdichte [kg/m³]	Lambda [W/(mK)]
1	Gipsfaserplatte	15	1150	0,32
2	Dämmung WLG 040	Tabelle [d1]		
3	Powerpanel HD	15	1000	0,4
4	Estrich	50	2000	1,4
5	Estrichdämmung WLG 040	Tabelle [d2]		
6	Stahlbeton	200	2400	2,1

U-Wert [U_1]:

Variable	Dicke [mm]	Rohdichte [kg/m³]	Lambda [W/(mK)]	U-Wert [U_1] [W/(m²K)]
Dämmung [d1]	120	150	0,04	0,31
	140	150	0,04	0,27
	160	150	0,04	0,24
	180	150	0,04	0,21
	200	150	0,04	0,19

U-Wert [U_2]:

Variable	Dicke [mm]	Rohdichte [kg/m³]	Lambda [W/(mK)]	U-Wert [U_2] [W/(m²K)]
Estrich-dämmung [d2]	60	150	0,04	0,54
	80	150	0,04	0,43
	100	150	0,04	0,35

Wärmebrückenverlustkoeffizient: (Ψ-Wert, außenmaßbezogen)

Variable	Dicke [mm]	Rohdichte [kg/m³]	Lambda [W/(mK)]	Variable [d1] - Dämmung WLG 040				
				120 mm	140 mm	160 mm	180 mm	200 mm
Estrich-dämmung [d2]	60	150	0,04	0,06	0,06	0,06	0,06	0,05
	80	150	0,04	0,13	0,13	0,13	0,13	0,13
	100	150	0,04	0,16	0,16	0,16	0,16	0,16

1.1 / Bodenplatte auf Erdreich
1.1-H-F02 / Bild F02 - Holzbauart

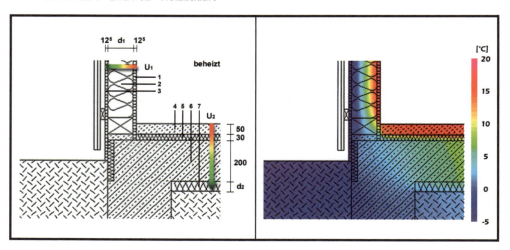

Baustoffe:

Pos.	Bezeichnung	Dicke [mm]	Rohdichte [kg/m³]	Lambda [W/(mK)]
1	Gipsfaserplatte	12,5	1150	0,32
2	Dämmung WLG 040	Tabelle [d1]		
3	Gipsfaserplatte	12,5	1150	0,32
4	Estrich	50	2000	1,4
5	Estrichdämmung WLG 040	30	150	0,04
6	Stahlbeton	200	2400	2,1
7	Perimeterdämmung WLG 040	Tabelle [d2]		

Wärmebrückenkatalog zum Beiblatt 2 der DIN 4108-6

U-Wert [U_1]:

Variable	Dicke [mm]	Rohdichte [kg/m³]	Lambda [W/(mK)]	U-Wert [U_1] [W/(m²K)]
Dämmung [d1]	120	150	0,04	0,31
	140	150	0,04	0,27
	160	150	0,04	0,24
	180	150	0,04	0,21
	200	150	0,04	0,19

U-Wert [U_2]:

Variable	Dicke [mm]	Rohdichte [kg/m³]	Lambda [W/(mK)]	U-Wert [U_2] [W/(m²K)]
Perimeter-dämmung [d2]	40	150	0,04	0,48
	50	150	0,04	0,43
	60	150	0,04	0,39
	70	150	0,04	0,35

Wärmebrückenverlustkoeffizient: (Ψ-Wert, außenmaßbezogen)

Variable	Dicke [mm]	Rohdichte [kg/m³]	Lambda [W/(mK)]	Variable [d1] - Dämmung WLG 040				
				120 mm	140 mm	160 mm	180 mm	200 mm
Perimeter-dämmung [d2]	40	150	0,04	0,24	0,24	0,23	0,23	0,22
	50	150	0,04	0,30	0,30	0,29	0,29	0,28
	60	150	0,04	0,35	0,35	0,34	0,34	0,33
	70	150	0,04	0,39	0,38	0,38	0,37	0,37

Wärmebrückenkatalog zum Beiblatt 2 der DIN 4108-6

1.1 / Bodenplatte auf Erdreich
1.1-H-F02a / Bild F02a - Holzbauart

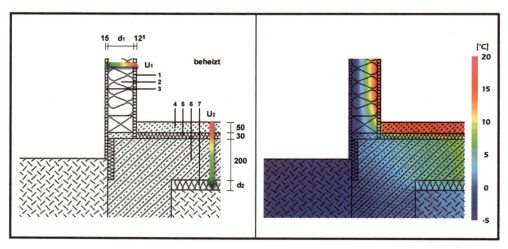

Baustoffe:

Pos.	Bezeichnung	Dicke [mm]	Rohdichte [kg/m³]	Lambda [W/(mK)]
1	Gipsfaserplatte	12,5	1150	0,32
2	Dämmung WLG 040	Tabelle [d1]		
3	Powerpanel HD	15	1000	0,4
4	Estrich	50	2000	1,4
5	Estrichdämmung WLG 040	30	150	0,04
6	Stahlbeton	200	2400	2,1
7	Perimeterdämmung WLG 040	Tabelle [d2]		

U-Wert [U_1]:

Variable	Dicke [mm]	Rohdichte [kg/m³]	Lambda [W/(mK)]	U-Wert [U_1] [W/(m²K)]
Dämmung [d1]	120	150	0,04	0,31
	140	150	0,04	0,27
	160	150	0,04	0,24
	180	150	0,04	0,21
	200	150	0,04	0,19

U-Wert [U_2]:

Variable	Dicke [mm]	Rohdichte [kg/m³]	Lambda [W/(mK)]	U-Wert [U_2] [W/(m²K)]
Perimeter-dämmung [d2]	40	150	0,04	0,48
	50	150	0,04	0,43
	60	150	0,04	0,39
	70	150	0,04	0,35

Wärmebrückenverlustkoeffizient: (Ψ-Wert, außenmaßbezogen)

Variable	Dicke [mm]	Rohdichte [kg/m³]	Lambda [W/(mK)]	Variable [d1] - Dämmung WLG 040				
				120 mm	140 mm	160 mm	180 mm	200 mm
Perimeter-dämmung [d2]	40	150	0,04	0,24	0,24	0,23	0,23	0,22
	50	150	0,04	0,30	0,30	0,29	0,29	0,28
	60	150	0,04	0,35	0,35	0,34	0,34	0,33
	70	150	0,04	0,39	0,38	0,38	0,37	0,37

1.1 / Bodenplatte auf Erdreich
1.1-H-F03 / Bild F03 - Holzbauart

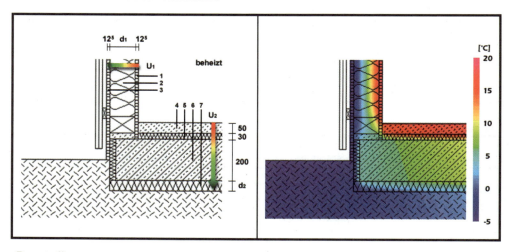

Baustoffe:

Pos.	Bezeichnung	Dicke [mm]	Rohdichte [kg/m³]	Lambda [W/(mK)]
1	Gipsfaserplatte	12,5	1150	0,32
2	Dämmung WLG 040	Tabelle [d1]		
3	Gipsfaserplatte	12,5	1150	0,32
4	Estrich	50	2000	1,4
5	Estrichdämmung WLG 040	30	150	0,04
6	Stahlbeton	200	2400	2,1
7	Perimeterdämmung WLG 040	Tabelle [d2]		

U-Wert [U_1]:

Variable	Dicke [mm]	Rohdichte [kg/m³]	Lambda [W/(mK)]	U-Wert [U_1] [W/(m²K)]
Dämmung [d1]	120	150	0,04	0,31
	140	150	0,04	0,27
	160	150	0,04	0,24
	180	150	0,04	0,21
	200	150	0,04	0,19

U-Wert [U_2]:

Variable	Dicke [mm]	Rohdichte [kg/m³]	Lambda [W/(mK)]	U-Wert [U_2] [W/(m²K)]
Perimeter-dämmung [d2]	40	150	0,04	0,48
	50	150	0,04	0,43
	60	150	0,04	0,39
	70	150	0,04	0,35

Wärmebrückenverlustkoeffizient: (Ψ-Wert, außenmaßbezogen)

Variable	Dicke [mm]	Rohdichte [kg/m³]	Lambda [W/(mK)]	Variable [d1] - Dämmung WLG 040				
				120 mm	140 mm	160 mm	180 mm	200 mm
Perimeter-dämmung [d2]	40	150	0,04	0,17	0,17	0,16	0,16	0,16
	50	150	0,04	0,22	0,22	0,22	0,21	0,21
	60	150	0,04	0,26	0,26	0,26	0,25	0,25
	70	150	0,04	0,29	0,29	0,28	0,28	0,28

Wärmebrückenkatalog zum Beiblatt 2 der DIN 4108-6

1.1 / Bodenplatte auf Erdreich
1.1-H-F03a / Bild F03a - Holzbauart

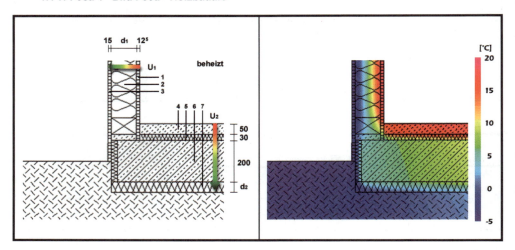

Baustoffe:

Pos.	Bezeichnung	Dicke [mm]	Rohdichte [kg/m³]	Lambda [W/(mK)]
1	Gipsfaserplatte	12,5	1150	0,32
2	Dämmung WLG 040	Tabelle [d1]		
3	Powerpanel HD	15	1000	0,4
4	Estrich	50	2000	1,4
5	Estrichdämmung WLG 040	30	150	0,04
6	Stahlbeton	200	2400	2,1
7	Perimeterdämmung WLG 040	Tabelle [d2]		

U-Wert [U_1]:

Variable	Dicke [mm]	Rohdichte [kg/m³]	Lambda [W/(mK)]	U-Wert [U_1] [W/(m²K)]
Dämmung [d1]	120	150	0,04	0,31
	140	150	0,04	0,27
	160	150	0,04	0,24
	180	150	0,04	0,21
	200	150	0,04	0,19

U-Wert [U_2]:

Variable	Dicke [mm]	Rohdichte [kg/m³]	Lambda [W/(mK)]	U-Wert [U_2] [W/(m²K)]
Perimeter-dämmung [d2]	40	150	0,04	0,48
	50	150	0,04	0,43
	60	150	0,04	0,39
	70	150	0,04	0,35

Wärmebrückenverlustkoeffizient: (Ψ-Wert, außenmaßbezogen)

Variable	Dicke [mm]	Rohdichte [kg/m³]	Lambda [W/(mK)]	Variable [d1] - Dämmung WLG 040				
				120 mm	140 mm	160 mm	180 mm	200 mm
Perimeter-dämmung [d2]	40	150	0,04	0,17	0,17	0,16	0,16	0,16
	50	150	0,04	0,22	0,22	0,22	0,21	0,21
	60	150	0,04	0,26	0,26	0,26	0,25	0,25
	70	150	0,04	0,29	0,29	0,28	0,28	0,28

2 / Kellerdecke
2-M-25 / Bild 25 - monolithisches Mauerwerk

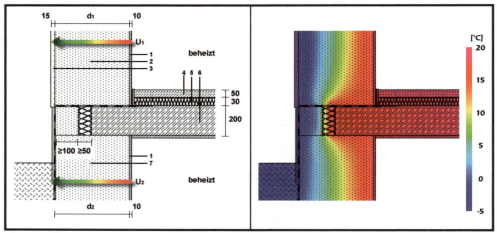

Baustoffe:

Pos.	Bezeichnung	Dicke [mm]	Rohdichte [kg/m³]	Lambda [W/(mK)]
1	Innenputz	10	1800	0,35
2	Mauerwerk		Tabelle [d1]	
3	Außenputz	15	1300	0,2
4	Estrich	50	2000	1,4
5	Estrichdämmung WLG 040	30	150	0,04
6	Stahlbeton	200	2400	2,1
7	Mauerwerk		Tabelle [d2]	

U-Wert [U_1]:

Variable	Dicke [mm]	Rohdichte [kg/m³]	Lambda [W/(mK)]	U-Wert [U_1] [W/(m²K)]
Mauerwerk [d1]	240	350	0,09	0,34
	300	350	0,09	0,28
	365	350	0,09	0,23
	240	400	0,10	0,37
	300	400	0,10	0,31
	365	400	0,10	0,25
	240	450	0,12	0,44
	300	450	0,12	0,36
	365	450	0,12	0,30
	240	500	0,14	0,50
	300	500	0,14	0,41
	365	500	0,14	0,35
	240	550	0,16	0,56
	300	550	0,16	0,47
	365	550	0,16	0,39

U-Wert [U_2]:

Variable	Dicke [mm]	Rohdichte [kg/m³]	Lambda [W/(mK)]	U-Wert [U_2] [W/(m²K)]
Mauerwerk [d2]	300	500	0,14	0,43
	365	500	0,14	0,36

Wärmebrückenverlustkoeffizient: (Ψ-Wert, außenmaßbezogen)

Variable	Dicke [mm]	Rohdichte [kg/m³]	Lambda [W/(mK)]	Variable [d2] - Mauerwerk 0,14 W/(mK)	
				300 mm	365 mm
Mauerwerk [d1]	240	350	0,09	0,16	0,19
	300	350	0,09	0,18	0,20
	365	350	0,09	0,19	0,17
	240	400	0,10	0,15	0,17
	300	400	0,10	0,17	0,18
	365	400	0,10	0,19	0,17
	240	450	0,12	0,14	0,14
	300	450	0,12	0,16	0,16
	365	450	0,12	0,18	0,16
	240	500	0,14	0,13	0,13
	300	500	0,14	0,15	0,14
	365	500	0,14	0,18	0,16
	240	550	0,16	0,12	0,11
	300	550	0,16	0,15	0,12
	365	550	0,16	0,17	0,15

2 / Kellerdecke
2-M-25a / Bild 25a - monolithisches Mauerwerk

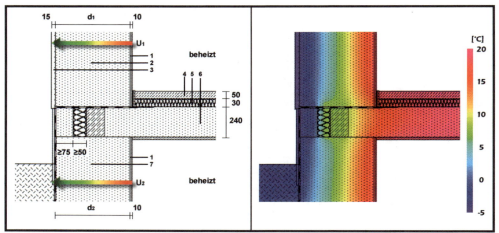

Baustoffe:

Pos.	Bezeichnung	Dicke [mm]	Rohdichte [kg/m³]	Lambda [W/(mK)]
1	Innenputz	10	1800	0,35
2	Mauerwerk		Tabelle [d1]	
3	Außenputz	15	1300	0,2
4	Estrich	50	2000	1,4
5	Estrichdämmung WLG 040	30	150	0,04
6	Porenbeton	240	600	0,16
7	Mauerwerk		Tabelle [d2]	

U-Wert [U_1]:

Variable	Dicke [mm]	Rohdichte [kg/m³]	Lambda [W/(mK)]	U-Wert [U_1] [W/(m²K)]
Mauerwerk [d1]	240	350	0,09	0,34
	300	350	0,09	0,28
	365	350	0,09	0,23
	240	400	0,10	0,37
	300	400	0,10	0,31
	365	400	0,10	0,25
	240	450	0,12	0,44
	300	450	0,12	0,36
	365	450	0,12	0,30
	240	500	0,14	0,50
	300	500	0,14	0,41
	365	500	0,14	0,35
	240	550	0,16	0,56
	300	550	0,16	0,47
	365	550	0,16	0,39

U-Wert [U_2]:

Variable	Dicke [mm]	Rohdichte [kg/m³]	Lambda [W/(mK)]	U-Wert [U_2] [W/(m²K)]
Mauerwerk [d2]	300	500	0,14	0,43
	365	500	0,14	0,36

Wärmebrückenverlustkoeffizient: (Ψ-Wert, außenmaßbezogen)

Variable	Dicke [mm]	Rohdichte [kg/m³]	Lambda [W/(mK)]	Variable [d2] - Mauerwerk 0,14 W/(mK)	
				300 mm	365 mm
Mauerwerk [d1]	240	350	0,09	0,10	0,10
	300	350	0,09	0,12	0,11
	365	350	0,09	0,13	0,13
	240	400	0,10	0,09	0,09
	300	400	0,10	0,11	0,11
	365	400	0,10	0,12	0,12
	240	450	0,12	0,08	0,07
	300	450	0,12	0,09	0,09
	365	450	0,12	0,11	0,10
	240	500	0,14	0,07	0,06
	300	500	0,14	0,08	0,08
	365	500	0,14	0,10	0,09
	240	550	0,16	0,05	0,04
	300	550	0,16	0,07	0,07
	365	550	0,16	0,09	0,08

2 / Kellerdecke
2-M-26 / Bild 26 - monolithisches Mauerwerk

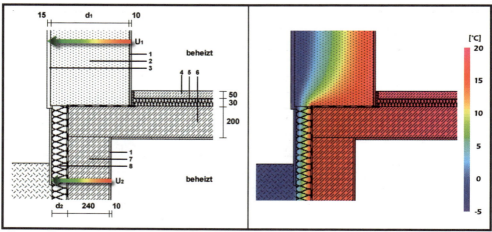

Baustoffe:

Pos.	Bezeichnung	Dicke [mm]	Rohdichte [kg/m³]	Lambda [W/(mK)]
1	Innenputz	10	1800	0,35
2	Mauerwerk		Tabelle [d1]	
3	Außenputz	15	1300	0,2
4	Estrich	50	2000	1,4
5	Estrichdämmung WLG 040	30	150	0,04
6	Stahlbetondecke	200	2400	2,1
7	Stahlbetonwand	240	2400	2,1
8	Perimeterdämmung WLG 040		Tabelle [d2]	

Wärmebrückenkatalog zum Beiblatt 2 der DIN 4108-6

U-Wert [U_1]:

Variable	Dicke [mm]	Rohdichte [kg/m³]	Lambda [W/(mK)]	U-Wert [U_1] [W/(m²K)]
Mauerwerk [d1]	240	350	0,09	0,34
	300	350	0,09	0,28
	365	350	0,09	0,23
	240	400	0,10	0,37
	300	400	0,10	0,31
	365	400	0,10	0,25
	240	450	0,12	0,44
	300	450	0,12	0,36
	365	450	0,12	0,30
	240	500	0,14	0,50
	300	500	0,14	0,41
	365	500	0,14	0,35
	240	550	0,16	0,56
	300	550	0,16	0,47
	365	550	0,16	0,39

U-Wert [U_2]:

Variable	Dicke [mm]	Rohdichte [kg/m³]	Lambda [W/(mK)]	U-Wert [U_2] [W/(m²K)]
Perimeter-dämmung [d2]	60	150	0,04	0,55
	80	150	0,04	0,43
	100	150	0,04	0,36

Wärmebrückenverlustkoeffizient: (Ψ-Wert, außenmaßbezogen)

Variable	Dicke [mm]	Rohdichte [kg/m³]	Lambda [W/(mK)]	Variable [d2] - Perimeterdämmung WLG 040		
				60 mm	80 mm	100 mm
Mauerwerk [d1]	240	350	0,09	0,19	0,15	0,12
	300	350	0,09	0,21	0,17	0,14
	365	350	0,09	0,23	0,19	0,16
	240	400	0,10	0,19	0,15	0,12
	300	400	0,10	0,21	0,17	0,14
	365	400	0,10	0,23	0,19	016
	240	450	0,12	0,18	0,14	0,10
	300	450	0,12	0,20	0,17	0,13
	365	450	0,12	0,23	0,19	0,15
	240	500	0,14	0,17	0,13	0,10
	300	500	0,14	0,20	0,16	0,13
	365	500	0,14	0,22	0,18	0,15
	240	550	0,16	0,16	0,12	0,09
	300	550	0,16	0,20	0,15	0,12
	365	550	0,16	0,22	0,18	0,15

2 / Kellerdecke
2-M-26a / Bild 26a - monolithisches Mauerwerk

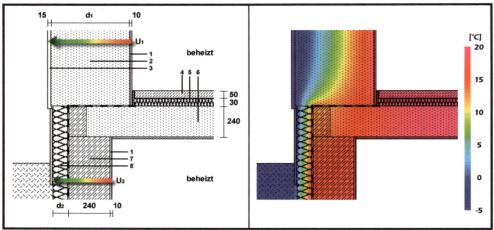

Baustoffe:

Pos.	Bezeichnung	Dicke [mm]	Rohdichte [kg/m³]	Lambda [W/(mK)]
1	Innenputz	10	1800	0,35
2	Mauerwerk		Tabelle [d1]	
3	Außenputz	15	1300	0,2
4	Estrich	50	2000	1,4
5	Estrichdämmung WLG 040	30	150	0,04
6	Porenbetondecke	240	600	0,16
7	Stahlbetonwand	240	2400	2,1
8	Perimeterdämmung WLG 040		Tabelle [d2]	

U-Wert [U_1]:

Variable	Dicke [mm]	Rohdichte [kg/m³]	Lambda [W/(mK)]	U-Wert [U_1] [W/(m²K)]
Mauerwerk [d1]	240	350	0,09	0,34
	300	350	0,09	0,28
	365	350	0,09	0,23
	240	400	0,10	0,37
	300	400	0,10	0,31
	365	400	0,10	0,25
	240	450	0,12	0,44
	300	450	0,12	0,36
	365	450	0,12	0,30
	240	500	0,14	0,50
	300	500	0,14	0,41
	365	500	0,14	0,35
	240	550	0,16	0,56
	300	550	0,16	0,47
	365	550	0,16	0,39

U-Wert [U_2]:

Variable	Dicke [mm]	Rohdichte [kg/m³]	Lambda [W/(mK)]	U-Wert [U_2] [W/(m²K)]
Perimeter- dämmung [d2]	60	150	0,04	0,55
	80	150	0,04	0,43
	100	150	0,04	0,36

Wärmebrückenverlustkoeffizient: (Ψ-Wert, außenmaßbezogen)

Variable	Dicke [mm]	Rohdichte [kg/m³]	Lambda [W/(mK)]	Variable [d2] - Perimeterdämmung WLG 040		
				60 mm	80 mm	100 mm
Mauerwerk [d1]	240	350	0,09	0,16	0,13	0,11
	300	350	0,09	0,18	0,15	0,13
	365	350	0,09	0,20	0,17	0,14
	240	400	0,10	0,16	0,13	0,10
	300	400	0,10	0,18	0,15	0,12
	365	400	0,10	0,20	0,16	0,14
	240	450	0,12	0,14	0,11	0,09
	300	450	0,12	0,17	0,14	0,11
	365	450	0,12	0,19	0,16	0,13
	240	500	0,14	0,13	0,10	0,08
	300	500	0,14	0,16	0,13	0,10
	365	500	0,14	0,18	0,15	0,12
	240	550	0,16	0,12	0,09	0,06
	300	550	0,16	0,15	0,12	0,09
	365	550	0,16	0,17	0,14	0,11

2 / Kellerdecke
2-M-27 / Bild 27 - monolithisches Mauerwerk

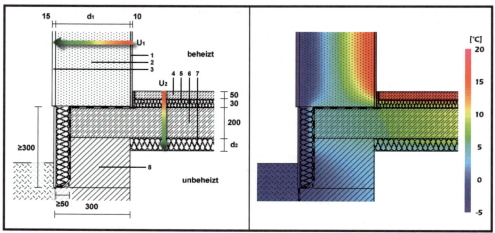

Baustoffe:

Pos.	Bezeichnung	Dicke [mm]	Rohdichte [kg/m³]	Lambda [W/(mK)]
1	Innenputz	10	1800	0,35
2	Mauerwerk		Tabelle [d_1]	
3	Außenputz	15	1300	0,2
4	Estrich	50	2000	1,4
5	Estrichdämmung WLG 040	30	150	0,04
6	Stahlbeton	200	2400	2,1
7	Dämmung WLG 040		Tabelle [d_2]	
8	Kalksandstein	300	1800	0,99

U-Wert [U_1]:

Variable	Dicke [mm]	Rohdichte [kg/m³]	Lambda [W/(mK)]	U-Wert [U_1] [W/(m²K)]
Mauerwerk [d1]	240	350	0,09	0,34
	300	350	0,09	0,28
	365	350	0,09	0,23
	240	400	0,10	0,37
	300	400	0,10	0,31
	365	400	0,10	0,25
	240	450	0,12	0,44
	300	450	0,12	0,36
	365	450	0,12	0,30
	240	500	0,14	0,50
	300	500	0,14	0,41
	365	500	0,14	0,35
	240	550	0,16	0,56
	300	550	0,16	0,47
	365	550	0,16	0,39

U-Wert [U_2]:

Variable	Dicke [mm]	Rohdichte [kg/m³]	Lambda [W/(mK)]	U-Wert [U_2] [W/(m²K)]
Dämmung [d2]	40	150	0,04	0,49
	50	150	0,04	0,43
	60	150	0,04	0,39
	70	150	0,04	0,36

Wärmebrückenverlustkoeffizient: (Ψ-Wert, außenmaßbezogen)

Variable	Dicke [mm]	Rohdichte [kg/m³]	Lambda [W/(mK)]	Variable [d2] - Dämmung WLG 040			
				40 mm	50 mm	60 mm	70 mm
Mauerwerk [d1]	240	350	0,09	-0,02	0,01	0,02	0,04
	300	350	0,09	-0,02	0,00	0,02	0,04
	365	350	0,09	-0,03	0,00	0,01	0,03
	240	400	0,10	-0,02	0,00	0,01	0,03
	300	400	0,10	-0,03	-0,01	0,01	0,03
	365	400	0,10	-0,04	-0,01	0,00	0,02
	240	450	0,12	-0,04	-0,02	0,00	0,01
	300	450	0,12	-0,04	-0,02	0,00	0,01
	365	450	0,12	-0,05	-0,02	0,00	0,01
	240	500	0,14	-0,06	-0,03	-0,02	-0,01
	300	500	0,14	-0,06	-0,03	-0,01	0,00
	365	500	0,14	-0,06	-0,03	-0,01	0,00
	240	550	0,16	-0,07	-0,05	-0,04	-0,03
	300	550	0,16	-0,07	-0,04	-0,03	-0,02
	365	550	0,16	-0,06	-0,04	-0,03	-0,02

2 / Kellerdecke
2-M-28 / Bild 28 - monolithisches Mauerwerk

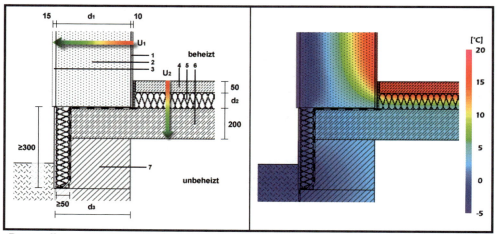

Baustoffe:

Pos.	Bezeichnung	Dicke [mm]	Rohdichte [kg/m³]	Lambda [W/(mK)]
1	Innenputz	10	1800	0,35
2	Mauerwerk	Tabelle [d1]		
3	Außenputz	15	1300	0,2
4	Estrich	50	2000	1,4
5	Estrichdämmung WLG 040	Tabelle [d2]		
6	Stahlbeton	200	2400	2,1
7	Mauerwerk	Tabelle [d3]		

U-Wert [U_1]:

Variable	Dicke [mm]	Rohdichte [kg/m³]	Lambda [W/(mK)]	*U*-Wert [U_1] [W/(m²K)]
Mauerwerk [d1]	240	350	0,09	0,34
	300	350	0,09	0,28
	365	350	0,09	0,23
	240	400	0,10	0,37
	300	400	0,10	0,31
	365	400	0,10	0,25
	240	450	0,12	0,44
	300	450	0,12	0,36
	365	450	0,12	0,30
	240	500	0,14	0,50
	300	500	0,14	0,41
	365	500	0,14	0,35
	240	550	0,16	0,56
	300	550	0,16	0,47
	365	550	0,16	0,39

U-Wert [U_2]:

Variable	Dicke [mm]	Rohdichte [kg/m³]	Lambda [W/(mK)]	U-Wert [U_2] [W/(m²K)]
Estrich-dämmung [d_2]	60	150	0,04	0,56
	80	150	0,04	0,43
	100	150	0,04	0,36

Wärmebrückenverlustkoeffizient: (Ψ-Wert, außenmaßbezogen)

				Variable [d_3] - Kalksandstein 300 mm		
Variable	Dicke [mm]	Rohdichte [kg/m³]	Lambda [W/(mK)]	Variable [d_2] - Estrichdämmung WLG 040		
				60 mm	80 mm	100 mm
Mauerwerk [d_1]	240	350	0,09	-0,06	-0,05	-0,05
	300	350	0,09	-0,07	-0,06	-0,05
	365	350	0,09	-0,09	-0,07	-0,06
	240	400	0,10	-0,06	-0,05	-0,05
	300	400	0,10	-0,07	-0,06	-0,06
	365	400	0,10	-0,09	-0,07	-0,06
	240	450	0,12	-0,06	-0,06	-0,05
	300	450	0,12	-0,07	-0,06	-0,06
	365	450	0,12	-0,09	-0,07	-0,06
	240	500	0,14	-0,06	-0,06	-0,06
	300	500	0,14	-0,07	-0,06	-0,06
	365	500	0,14	-0,09	-0,07	-0,06
	240	550	0,16	-0,06	-0,06	-0,06
	300	550	0,16	-0,07	-0,06	-0,06
	365	550	0,16	-0,09	-0,07	-0,06

				Variable [d_3] - Stahlbeton 240 mm		
Variable	Dicke [mm]	Rohdichte [kg/m³]	Lambda [W/(mK)]	Variable [d_2] - Estrichdämmung WLG 040		
				60 mm	80 mm	100 mm
Mauerwerk [d_1]	240	350	0,09	-0,06	-0,05	-0,05
	300	350	0,09	-0,07	-0,06	-0,06
	365	350	0,09	-0,09	-0,07	-0,06
	240	400	0,10	-0,06	-0,05	-0,05
	300	400	0,10	-0,07	-0,06	-0,06
	365	400	0,10	-0,09	-0,07	-0,06
	240	450	0,12	-0,06	-0,06	-0,05
	300	450	0,12	-0,07	-0,06	-0,06
	365	450	0,12	-0,09	-0,07	-0,06
	240	500	0,14	-0,06	-0,06	-0,06
	300	500	0,14	-0,07	-0,06	-0,06
	365	500	0,14	-0,09	-0,07	-0,06
	240	550	0,16	-0,06	-0,06	-0,06
	300	550	0,16	-0,07	-0,06	-0,06
	365	550	0,16	-0,09	-0,07	-0,06

2 / Kellerdecke
2-M-28a / Bild 28a - monolithisches Mauerwerk

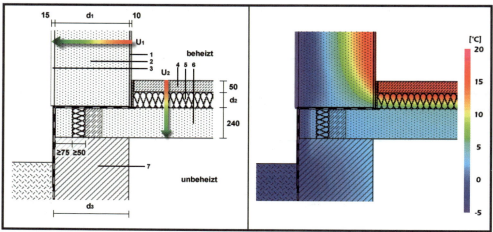

Baustoffe:

Pos.	Bezeichnung	Dicke [mm]	Rohdichte [kg/m³]	Lambda [W/(mK)]
1	Innenputz	10	1800	0,35
2	Mauerwerk	Tabelle [d1]		
3	Außenputz	15	1300	0,2
4	Estrich	50	2000	1,4
5	Estrichdämmung WLG 040	Tabelle [d2]		
6	Porenbeton	240	600	0,16
7	Mauerwerk	Tabelle [d3]		

U-Wert [U_1]:

Variable	Dicke [mm]	Rohdichte [kg/m³]	Lambda [W/(mK)]	U-Wert [U_1] [W/(m²K)]
Mauerwerk [d1]	240	350	0,09	0,34
	300	350	0,09	0,28
	365	350	0,09	0,23
	240	400	0,10	0,37
	300	400	0,10	0,31
	365	400	0,10	0,25
	240	450	0,12	0,44
	300	450	0,12	0,36
	365	450	0,12	0,30
	240	500	0,14	0,50
	300	500	0,14	0,41
	365	500	0,14	0,35
	240	550	0,16	0,56
	300	550	0,16	0,47
	365	550	0,16	0,39

Wärmebrückenkatalog zum Beiblatt 2 der DIN 4108-6

U-Wert [U_2]:

Variable	Dicke [mm]	Rohdichte [kg/m³]	Lambda [W/(mK)]	U-Wert [U_2] [W/(m²K)]
Estrich-dämmung [d2]	30	150	0,04	0,41
	50	150	0,04	0,34
	70	150	0,04	0,29

Wärmebrückenverlustkoeffizient: (Ψ-Wert, außenmaßbezogen)

				Variable [d3] - Kalksandstein 300 mm		
Variable	Dicke [mm]	Rohdichte [kg/m³]	Lambda [W/(mK)]	Variable [d2] - Estrichdämmung WLG 040		
				30 mm	50 mm	70 mm
Mauerwerk [d1]	240	350	0,09	-0,01	-0,01	-0,02
	300	350	0,09	-0,03	-0,03	-0,03
	365	350	0,09	-0,05	-0,05	-0,04
	240	400	0,10	-0,01	-0,01	-0,02
	300	400	0,10	-0,03	-0,03	-0,03
	365	400	0,10	-0,05	-0,05	-0,04
	240	450	0,12	-0,01	-0,01	-0,02
	300	450	0,12	-0,03	-0,03	-0,03
	365	450	0,12	-0,05	-0,05	-0,04
	240	500	0,14	-0,01	-0,01	-0,02
	300	500	0,14	-0,03	-0,03	-0,03
	365	500	0,14	-0,05	-0,05	-0,04
	240	550	0,16	-0,01	-0,01	-0,02
	300	550	0,16	-0,03	-0,03	-0,03
	365	550	0,16	-0,05	-0,05	-0,05

				Variable [d3] - Stahlbeton 240 mm		
Variable	Dicke [mm]	Rohdichte [kg/m³]	Lambda [W/(mK)]	Variable [d2] - Estrichdämmung WLG 040		
				30 mm	50 mm	70 mm
Mauerwerk [d1]	240	350	0,09	-0,02	-0,02	-0,02
	300	350	0,09	-0,04	-0,04	0,03
	365	350	0,09	-0,06	-0,05	-0,05
	240	400	0,10	-0,02	-0,02	-0,03
	300	400	0,10	-0,04	-0,04	-0,04
	365	400	0,10	-0,06	-0,05	-0,05
	240	450	0,12	-0,02	-0,02	-0,03
	300	450	0,12	-0,04	-0,04	-0,04
	365	450	0,12	-0,06	-0,05	-0,05
	240	500	0,14	-0,02	-0,03	-0,03
	300	500	0,14	-0,04	-0,04	-0,04
	365	500	0,14	-0,06	-0,05	-0,05
	240	550	0,16	-0,02	-0,03	-0,03
	300	550	0,16	-0,04	-0,04	-0,04
	365	550	0,16	-0,06	-0,05	-0,05

2 / Kellerdecke
2-A-29 / Bild 29 - außengedämmtes Mauerwerk

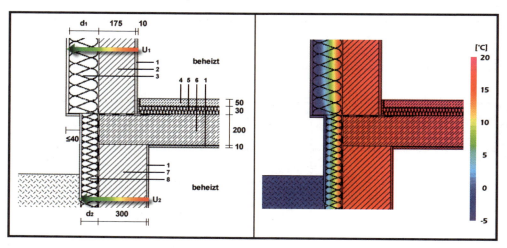

Baustoffe:

Pos.	Bezeichnung	Dicke [mm]	Rohdichte [kg/m³]	Lambda [W/(mK)]
1	Innenputz	10	1800	0,35
2	Kalksandstein	175	1800	0,99
3	Wärmedämmverbundsystem	Tabelle [d1]		
4	Estrich	50	2000	1,4
5	Estrichdämmung WLG 040	30	150	0,04
6	Stahlbeton	200	2400	2,1
7	Kalksandstein	300	1800	0,99
8	Perimeterdämmung WLG 045	Tabelle [d2]		

U-Wert [U_1]:

Variable	Dicke [mm]	Rohdichte [kg/m³]	Lambda [W/(mK)]	U-Wert [U_1] [W/(m²K)]
WDVS [d1]	100	150	0,04	0,35
	120	150	0,04	0,30
	140	150	0,04	0,26
	160	150	0,04	0,23
	100	150	0,045	0,38
	120	150	0,045	0,33
	140	150	0,045	0,29
	160	150	0,045	0,25

U-Wert [U_2]:

Variable	Dicke [mm]	Rohdichte [kg/m³]	Lambda [W/(mK)]	U-Wert [U_2] [W/(m²K)]
Perimeterdämmung [d2]	60	150	0,045	0,54
	80	150	0,045	0,44
	100	150	0,045	0,37
	120	150	0,045	0,32
	140	150	0,045	0,28

Wärmebrückenverlustkoeffizient: (Ψ-Wert, außenmaßbezogen)

Variable	Dicke [mm]	Rohdichte [kg/m³]	Lambda [W/(mK)]	Variable [d2] - Perimeterdämmung WLG 045				
				60 mm	80 mm	100 mm	120 mm	140 mm
WDVS [d1]	100	150	0,04	0,17	0,14	---	---	---
	120	150	0,04	---	0,15	0,12	---	---
	140	150	0,04	---	---	0,13	0,11	---
	160	150	0,04	---	---	---	0,11	0,10
	100	150	0,045	0,17	0,14	---	---	---
	120	150	0,045	---	0,14	0,11	---	---
	140	150	0,045	---	---	0,12	0,10	---
	160	150	0,045	---	---	---	0,11	0,09

2 / Kellerdecke
2-A-30 / Bild 30 - außengedämmtes Mauerwerk

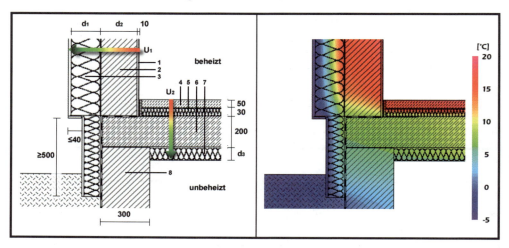

Baustoffe:

Pos.	Bezeichnung	Dicke [mm]	Rohdichte [kg/m³]	Lambda [W/(mK)]
1	Innenputz	10	1800	0,35
2	Mauerwerk		Tabelle [d2]	
3	Wärmedämmverbundsystem		Tabelle [d1]	
4	Estrich	50	2000	1,4
5	Estrichdämmung WLG 040	30	150	0,04
6	Stahlbeton	200	2400	2,1
7	Dämmung WLG 040		Tabelle [d3]	
8	Kalksandstein	300	1800	0,99

U-Wert [U_1]:

Variable	Dicke [mm]	Rohdichte [kg/m³]	Lambda [W/(mK)]	U-Wert [U_1] [W/(m²K)] Variable [d2] - 175 mm	
				KS ohne Kimmstein	KS mit ISO Kimmstein
WDVS [d1]	100	150	0,04	0,35	0,35
	120	150	0,04	0,30	0,30
	140	150	0,04	0,26	0,26
	160	150	0,04	0,23	0,23
	100	150	0,045	0,38	0,38
	120	150	0,045	0,33	0,33
	140	150	0,045	0,29	0,29
	160	150	0,045	0,25	0,25

Wärmebrückenkatalog zum Beiblatt 2 der DIN 4108-6

U-Wert [U_2]:

Variable	Dicke [mm]	Rohdichte [kg/m³]	Lambda [W/(mK)]	U-Wert [U_2] [W/(m²K)]
Dämmung [d3]	40	150	0,04	0,48
	50	150	0,04	0,43
	60	150	0,04	0,39
	70	150	0,04	0,35

Wärmebrückenverlustkoeffizient: (Ψ-Wert, außenmaßbezogen)

Variable [d2] - Kalksandstein **ohne** Kimmstein 175 mm - 0,99 W/(mK)							
Variable	Dicke [mm]	Rohdichte [kg/m³]	Lambda [W/(mK)]	Variable [d3] - Dämmung WLG 040			
				40 mm	50 mm	60 mm	70 mm
WDVS [d1]	100	150	0,04	0,11	0,12	0,13	0,14
	120	150	0,04	0,11	0,12	0,14	0,15
	140	150	0,04	0,11	0,12	0,14	0,15
	160	150	0,04	0,11	0,12	0,14	0,15
	100	150	0,045	0,09	0,11	0,12	0,13
	120	150	0,045	0,10	0,11	0,12	0,14
	140	150	0,045	0,10	0,11	0,13	0,14
	160	150	0,045	0,09	0,11	0,12	0,14

Variable [d2] - Kalksandstein **mit ISO** Kimmstein 175 mm - 0,99 W/(mK)							
Variable	Dicke [mm]	Rohdichte [kg/m³]	Lambda [W/(mK)]	Variable [d3] - Dämmung WLG 040			
				40 mm	50 mm	60 mm	70 mm
WDVS [d1]	100	150	0,04	0,04	0,06	0,07	0,08
	120	150	0,04	0,05	0,06	0,08	0,09
	140	150	0,04	0,05	0,06	0,08	0,09
	160	150	0,04	0,05	0,06	0,08	0,10
	100	150	0,045	0,03	0,05	0,06	0,07
	120	150	0,045	0,04	0,05	0,07	0,08
	140	150	0,045	0,04	0,06	0,07	0,09
	160	150	0,045	0,04	0,06	0,08	0,09

2 / Kellerdecke
2-A-31 / Bild 31 - außengedämmtes Mauerwerk

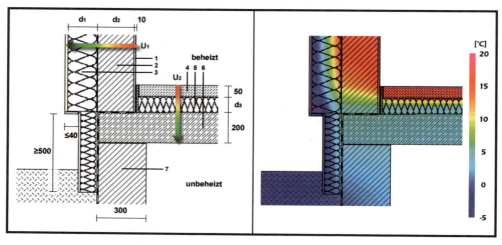

Baustoffe:

Pos.	Bezeichnung	Dicke [mm]	Rohdichte [kg/m³]	Lambda [W/(mK)]
1	Innenputz	10	1800	0,35
2	Mauerwerk		Tabelle [d2]	
3	Wärmedämmverbundsystem		Tabelle [d1]	
4	Estrich	50	2000	1,4
5	Estrichdämmung WLG 040		Tabelle [d3]	
6	Stahlbeton	200	2400	2,1
7	Kalksandstein	300	1800	0,99

U-Wert [U_1]:

				U-Wert [U_1] [W/(m²K)]	
Variable	Dicke [mm]	Rohdichte [kg/m³]	Lambda [W/(mK)]	Variable [d2] - 175 mm	
				KS ohne Kimmstein	KS mit ISO Kimmstein
WDVS [d1]	100	150	0,04	0,35	0,35
	120	150	0,04	0,30	0,30
	140	150	0,04	0,26	0,26
	160	150	0,04	0,23	0,23
	100	150	0,045	0,38	0,38
	120	150	0,045	0,33	0,33
	140	150	0,045	0,29	0,29
	160	150	0,045	0,25	0,25

U-Wert [U_2]:

Variable	Dicke [mm]	Rohdichte [kg/m³]	Lambda [W/(mK)]	U-Wert [U_2] [W/(m²K)]
Dämmung [d3]	60	150	0,04	0,54
	80	150	0,04	0,43
	100	150	0,04	0,35

Wärmebrückenverlustkoeffizient: (Ψ-Wert, außenmaßbezogen)

Variable [d2] - Kalksandstein **ohne** Kimmstein 175 mm - 0,99 W/(mK)						
Variable	Dicke [mm]	Rohdichte [kg/m³]	Lambda [W/(mK)]	Variable [d3] - Estrichdämmung WLG 040		
				60 mm	80 mm	100 mm
WDVS [d1]	100	150	0,04	0,14	0,14	0,14
	120	150	0,04	0,13	0,14	0,15
	140	150	0,04	0,13	0,14	0,15
	160	150	0,04	0,13	0,14	0,15
	100	150	0,045	0,14	0,14	0,14
	120	150	0,045	0,13	0,13	0,14
	140	150	0,045	0,13	0,13	0,14
	160	150	0,045	0,12	0,13	0,14

Variable [d2] - Kalksandstein **mit ISO** Kimmstein 175 mm - 0,99 W/(mK)						
Variable	Dicke [mm]	Rohdichte [kg/m³]	Lambda [W/(mK)]	Variable [d3] - Estrichdämmung WLG 040		
				60 mm	80 mm	100 mm
WDVS [d1]	100	150	0,04	0,05	0,06	0,06
	120	150	0,04	0,04	0,05	0,06
	140	150	0,04	0,04	0,05	0,06
	160	150	0,04	0,03	0,04	0,06
	100	150	0,045	0,04	0,05	0,06
	120	150	0,045	0,04	0,05	0,06
	140	150	0,045	0,03	0,05	0,06
	160	150	0,045	0,03	0,04	0,06

2 / Kellerdecke
2-K-32 / Bild 32 - kerngedämmtes Mauerwerk

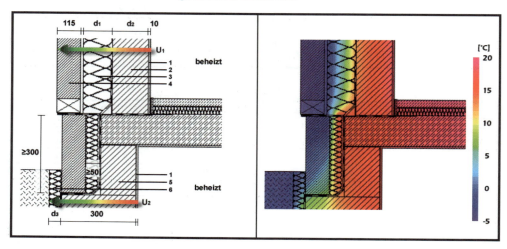

Baustoffe:

Pos.	Bezeichnung	Dicke [mm]	Rohdichte [kg/m³]	Lambda [W/(mK)]
1	Innenputz	10	1800	0,35
2	Mauerwerk		Tabelle [d2]	
3	Kerndämmung		Tabelle [d1]	
4	Verblendmauerwerk	115	2000	0,96
5	Kalksandstein	300	1800	0,99
6	Perimeterdämmung WLG 045		Tabelle [d3]	

U-Wert [U_1]:

				U-Wert [U_1] [W/(m²K)]			
	Dicke [mm]	Rohdichte [kg/m³]	Lambda [W/(mK)]	Variable [d2] - 175 mm			
				Kalksandstein 0,99 W/(mK)	Mauerwerk 0,10 W/(mK)	Mauerwerk 0,12 W/(mK)	Mauerwerk 0,14 W/(mK)
Variable Kerndämmung [d1]	100	150	0,04	0,33	0,22	0,23	0,25
	120	150	0,04	0,29	0,20	0,21	0,22
	140	150	0,04	0,25	0,18	0,19	0,20

U-Wert [U_2]:

Variable	Dicke [mm]	Rohdichte [kg/m³]	Lambda [W/(mK)]	U-Wert [U_2] [W/(m²K)]
Perimeter-dämmung [d3]	60	150	0,045	0,54
	80	150	0,045	0,44
	100	150	0,045	0,37

Wärmebrückenverlustkoeffizient: (Ψ-Wert, außenmaßbezogen)

				Variable [d2] - Kalksandstein 175 mm - 0,99 W/(mK)		
Variable	Dicke [mm]	Rohdichte [kg/m³]	Lambda [W/(mK)]	Variable [d3] - Estrichdämmung WLG 045		
				60 mm	80 mm	100 mm
Kerndämmung [d1]	100	150	0,04	0,35	0,36	0,37
	120	150	0,04	0,36	0,37	0,38
	140	150	0,04	0,37	0,38	0,39

				Variable [d2] - Mauerwerk 175 mm - 0,10 W/(mK)		
Variable	Dicke [mm]	Rohdichte [kg/m³]	Lambda [W/(mK)]	Variable [d3] - Estrichdämmung WLG 045		
				60 mm	80 mm	100 mm
Kerndämmung [d1]	100	150	0,04	0,36	0,37	0,38
	120	150	0,04	0,37	0,37	0,38
	140	150	0,04	0,37	0,38	0,38

				Variable [d2] - Mauerwerk 175 mm - 0,12 W/(mK)		
Variable	Dicke [mm]	Rohdichte [kg/m³]	Lambda [W/(mK)]	Variable [d3] - Estrichdämmung WLG 045		
				60 mm	80 mm	100 mm
Kerndämmung [d1]	100	150	0,04	0,36	0,37	0,38
	120	150	0,04	0,36	0,37	0,38
	140	150	0,04	0,36	0,38	0,38

				Variable [d2] - Mauerwerk 175 mm - 0,14 W/(mK)		
Variable	Dicke [mm]	Rohdichte [kg/m³]	Lambda [W/(mK)]	Variable [d3] - Estrichdämmung WLG 045		
				60 mm	80 mm	100 mm
Kerndämmung [d1]	100	150	0,04	0,35	0,36	0,37
	120	150	0,04	0,36	0,37	0,38
	140	150	0,04	0,36	0,38	0,38

2 / Kellerdecke
2-K-33 / Bild 33 - kerngedämmtes Mauerwerk

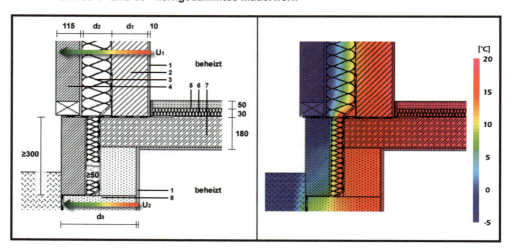

Baustoffe:

Pos.	Bezeichnung	Dicke [mm]	Rohdichte [kg/m³]	Lambda [W/(mK)]
1	Innenputz	10	1800	0,35
2	Mauerwerk		Tabelle [d1]	
3	Kerndämmung		Tabelle [d2]	
4	Verblendmauerwerk	115	2000	0,96
5	Estrich	50	2000	1,4
6	Estrichdämmung WLG 040	30	150	0,04
7	Stahlbeton	180	2400	2,1
8	Mauerwerk		Tabelle [d3]	

U-Wert [U_1]:

				U-Wert [U_1] [W/(m²K)]			
	Dicke [mm]	Rohdichte [kg/m³]	Lambda [W/(mK)]	Variable [d1] - 175 mm			
Variable				Kalksandstein 0,99 W/(mK)	Mauerwerk 0,10 W/(mK)	Mauerwerk 0,12 W/(mK)	Mauerwerk 0,14 W/(mK)
Kerndämmung [d2]	100	150	0,04	0,33	0,22	0,23	0,25
	120	150	0,04	0,29	0,20	0,21	0,22
	140	150	0,04	0,25	0,18	0,19	0,20

U-Wert [U_2]:

Variable	Dicke [mm]	Rohdichte [kg/m³]	Lambda [W/(mK)]	U-Wert [U_2] [W/(m²K)]
Mauerwerk [d3]	365	450	0,12	0,30
	365	500	0,14	0,35
	365	550	0,16	0,40

Wärmebrückenverlustkoeffizient: (Ψ-Wert, außenmaßbezogen)

		Variable [d1] - Kalksandstein 175 mm - 0,99 W/(mK)				
Variable	Dicke [mm]	Rohdichte [kg/m³]	Lambda [W/(mK)]	Variable [d3] - Mauerwerk 365 mm		
				0,12 W/(mK)	0,14 W/(mK)	0,16 W/(mK)
Kerndäm-mung [d2]	100	150	0,04	0,11	0,12	0,12
	120	150	0,04	0,10	0,11	0,12
	140	150	0,04	0,10	0,11	0,11

		Variable [d1] - Mauerwerk 175 mm - 0,10 W/(mK)				
Variable	Dicke [mm]	Rohdichte [kg/m³]	Lambda [W/(mK)]	Variable [d3] - Mauerwerk 365 mm		
				0,12 W/(mK)	0,14 W/(mK)	0,16 W/(mK)
Kerndäm-mung [d2]	100	150	0,04	0,14	0,15	0,15
	120	150	0,04	0,13	0,13	0,14
	140	150	0,04	0,12	0,13	0,13

		Variable [d1] - Mauerwerk 175 mm - 0,12 W/(mK)				
Variable	Dicke [mm]	Rohdichte [kg/m³]	Lambda [W/(mK)]	Variable [d3] - Mauerwerk 365 mm		
				0,12 W/(mK)	0,14 W/(mK)	0,16 W/(mK)
Kerndäm-mung [d2]	100	150	0,04	0,13	0,14	0,15
	120	150	0,04	0,12	0,13	0,13
	140	150	0,04	0,12	0,12	0,13

		Variable [d1] - Mauerwerk 175 mm - 0,14 W/(mK)				
Variable	Dicke [mm]	Rohdichte [kg/m³]	Lambda [W/(mK)]	Variable [d3] - Mauerwerk 365 mm		
				0,12 W/(mK)	0,14 W/(mK)	0,16 W/(mK)
Kerndäm-mung [d2]	100	150	0,04	0,13	0,14	0,14
	120	150	0,04	0,12	0,13	0,13
	140	150	0,04	0,11	0,12	0,12

Wärmebrückenkatalog zum Beiblatt 2 der DIN 4108-6

2 / Kellerdecke
2-K-33a / Bild 33a - kerngedämmtes Mauerwerk

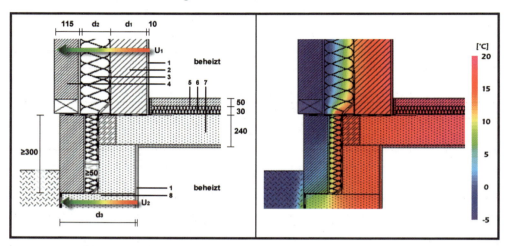

Baustoffe:

Pos.	Bezeichnung	Dicke [mm]	Rohdichte [kg/m³]	Lambda [W/(mK)]
1	Innenputz	10	1800	0,35
2	Mauerwerk		Tabelle [d1]	
3	Kerndämmung		Tabelle [d2]	
4	Verblendmauerwerk	115	2000	0,96
5	Estrich	50	2000	1,4
6	Estrichdämmung WLG 040	30	150	0,04
7	Porenbeton	240	600	0,16
8	Mauerwerk		Tabelle [d3]	

U-Wert [U_1]:

				U-Wert [U_1] [W/(m²K)]			
Variable	Dicke [mm]	Rohdichte [kg/m³]	Lambda [W/(mK)]	Variable [d1] - 175 mm			
				Kalksandstein 0,99 W/(mK)	Mauerwerk 0,10 W/(mK)	Mauerwerk 0,12 W/(mK)	Mauerwerk 0,14 W/(mK)
Kerndämmung [d2]	100	150	0,04	0,33	0,22	0,23	0,25
	120	150	0,04	0,29	0,20	0,21	0,22
	140	150	0,04	0,25	0,18	0,19	0,20

U-Wert [U₂]:

Variable	Dicke [mm]	Rohdichte [kg/m³]	Lambda [W/(mK)]	U-Wert [U₂] [W/(m²K)]
Mauerwerk [d3]	365	450	0,12	0,30
	365	500	0,14	0,35
	365	550	0,16	0,40

Wärmebrückenverlustkoeffizient: (Ψ-Wert, außenmaßbezogen)

Variable [d1] - Kalksandstein 175 mm - 0,99 W/(mK)						
Variable	Dicke [mm]	Rohdichte [kg/m³]	Lambda [W/(mK)]	Variable [d3] - Mauerwerk 365 mm		
				0,12 W/(mK)	0,14 W/(mK)	0,16 W/(mK)
Kerndämmung [d2]	100	150	0,04	0,09	0,09	0,10
	120	150	0,04	0,09	0,10	0,10
	140	150	0,04	0,09	0,10	0,10

Variable [d1] - Mauerwerk 175 mm - 0,10 W/(mK)						
Variable	Dicke [mm]	Rohdichte [kg/m³]	Lambda [W/(mK)]	Variable [d3] - Mauerwerk 365 mm		
				0,12 W/(mK)	0,14 W/(mK)	0,16 W/(mK)
Kerndämmung [d2]	100	150	0,04	0,11	0,11	0,12
	120	150	0,04	0,11	0,11	0,12
	140	150	0,04	0,11	0,11	0,12

Variable [d1] - Mauerwerk 175 mm - 0,12 W/(mK)						
Variable	Dicke [mm]	Rohdichte [kg/m³]	Lambda [W/(mK)]	Variable [d3] - Mauerwerk 365 mm		
				0,12 W/(mK)	0,14 W/(mK)	0,16 W/(mK)
Kerndämmung [d2]	100	150	0,04	0,10	0,11	0,12
	120	150	0,04	0,10	0,11	0,12
	140	150	0,04	0,10	0,11	0,12

Variable [d1] - Mauerwerk 175 mm - 0,14 W/(mK)						
Variable	Dicke [mm]	Rohdichte [kg/m³]	Lambda [W/(mK)]	Variable [d3] - Mauerwerk 365 mm		
				0,12 W/(mK)	0,14 W/(mK)	0,16 W/(mK)
Kerndämmung [d2]	100	150	0,04	0,10	0,11	0,12
	120	150	0,04	0,10	0,11	0,11
	140	150	0,04	0,10	0,11	0,11

2 / Kellerdecke
2-K-34 / Bild 34 - kerngedämmtes Mauerwerk

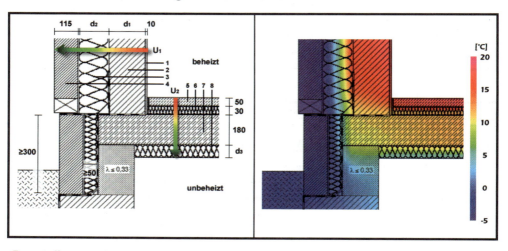

Baustoffe:

Pos.	Bezeichnung	Dicke [mm]	Rohdichte [kg/m³]	Lambda [W/(mK)]
1	Innenputz	10	1800	0,35
2	Mauerwerk		Tabelle [d1]	
3	Kerndämmung		Tabelle [d2]	
4	Verblendmauerwerk	115	2000	0,96
5	Estrich	50	2000	1,4
6	Estrichdämmung WLG 040	30	150	0,04
7	Stahlbeton	180	2400	2,1
8	Dämmung WLG 040		Tabelle [d3]	

U-Wert [U_1]:

				U-Wert [U_1] - [W/(m²K)]				
	Dicke [mm]	Rohdichte [kg/m³]	Lambda [W/(mK)]	Variable [d1] - 175 mm				
Variable				KS ohne Kimmstein	KS mit ISO Kimmstein	Mauerwerk 0,10 W/(mK)	Mauerwerk 0,12 W/(mK)	Mauerwerk 0,14 W/(mK)
Kerndämmung [d2]	100	150	0,04	0,33	0,33	0,22	0,23	0,25
	120	150	0,04	0,29	0,29	0,20	0,21	0,22
	140	150	0,04	0,25	0,25	0,18	0,19	0,20

U-Wert [U_2]:

Variable	Dicke [mm]	Rohdichte [kg/m³]	Lambda [W/(mK)]	U-Wert [U_2] [W/(m²K)]
Dämmung [d3]	40	150	0,04	0,51
	50	150	0,04	0,46
	60	150	0,04	0,41
	70	150	0,04	0,38

Wärmebrückenkatalog zum Beiblatt 2 der DIN 4108-6

Wärmebrückenverlustkoeffizient: (Ψ-Wert, außenmaßbezogen)

Variable [d1] - Kalksandstein **ohne** Kimmstein 175 mm - 0,99 W/(mK)							
Variable	Dicke [mm]	Rohdichte [kg/m³]	Lambda [W/(mK)]	Variable [d3] - Dämmung WLG 040			
				40 mm	50 mm	60 mm	70 mm
Kerndäm-mung [d2]	100	150	0,04	-0,02	-0,01	0,01	0,02
	120	150	0,04	-0,02	-0,01	0,01	0,02
	140	150	0,04	-0,02	-0,01	0,01	0,02

Variable [d1] - Kalksandstein **mit ISO** Kimmstein 175 mm - 0,99 W/(mK)							
Variable	Dicke [mm]	Rohdichte [kg/m³]	Lambda [W/(mK)]	Variable [d3] - Dämmung WLG 040			
				40 mm	50 mm	60 mm	70 mm
Kerndäm-mung [d2]	100	150	0,04	-0,07	-0,06	-0,06	-0,04
	120	150	0,04	-0,07	-0,06	-0,05	-0,04
	140	150	0,04	-0,07	-0,06	-0,05	-0,04

Variable [d1] - Mauerwerk 175 mm - 0,10 W/(mK)							
Variable	Dicke [mm]	Rohdichte [kg/m³]	Lambda [W/(mK)]	Variable [d3] - Dämmung WLG 040			
				40 mm	50 mm	60 mm	70 mm
Kerndäm-mung [d2]	100	150	0,04	-0,06	-0,04	-0,02	0,00
	120	150	0,04	-0,06	-0,04	-0,02	-0,01
	140	150	0,04	-0,07	-0,05	-0,03	-0,01

Variable [d1] - Mauerwerk 175 mm - 0,12 W/(mK)							
Variable	Dicke [mm]	Rohdichte [kg/m³]	Lambda [W/(mK)]	Variable [d3] - Dämmung WLG 040			
				40 mm	50 mm	60 mm	70 mm
Kerndäm-mung [d2]	100	150	0,04	-0,06	-0,04	-0,02	0,00
	120	150	0,04	-0,06	-0,04	-0,02	0,00
	140	150	0,04	-0,07	-0,05	-0,03	-0,01

Variable [d1] - Mauerwerk 175 mm - 0,14 W/(mK)							
Variable	Dicke [mm]	Rohdichte [kg/m³]	Lambda [W/(mK)]	Variable [d3] - Dämmung WLG 040			
				40 mm	50 mm	60 mm	70 mm
Kerndäm-mung [d2]	100	150	0,04	-0,05	-0,04	-0,02	0,00
	120	150	0,04	-0,06	-0,04	-0,02	0,00
	140	150	0,04	-0,06	-0,05	-0,03	-0,01

2 / Kellerdecke
2-K-35 / Bild 35 - kerngedämmtes Mauerwerk

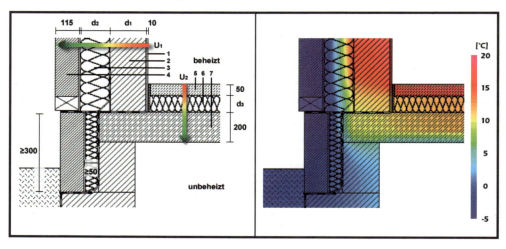

Baustoffe:

Pos.	Bezeichnung	Dicke [mm]	Rohdichte [kg/m³]	Lambda [W/(mK)]
1	Innenputz	10	1800	0,35
2	Mauerwerk		Tabelle [d1]	
3	Kerndämmung		Tabelle [d2]	
4	Verblendmauerwerk	115	2000	0,96
5	Estrich	50	2000	1,4
6	Estrichdämmung WLG 040		Tabelle [d3]	
7	Stahlbeton	200	2400	2,1

U-Wert [U_1]:

				U-Wert [U_1] [W/(m²K)]				
						Variable [d1] - 175 mm		
Variable	Dicke [mm]	Rohdichte [kg/m³]	Lambda [W/(mK)]	KS ohne Kimmstein	KS mit ISO Kimmstein	Mauerwerk 0,10 W/(mK)	Mauerwerk 0,12 W/(mK)	Mauerwerk 0,14 W/(mK)
Kerndämmung [d2]	100	150	0,04	0,33	0,33	0,22	0,23	0,25
	120	150	0,04	0,29	0,29	0,20	0,21	0,22
	140	150	0,04	0,25	0,25	0,18	0,19	0,20

U-Wert [U_2]:

Variable	Dicke [mm]	Rohdichte [kg/m³]	Lambda [W/(mK)]	U-Wert [U_2] [W/(m²K)]
Estrichdämmung [d3]	60	150	0,04	0,54
	80	150	0,04	0,43
	100	150	0,04	0,35

Wärmebrückenkatalog zum Beiblatt 2 der DIN 4108-6

Wärmebrückenverlustkoeffizient: (Ψ-Wert, außenmaßbezogen)

Variable	Variable [d1] - Kalksandstein **ohne** Kimmstein 175 mm - 0,99 W/(mK)					
	Dicke [mm]	Rohdichte [kg/m³]	Lambda [W/(mK)]	Variable [d3] - Dämmung WLG 040		
				60 mm	80 mm	100 mm
Kerndäm-mung [d2]	100	150	0,04	0,10	0,11	0,12
	120	150	0,04	0,11	0,12	0,13
	140	150	0,04	0,11	0,12	0,13

Variable	Variable [d1] - Kalksandstein **mit ISO** Kimmstein 175 mm - 0,99 W/(mK)					
	Dicke [mm]	Rohdichte [kg/m³]	Lambda [W/(mK)]	Variable [d3] - Dämmung WLG 040		
				60 mm	80 mm	100 mm
Kerndäm-mung [d2]	100	150	0,04	0,00	0,02	0,04
	120	150	0,04	0,00	0,02	0,04
	140	150	0,04	0,00	0,02	0,04

Variable	Variable [d1] - Mauerwerk 175 mm - 0,10 W/(mK)					
	Dicke [mm]	Rohdichte [kg/m³]	Lambda [W/(mK)]	Variable [d3] - Dämmung WLG 040		
				60 mm	80 mm	100 mm
Kerndäm-mung [d2]	100	150	0,04	-0,10	-0,09	-0,07
	120	150	0,04	-0,11	-0,09	-0,07
	140	150	0,04	-0,11	-0,09	-0,07

Variable	Variable [d1] - Mauerwerk 175 mm - 0,12 W/(mK)					
	Dicke [mm]	Rohdichte [kg/m³]	Lambda [W/(mK)]	Variable [d3] - Dämmung WLG 040		
				60 mm	80 mm	100 mm
Kerndäm-mung [d2]	100	150	0,04	-0,09	-0,07	-0,06
	120	150	0,04	-0,10	-0,08	-0,06
	140	150	0,04	-0,10	-0,08	-0,06

Variable	Variable [d1] - Mauerwerk 175 mm - 0,14 W/(mK)					
	Dicke [mm]	Rohdichte [kg/m³]	Lambda [W/(mK)]	Variable [d3] - Dämmung WLG 040		
				60 mm	80 mm	100 mm
Kerndäm-mung [d2]	100	150	0,04	-0,09	-0,07	-0,06
	120	150	0,04	-0,09	-0,07	-0,06
	140	150	0,04	-0,10	-0,08	-0,06

2 / Kellerdecke
2-K-35a / Bild 35a - kerngedämmtes Mauerwerk

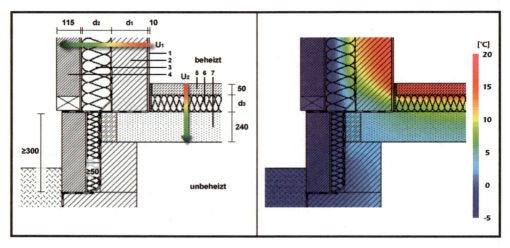

Baustoffe:

Pos.	Bezeichnung	Dicke [mm]	Rohdichte [kg/m³]	Lambda [W/(mK)]
1	Innenputz	10	1800	0,35
2	Mauerwerk		Tabelle [d1]	
3	Kerndämmung		Tabelle [d2]	
4	Verblendmauerwerk	115	2000	0,96
5	Estrich	50	2000	1,4
6	Estrichdämmung WLG 040		Tabelle [d3]	
7	Porenbeton	240	600	0,16

U-Wert [U_1]:

				U-Wert [U_1] [W/(m²K)]				
	Dicke [mm]	Rohdichte [kg/m³]	Lambda [W/(mK)]	Variable [d1] - 175 mm				
Variable				KS ohne Kimmstein	KS mit ISO Kimmstein	Mauerwerk 0,10 W/(mK)	Mauerwerk 0,12 W/(mK)	Mauerwerk 0,14 W/(mK)
Kerndämmung [d2]	100	150	0,04	0,33	0,33	0,22	0,23	0,25
	120	150	0,04	0,29	0,29	0,20	0,21	0,22
	140	150	0,04	0,25	0,25	0,18	0,19	0,20

U-Wert [U_2]:

Variable	Dicke [mm]	Rohdichte [kg/m³]	Lambda [W/(mK)]	U-Wert [U_2] [W/(m²K)]
Estrichdämmung [d3]	30	150	0,04	0,40
	50	150	0,04	0,33
	70	150	0,04	0,29

Wärmebrückenkatalog zum Beiblatt 2 der DIN 4108-6

Wärmebrückenverlustkoeffizient: (Ψ-Wert, außenmaßbezogen)

	Variable [d1] - Kalksandstein **ohne** Kimmstein 175 mm - 0,99 W/(mK)					
Variable	Dicke [mm]	Rohdichte [kg/m³]	Lambda [W/(mK)]	Variable [d3] - Dämmung WLG 040		
				30 mm	50 mm	70 mm
Kerndämmung [d2]	100	150	0,04	0,06	0,07	0,08
	120	150	0,04	0,06	0,07	0,08
	140	150	0,04	0,05	0,07	0,07

	Variable [d1] - Kalksandstein **mit ISO** Kimmstein 175 mm - 0,99 W/(mK)					
Variable	Dicke [mm]	Rohdichte [kg/m³]	Lambda [W/(mK)]	Variable [d3] - Dämmung WLG 040		
				30 mm	50 mm	70 mm
Kerndämmung [d2]	100	150	0,04	0,01	0,02	0,03
	120	150	0,04	0,01	0,02	0,03
	140	150	0,04	0,00	0,02	0,03

	Variable [d1] - Mauerwerk 175 mm - 0,10 W/(mK)					
Variable	Dicke [mm]	Rohdichte [kg/m³]	Lambda [W/(mK)]	Variable [d3] - Dämmung WLG 040		
				30 mm	50 mm	70 mm
Kerndämmung [d2]	100	150	0,04	-0,06	-0,05	-0,04
	120	150	0,04	-0,06	-0,05	-0,04
	140	150	0,04	-0,06	-0,05	-0,05

	Variable [d1] - Mauerwerk 175 mm - 0,12 W/(mK)					
Variable	Dicke [mm]	Rohdichte [kg/m³]	Lambda [W/(mK)]	Variable [d3] - Dämmung WLG 040		
				30 mm	50 mm	70 mm
Kerndämmung [d2]	100	150	0,04	-0,05	-0,04	-0,04
	120	150	0,04	-0,05	-0,04	-0,04
	140	150	0,04	-0,05	-0,04	-0,04

	Variable [d1] - Mauerwerk 175 mm - 0,14 W/(mK)					
Variable	Dicke [mm]	Rohdichte [kg/m³]	Lambda [W/(mK)]	Variable [d3] - Dämmung WLG 040		
				30 mm	50 mm	70 mm
Kerndämmung [d2]	100	150	0,04	-0,05	-0,04	-0,03
	120	150	0,04	-0,05	-0,04	-0,03
	140	150	0,04	-0,05	-0,04	-0,04

2 / Kellerdecke
2-H-36 / Bild 36 - Holzbauart

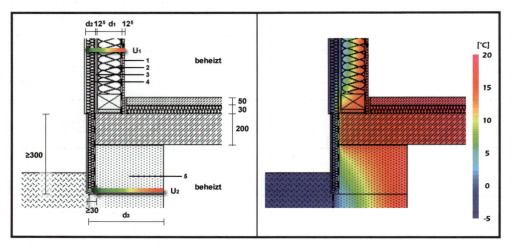

Baustoffe:

Pos.	Bezeichnung	Dicke [mm]	Rohdichte [kg/m³]	Lambda [W/(mK)]
1	Gipsfaserplatte	12,5	1150	0,32
2	Dämmung WLG 040	Tabelle [d1]		
3	Gipsfaserplatte	12,5	1150	0,32
4	WDVS WLG 040	Tabelle [d2]		
5	Mauerwerk	Tabelle [d3]		

Wärmebrückenkatalog zum Beiblatt 2 der DIN 4108-6

U-Wert [U_1]:

				U-Wert [U_1] [W/(m²K)]				
Variable	Dicke [mm]	Rohdichte [kg/m³]	Lambda [W/(mK)]	Variable [d1] - Dämmung WLG 040				
				120 mm	140 mm	160 mm	180 mm	200 mm
WDVS [d2]	40	30	0,04	0,24	0,21	0,19	0,17	0,16
	60	30	0,04	0,21	0,19	0,17	0,16	0,15
	80	30	0,04	0,19	0,17	0,16	0,15	0,14
	100	30	0,04	0,17	0,16	0,15	0,14	0,13
	120	30	0,04	0,16	0,15	0,14	0,13	0,12

U-Wert [U_2]:

Variable	Dicke [mm]	Rohdichte [kg/m³]	Lambda [W/(mK)]	U-Wert [U_2] [W/(m²K)]
Mauerwerk [d3]	300	500	0,14	0,43
	365	500	0,14	0,35

Wärmebrückenverlustkoeffizient: (Ψ-Wert, außenmaßbezogen)

				Variable [d3] - Mauerwerk 300 mm - 0,14 W/(mK)				
Variable	Dicke [mm]	Rohdichte [kg/m³]	Lambda [W/(mK)]	Variable [d1] - Dämmung WLG 040				
				120 mm	140 mm	160 mm	180 mm	200 mm
WDVS [d2]	40	30	0,04	0,20	0,20	0,20	0,21	0,21
	60	30	0,04	0,19	0,20	0,20	0,20	0,21
	80	30	0,04	0,19	0,20	0,20	0,20	0,20
	100	30	0,04	0,19	0,19	0,19	0,20	0,20
	120	30	0,04	0,19	0,19	0,19	0,19	0,20

				Variable [d3] - Mauerwerk 365 mm - 0,14 W/(mK)				
Variable	Dicke [mm]	Rohdichte [kg/m³]	Lambda [W/(mK)]	Variable [d1] - Dämmung WLG 040				
				120 mm	140 mm	160 mm	180 mm	200 mm
WDVS [d2]	40	30	0,04	0,20	0,21	0,21	0,21	0,22
	60	30	0,04	0,20	0,20	0,21	0,21	0,21
	80	30	0,04	0,20	0,20	0,20	0,21	0,21
	100	30	0,04	0,20	0,20	0,20	0,20	0,20
	120	30	0,04	0,19	0,20	0,20	0,20	0,20

Wärmebrückenkatalog zum Beiblatt 2 der DIN 4108-6

2 / Kellerdecke
2-H-36a / Bild 36a - Holzbauart

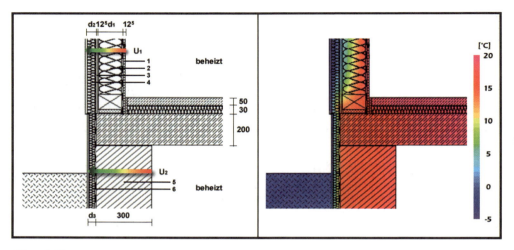

Baustoffe:

Pos.	Bezeichnung	Dicke [mm]	Rohdichte [kg/m³]	Lambda [W/(mK)]
1	Gipsfaserplatte	12,5	1150	0,32
2	Dämmung WLG 040	Tabelle [d1]		
3	Gipsfaserplatte	12,5	1150	0,32
4	WDVS WLG 040	Tabelle [d2]		
5	Kalksandstein	300	1800	0,99
6	Perimeterdämmung WLG 040	Tabelle [d3]		

Wärmebrückenkatalog zum Beiblatt 2 der DIN 4108-6

U-Wert [U_1]:

				U-Wert [U_1] [W/(m²K)]				
Variable	Dicke [mm]	Rohdichte [kg/m³]	Lambda [W/(mK)]	Variable [d_1] - Dämmung WLG 040				
				120 mm	140 mm	160 mm	180 mm	200 mm
WDVS [d_2]	40	30	0,04	0,24	0,21	0,19	0,17	0,16
	60	30	0,04	0,21	0,19	0,17	0,16	0,15
	80	30	0,04	0,19	0,17	0,16	0,15	0,14
	100	30	0,04	0,17	0,16	0,15	0,14	0,13
	120	30	0,04	0,16	0,15	0,14	0,13	0,12

U-Wert [U_2]:

Variable	Dicke [mm]	Rohdichte [kg/m³]	Lambda [W/(mK)]	U-Wert [U_2] [W/(m²K)]
Perimeter-dämmung [d_3]	60	150	0,04	0,50
	80	150	0,04	0,40
	100	150	0,04	0,33

Wärmebrückenverlustkoeffizient: (Ψ-Wert, außenmaßbezogen)

				Variable [d_3] - Perimeterdämmung 60 mm - 0,04 W/(mK)				
Variable	Dicke [mm]	Rohdichte [kg/m³]	Lambda [W/(mK)]	Variable [d_1] - Dämmung WLG 040				
				120 mm	140 mm	160 mm	180 mm	200 mm
WDVS [d_2]	40	30	0,04	0,20	0,21	0,21	0,21	0,22
	60	30	0,04	0,20	0,20	0,21	0,21	0,21
	80	30	0,04	0,20	0,20	0,20	0,20	0,21
	100	30	0,04	0,19	0,19	0,20	0,20	0,20
	120	30	0,04	0,19	0,19	0,19	0,20	0,20

				Variable [d_3] - Perimeterdämmung 80 mm - 0,04 W/(mK)				
Variable	Dicke [mm]	Rohdichte [kg/m³]	Lambda [W/(mK)]	Variable [d_1] - Dämmung WLG 040				
				120 mm	140 mm	160 mm	180 mm	200 mm
WDVS [d_2]	40	30	0,04	0,18	0,19	0,19	0,19	0,20
	60	30	0,04	0,18	0,18	0,19	0,19	0,19
	80	30	0,04	0,17	0,18	0,18	0,18	0,19
	100	30	0,04	0,17	0,17	0,17	0,18	0,18
	120	30	0,04	0,17	0,17	0,17	0,17	0,17

				Variable [d_3] - Perimeterdämmung 100 mm - 0,04 W/(mK)				
Variable	Dicke [mm]	Rohdichte [kg/m³]	Lambda [W/(mK)]	Variable [d_1] - Dämmung WLG 040				
				120 mm	140 mm	160 mm	180 mm	200 mm
WDVS [d_2]	40	30	0,04	0,17	0,17	0,17	0,18	0,18
	60	30	0,04	0,16	0,17	0,17	0,17	0,18
	80	30	0,04	0,16	0,16	0,16	0,17	0,17
	100	30	0,04	0,15	0,15	0,16	0,16	0,16
	120	30	0,04	0,15	0,15	0,15	0,15	0,16

2 / Kellerdecke
2-H-37 / Bild 37 - Holzbauart

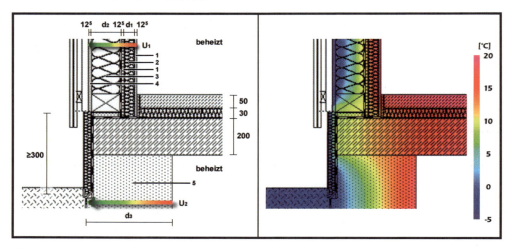

Baustoffe:

Pos.	Bezeichnung	Dicke [mm]	Rohdichte [kg/m³]	Lambda [W/(mK)]
1	Gipsfaserplatte	25	1150	0,32
2	Dämmung WLG 040	Tabelle [d1]		
3	Dämmung WLG 040	Tabelle [d2]		
4	Gipsfaserplatte	12,5	1150	0,32
5	Mauerwerk	Tabelle [d3]		

Wärmebrückenkatalog zum Beiblatt 2 der DIN 4108-6

U-Wert [U_1]:

Variable	Dicke [mm]	Rohdichte [kg/m³]	Lambda [W/(mK)]	Variable [d2] - Dämmung WLG 040 U-Wert [U_1] [W/(m²K)]				
				120 mm	140 mm	160 mm	180 mm	200 mm
Dämmung [d1]	40	30	0,04	0,23	0,21	0,19	0,17	0,16
	60	30	0,04	0,21	0,19	0,17	0,16	0,15

U-Wert [U_2]:

Variable	Dicke [mm]	Rohdichte [kg/m³]	Lambda [W/(mK)]	U-Wert [U_2] [W/(m²K)]
Mauerwerk [d3]	300	500	0,14	0,43
	365	500	0,14	0,35

Wärmebrückenverlustkoeffizient: (Ψ-Wert, außenmaßbezogen)

Variable [d3] - Mauerwerk 300 mm - 0,14 W/(mK)								
Variable	Dicke [mm]	Rohdichte [kg/m³]	Lambda [W/(mK)]	Variable [d2] - Dämmung WLG 040				
				120 mm	140 mm	160 mm	180 mm	200 mm
Dämmung [d1]	40	30	0,04	0,33	0,34	0,34	0,34	0,34
	60	30	0,04	0,34	0,34	0,35	0,35	0,35

Variable [d3] - Mauerwerk 365 mm - 0,14 W/(mK)								
Variable	Dicke [mm]	Rohdichte [kg/m³]	Lambda [W/(mK)]	Variable [d2] - Dämmung WLG 040				
				120 mm	140 mm	160 mm	180 mm	200 mm
Dämmung [d1]	40	30	0,04	0,33	0,33	0,33	0,34	0,34
	60	30	0,04	0,33	0,34	0,34	0,34	0,35

Wärmebrückenkatalog zum Beiblatt 2 der DIN 4108-6

2 / Kellerdecke
2-H-37a / Bild 37a - Holzbauart

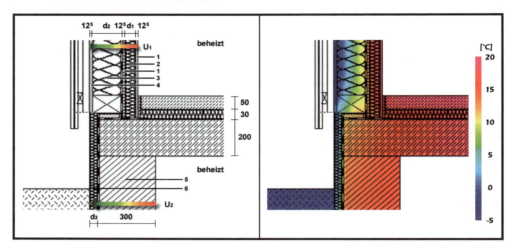

Baustoffe:

Pos.	Bezeichnung	Dicke [mm]	Rohdichte [kg/m³]	Lambda [W/(mK)]
1	Gipsfaserplatte	25	1150	0,32
2	Dämmung WLG 040		Tabelle [d1]	
3	Dämmung WLG 040		Tabelle [d2]	
4	Gipsfaserplatte	12,5	1150	0,32
5	Kalksandstein	300	1800	0,99
6	Perimeterdämmung WLG 040		Tabelle [d3]	

Wärmebrückenkatalog zum Beiblatt 2 der DIN 4108-6

U-Wert [U_1]:

				U-Wert [U_1] $[W/(m^2K)]$				
Variable	Dicke [mm]	Rohdichte [kg/m³]	Lambda [W/(mK)]	Variable [d2] - Dämmung WLG 040				
				120 mm	140 mm	160 mm	180 mm	200 mm
Dämmung [d1]	40	150	0,04	0,23	0,21	0,19	0,17	0,16
	60	150	0,04	0,21	0,19	0,17	0,16	0,15

U-Wert [U_2]:

Variable	Dicke [mm]	Rohdichte [kg/m³]	Lambda [W/(mK)]	U-Wert [U_2] $[W/(m^2K)]$
Perimeter-dämmung [d3]	60	150	0,04	0,50
	80	150	0,04	0,40
	100	150	0,04	0,33

Wärmebrückenverlustkoeffizient: (Ψ-Wert, außenmaßbezogen)

				Variable [d3] - Perimeterdämmung 60 mm - 0,04 W/(mK)				
Variable	Dicke [mm]	Rohdichte [kg/m³]	Lambda [W/(mK)]	Variable [d2] - Dämmung WLG 040				
				120 mm	140 mm	160 mm	180 mm	200 mm
Dämmung [d1]	40	150	0,04	0,31	0,31	0,32	0,32	0,32
	60	150	0,04	0,31	0,32	0,32	0,33	0,33

				Variable [d3] - Perimeterdämmung 80 mm - 0,04 W/(mK)				
Variable	Dicke [mm]	Rohdichte [kg/m³]	Lambda [W/(mK)]	Variable [d2] - Dämmung WLG 040				
				120 mm	140 mm	160 mm	180 mm	200 mm
Dämmung [d1]	40	150	0,04	0,34	0,34	0,34	0,34	0,35
	60	150	0,04	0,34	0,35	0,35	0,35	0,36

				Variable [d3] - Perimeterdämmung 100 mm - 0,04 W/(mK)				
Variable	Dicke [mm]	Rohdichte [kg/m³]	Lambda [W/(mK)]	Variable [d2] - Dämmung WLG 040				
				120 mm	140 mm	160 mm	180 mm	200 mm
Dämmung [d1]	40	150	0,04	0,34	0,34	0,34	0,35	0,35
	60	150	0,04	0,34	0,35	0,35	0,36	0,36

2 / Kellerdecke
2-H-37b / Bild 37b - Holzbauart

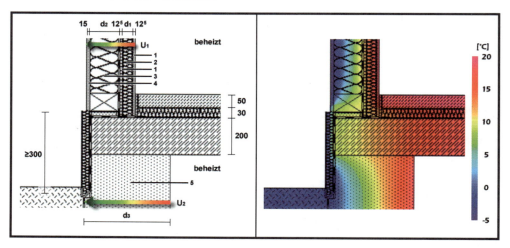

Baustoffe:

Pos.	Bezeichnung	Dicke [mm]	Rohdichte [kg/m³]	Lambda [W/(mK)]
1	Gipsfaserplatte	25	1150	0,32
2	Dämmung WLG 040	Tabelle [d1]		
3	Dämmung WLG 040	Tabelle [d2]		
4	Powerpanel HD	15	1000	0,4
5	Mauerwerk	Tabelle [d3]		

Wärmebrückenkatalog zum Beiblatt 2 der DIN 4108-6

U-Wert [U₁]:

Variable	Dicke [mm]	Rohdichte [kg/m³]	Lambda [W/(mK)]	U-Wert [U₁] [W/(m²K)]					
				Variable [d2] - Dämmung WLG 040				
				120 mm	140 mm	160 mm	180 mm	200 mm
Dämmung [d1]	40	30	0,04	0,23	0,21	0,19	0,17	0,16
	60	30	0,04	0,21	0,19	0,17	0,16	0,15

U-Wert [U₂]:

Variable	Dicke [mm]	Rohdichte [kg/m³]	Lambda [W/(mK)]	U-Wert [U₂] [W/(m²K)]
Mauerwerk [d3]	300	500	0,14	0,43
	365	500	0,14	0,35

Wärmebrückenverlustkoeffizient: (Ψ-Wert, außenmaßbezogen)

Variable [d3] - Mauerwerk 300 mm - 0,14 W/(mK)								
Variable	Dicke [mm]	Rohdichte [kg/m³]	Lambda [W/(mK)]	Variable [d2] - Dämmung WLG 040				
				120 mm	140 mm	160 mm	180 mm	200 mm
Dämmung [d1]	40	30	0,04	0,33	0,34	0,34	0,34	0,34
	60	30	0,04	0,34	0,34	0,35	0,35	0,35

Variable [d3] - Mauerwerk 365 mm - 0,14 W/(mK)								
Variable	Dicke [mm]	Rohdichte [kg/m³]	Lambda [W/(mK)]	Variable [d2] - Dämmung WLG 040				
				120 mm	140 mm	160 mm	180 mm	200 mm
Dämmung [d1]	40	30	0,04	0,33	0,33	0,33	0,34	0,34
	60	30	0,04	0,33	0,34	0,34	0,34	0,35

2 / Kellerdecke
2-H-37c / Bild 37c - Holzbauart

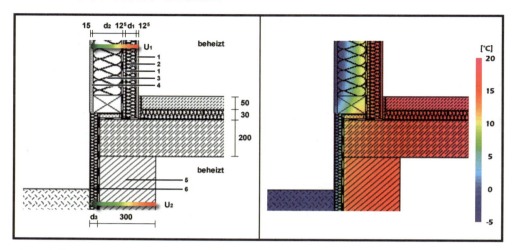

Baustoffe:

Pos.	Bezeichnung	Dicke [mm]	Rohdichte [kg/m³]	Lambda [W/(mK)]
1	Gipsfaserplatte	25	1150	0,32
2	Dämmung WLG 040		Tabelle [d1]	
3	Dämmung WLG 040		Tabelle [d2]	
4	Powerpanel HD	15	1000	0,4
5	Kalksandstein	300	1800	0,99
6	Perimeterdämmung WLG 040		Tabelle [d3]	

U-Wert [U₁]:

				U-Wert [U₁] [W/(m²K)]				
	Dicke	Rohdichte	Lambda	Variable [d2] - Dämmung WLG 040				
Variable	[mm]	[kg/m³]	[W/(mK)]	120 mm	140 mm	160 mm	180 mm	200 mm
Dämmung	40	30	0,04	0,23	0,21	0,19	0,17	0,16
[d1]	60	30	0,04	0,21	0,19	0,17	0,16	0,15

U-Wert [U₂]:

Variable	Dicke [mm]	Rohdichte [kg/m³]	Lambda [W/(mK)]	U-Wert [U₂] [W/(m²K)]
Perimeter-	60	150	0,04	0,50
dämmung	80	150	0,04	0,40
[d3]	100	150	0,04	0,33

Wärmebrückenverlustkoeffizient: (Ψ-Wert, außenmaßbezogen)

	Variable [d3] - Perimeterdämmung 60 mm - 0,04 W/(mK)							
	Dicke	Rohdichte	Lambda	Variable [d2] - Dämmung WLG 040				
Variable	[mm]	[kg/m³]	[W/(mK)]	120 mm	140 mm	160 mm	180 mm	200 mm
Dämmung	40	150	0,04	0,31	0,31	0,32	0,32	0,32
[d1]	60	150	0,04	0,31	0,32	0,32	0,33	0,33

	Variable [d3] - Perimeterdämmung 80 mm - 0,04 W/(mK)							
	Dicke	Rohdichte	Lambda	Variable [d2] - Dämmung WLG 040				
Variable	[mm]	[kg/m³]	[W/(mK)]	120 mm	140 mm	160 mm	180 mm	200 mm
Dämmung	40	150	0,04	0,34	0,34	0,34	0,34	0,35
[d1]	60	150	0,04	0,34	0,35	0,35	0,35	0,36

	Variable [d3] - Perimeterdämmung 100 mm - 0,04 W/(mK)							
	Dicke	Rohdichte	Lambda	Variable [d2] - Dämmung WLG 040				
Variable	[mm]	[kg/m³]	[W/(mK)]	120 mm	140 mm	160 mm	180 mm	200 mm
Dämmung	40	150	0,04	0,34	0,34	0,34	0,35	0,35
[d1]	60	150	0,04	0,34	0,35	0,35	0,36	0,36

2 / Kellerdecke
2-H-38 / Bild 38 - Holzbauart

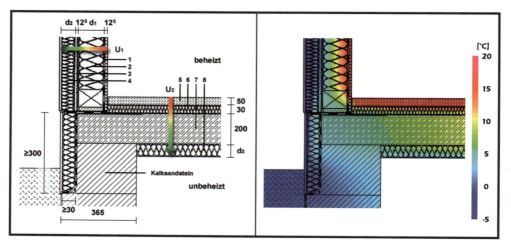

Baustoffe:

Pos.	Bezeichnung	Dicke [mm]	Rohdichte [kg/m³]	Lambda [W/(mK)]
1	Gipsfaserplatte	12,5	1150	0,32
2	Dämmung WLG 040		Tabelle [d1]	
3	Gipsfaserplatte	12,5	1150	0,32
4	WDVS WLG 040		Tabelle [d2]	
5	Estrich	50	2000	1,4
6	Estrichdämmung	30	150	0,04
7	Stahlbeton	200	2400	2,1
8	Perimeterdämmung WLG 040		Tabelle [d3]	

U-Wert [U_1]:

				U-Wert [U_1] [W/(m²K)]				
Variable	Dicke [mm]	Rohdichte [kg/m³]	Lambda [W/(mK)]	Variable [d1] - Dämmung WLG 040				
				120 mm	140 mm	160 mm	180 mm	200 mm
WDVS [d2]	40	30	0,04	0,24	0,21	0,19	0,17	0,16
	60	30	0,04	0,21	0,19	0,17	0,16	0,15
	80	30	0,04	0,19	0,17	0,16	0,15	0,14
	100	30	0,04	0,17	0,16	0,15	0,14	0,13
	120	30	0,04	0,16	0,15	0,14	0,13	0,12

U-Wert [U_2]:

Variable	Dicke [mm]	Rohdichte [kg/m³]	Lambda [W/(mK)]	U-Wert [U_2] [W/(m²K)]
Perimeter-dämmung [d3]	40	150	0,04	0,48
	50	150	0,04	0,43
	60	150	0,04	0,39
	70	150	0,04	0,35

Wärmebrückenkatalog zum Beiblatt 2 der DIN 4108-6

Wärmebrückenverlustkoeffizient: (Ψ-Wert, außenmaßbezogen)

				Variable [d2] - WDVS 40 mm - 0,04 W/(mK)				
Variable	Dicke [mm]	Rohdichte [kg/m³]	Lambda [W/(mK)]	Variable [d1] - Dämmung WLG 040				
				120 mm	140 mm	160 mm	180 mm	200 mm
Perimeter-dämmung [d3]	40	150	0,04	0,05	0,05	0,05	0,05	0,04
	50	150	0,04	0,07	0,07	0,07	0,07	0,07
	60	150	0,04	0,09	0,09	0,09	0,09	0,09
	70	150	0,04	0,10	0,10	0,10	0,10	0,10

				Variable [d2] - WDVS 60 mm - 0,04 W/(mK)				
Variable	Dicke [mm]	Rohdichte [kg/m³]	Lambda [W/(mK)]	Variable [d1] - Dämmung WLG 040				
				120 mm	140 mm	160 mm	180 mm	200 mm
Perimeter-dämmung [d3]	40	150	0,04	0,05	0,05	0,05	0,04	0,04
	50	150	0,04	0,07	0,07	0,07	0,06	0,06
	60	150	0,04	0,09	0,09	0,09	0,09	0,08
	70	150	0,04	0,10	0,10	0,10	0,10	0,10

				Variable [d2] - WDVS 80 mm - 0,04 W/(mK)				
Variable	Dicke [mm]	Rohdichte [kg/m³]	Lambda [W/(mK)]	Variable [d1] - Dämmung WLG 040				
				120 mm	140 mm	160 mm	180 mm	200 mm
Perimeter-dämmung [d3]	40	150	0,04	0,05	0,05	0,04	0,04	0,04
	50	150	0,04	0,07	0,07	0,07	0,06	0,06
	60	150	0,04	0,09	0,09	0,09	0,08	0,08
	70	150	0,04	0,11	0,10	0,10	0,10	0,10

				Variable [d2] - WDVS 100 mm - 0,04 W/(mK)				
Variable	Dicke [mm]	Rohdichte [kg/m³]	Lambda [W/(mK)]	Variable [d1] - Dämmung WLG 040				
				120 mm	140 mm	160 mm	180 mm	200 mm
Perimeter-dämmung [d3]	40	150	0,04	0,05	0,05	0,04	0,04	0,04
	50	150	0,04	0,07	0,07	0,06	0,06	0,06
	60	150	0,04	0,09	0,09	0,09	0,08	0,08
	70	150	0,04	0,11	0,11	0,10	0,10	0,10

				Variable [d2] - WDVS 120 mm - 0,04 W/(mK)				
Variable	Dicke [mm]	Rohdichte [kg/m³]	Lambda [W/(mK)]	Variable [d1] - Dämmung WLG 040				
				120 mm	140 mm	160 mm	180 mm	200 mm
Perimeter-dämmung [d3]	40	150	0,04	0,05	0,05	0,04	0,04	0,03
	50	150	0,04	0,07	0,07	0,06	0,06	0,05
	60	150	0,04	0,10	0,09	0,09	0,08	0,08
	70	150	0,04	0,11	0,11	0,10	0,10	0,10

2 / Kellerdecke
2-H-39 / Bild 39 - Holzbauart

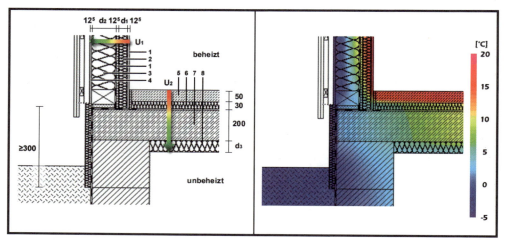

Baustoffe:

Pos.	Bezeichnung	Dicke [mm]	Rohdichte [kg/m³]	Lambda [W/(mK)]
1	Gipsfaserplatte	25	1150	0,32
2	Dämmung WLG 040	Tabelle [d1]		
3	Dämmung WLG 040	Tabelle [d2]		
4	Gipsfaserplatte	12,5	1150	0,32
5	Estrich	50	2000	1,4
6	Estrichdämmung	30	150	0,04
7	Stahlbeton	200	2400	2,1
8	Perimeterdämmung WLG 040	Tabelle [d3]		

U-Wert [U_1]:

Variable	Dicke [mm]	Rohdichte [kg/m³]	Lambda [W/(mK)]	U-Wert [U_1] [W/(m²K)]				
				Variable [d2] - Dämmung WLG 040				
				120 mm	140 mm	160 mm	180 mm	200 mm
Dämmung [d1]	40	30	0,04	0,23	0,21	0,19	0,17	0,16
	60	30	0,04	0,21	0,19	0,17	0,16	0,15

U-Wert [U_2]:

Variable	Dicke [mm]	Rohdichte [kg/m³]	Lambda [W/(mK)]	U-Wert [U_2] [W/(m²K)]
Perimeter-dämmung [d3]	40	150	0,04	0,48
	50	150	0,04	0,43
	60	150	0,04	0,39
	70	150	0,04	0,35

Wärmebrückenverlustkoeffizient: (Ψ-Wert, außenmaßbezogen)

				Variable [d1] - Dämmung 40 mm - 0,04 W/(mK)				
Variable	Dicke [mm]	Rohdichte [kg/m³]	Lambda [W/(mK)]	Variable [d2] - Dämmung WLG 040				
				120 mm	140 mm	160 mm	180 mm	200 mm
Perimeter-dämmung [d3]	40	150	0,04	0,05	0,05	0,05	0,05	0,04
	50	150	0,04	0,07	0,07	0,07	0,07	0,07
	60	150	0,04	0,09	0,09	0,09	0,09	0,09
	70	150	0,04	0,11	0,11	0,11	0,11	0,11

				Variable [d1] - Dämmung 60 mm - 0,04 W/(mK)				
Variable	Dicke [mm]	Rohdichte [kg/m³]	Lambda [W/(mK)]	Variable [d2] - Dämmung WLG 040				
				120 mm	140 mm	160 mm	180 mm	200 mm
Perimeter-dämmung [d3]	40	150	0,04	0,05	0,05	0,05	0,04	0,04
	50	150	0,04	0,07	0,07	0,07	0,07	0,07
	60	150	0,04	0,09	0,09	0,09	0,09	0,09
	70	150	0,04	0,11	0,11	0,11	0,11	0,11

2 / Kellerdecke
2-H-39a / Bild 39a - Holzbauart

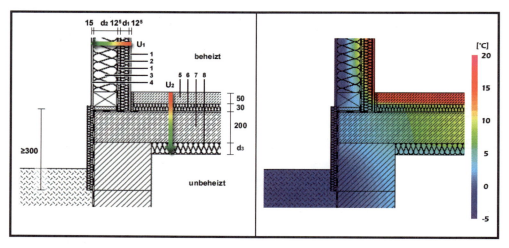

Baustoffe:

Pos.	Bezeichnung	Dicke [mm]	Rohdichte [kg/m³]	Lambda [W/(mK)]
1	Gipsfaserplatte	25	1150	0,32
2	Dämmung WLG 040	Tabelle [d1]		
3	Dämmung WLG 040	Tabelle [d2]		
4	Powerpanel HD	15	1000	0,4
5	Estrich	50	2000	1,4
6	Estrichdämmung	30	150	0,04
7	Stahlbeton	200	2400	2,1
8	Perimeterdämmung WLG 040	Tabelle [d3]		

U-Wert [U₁]:

Variable	Dicke [mm]	Rohdichte [kg/m³]	Lambda [W/(mK)]	U-Wert [U₁] [W/(m²K)]				
				Variable [d2] - Dämmung WLG 040				
				120 mm	140 mm	160 mm	180 mm	200 mm
Dämmung [d1]	40	30	0,04	0,23	0,21	0,19	0,17	0,16
	60	30	0,04	0,21	0,19	0,17	0,16	0,15

U-Wert [U₂]:

Variable	Dicke [mm]	Rohdichte [kg/m³]	Lambda [W/(mK)]	U-Wert [U₂] [W/(m²K)]
Perimeter-dämmung [d3]	40	150	0,04	0,48
	50	150	0,04	0,43
	60	150	0,04	0,39
	70	150	0,04	0,35

Wärmebrückenverlustkoeffizient: (Ψ-Wert, außenmaßbezogen)

Variable	Dicke [mm]	Rohdichte [kg/m³]	Lambda [W/(mK)]	Variable [d1] - Dämmung 40 mm - 0,04 W/(mK)				
				Variable [d2] - Dämmung WLG 040				
				120 mm	140 mm	160 mm	180 mm	200 mm
Perimeter-dämmung [d3]	40	150	0,04	0,05	0,05	0,05	0,05	0,04
	50	150	0,04	0,07	0,07	0,07	0,07	0,07
	60	150	0,04	0,09	0,09	0,09	0,09	0,09
	70	150	0,04	0,11	0,11	0,11	0,11	0,11

Variable	Dicke [mm]	Rohdichte [kg/m³]	Lambda [W/(mK)]	Variable [d1] - Dämmung 60 mm - 0,04 W/(mK)				
				Variable [d2] - Dämmung WLG 040				
				120 mm	140 mm	160 mm	180 mm	200 mm
Perimeter-dämmung [d3]	40	150	0,04	0,05	0,05	0,05	0,04	0,04
	50	150	0,04	0,07	0,07	0,07	0,07	0,07
	60	150	0,04	0,09	0,09	0,09	0,09	0,09
	70	150	0,04	0,11	0,11	0,11	0,11	0,11

2 / Kellerdecke
2-H-M06a / Bild M06a - Holzbauart

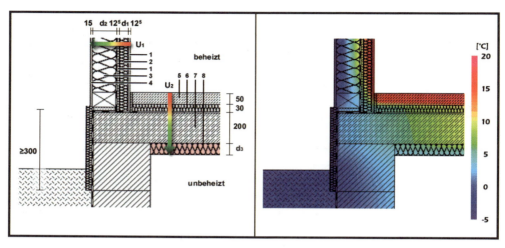

Baustoffe:

Pos.	Bezeichnung	Dicke [mm]	Rohdichte [kg/m³]	Lambda [W/(mK)]
1	Gipsfaserplatte	25	1150	0,32
2	Dämmung WLG 040	Tabelle [d1]		
3	Dämmung WLG 040	Tabelle [d2]		
4	Powerpanel HD	15	1000	0,4
5	Estrich	50	2000	1,4
6	Estrichdämmung	30	150	0,04
7	Stahlbeton	200	2400	2,1
8	Dämmplatte WLG 045	Tabelle [d3]		

U-Wert [U_1]:

Variable	Dicke [mm]	Rohdichte [kg/m³]	Lambda [W/(mK)]	U-Wert [U_1] [W/(m²K)]				
				Variable [d2] - Dämmung WLG 040				
				120 mm	140 mm	160 mm	180 mm	200 mm
Dämmung [d1]	40	30	0,04	0,23	0,21	0,19	0,17	0,16
	60	30	0,04	0,21	0,19	0,17	0,16	0,15

U-Wert [U_2]:

Variable	Dicke [mm]	Rohdichte [kg/m³]	Lambda [W/(mK)]	U-Wert [U_2] [W/(m²K)]
Dämmplatte [d3]	60	150	0,045	0,41
	80	150	0,045	0,35
	100	150	0,045	0,30
	120	150	0,045	0,27

Wärmebrückenverlustkoeffizient: (Ψ-Wert, außenmaßbezogen)

Variable	Dicke [mm]	Rohdichte [kg/m³]	Lambda [W/(mK)]	Variable [d1] - Dämmung 40 mm - 0,04 W/(mK)				
				Variable [d2] - Dämmung WLG 040				
				120 mm	140 mm	160 mm	180 mm	200 mm
Dämmplatte [d3]	60	150	0,045	0,12	0,12	0,12	0,12	0,12
	80	150	0,045	0,14	0,14	0,14	0,14	0,14
	100	150	0,045	0,17	0,17	0,17	0,17	0,17
	120	150	0,045	0,19	0,19	0,19	0,19	0,19

Variable	Dicke [mm]	Rohdichte [kg/m³]	Lambda [W/(mK)]	Variable [d1] - Dämmung 60 mm - 0,04 W/(mK)				
				Variable [d2] - Dämmung WLG 040				
				120 mm	140 mm	160 mm	180 mm	200 mm
Dämmplatte [d3]	60	150	0,045	0,12	0,12	0,11	0,11	0,11
	80	150	0,045	0,15	0,14	0,14	0,13	0,13
	100	150	0,045	0,17	0,16	0,16	0,16	0,15
	120	150	0,045	0,19	0,19	0,18	0,18	0,18

Wärmebrückenkatalog zum Beiblatt 2 der DIN 4108-6

2 / Kellerdecke
2-H-F04a / Bild F04a - Holzbauart

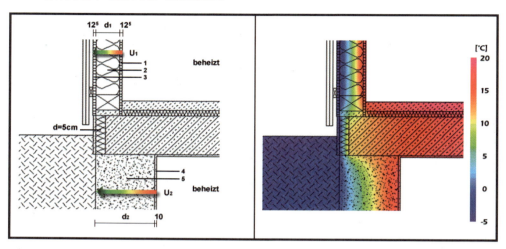

Baustoffe:

Pos.	Bezeichnung	Dicke [mm]	Rohdichte [kg/m³]	Lambda [W/(mK)]
1	Gipsfaserplatte	12,5	1150	0,32
2	Dämmung WLG 040	Tabelle [d1]		
3	Gipsfaserplatte	12,5	1150	0,32
4	Innenputz	10	1800	0.35
5	Mauerwerk	Tabelle [d2]		

Wärmebrückenkatalog zum Beiblatt 2 der DIN 4108-6

U-Wert [U_1]:

Variable	Dicke [mm]	Rohdichte [kg/m³]	Lambda [W/(mK)]	U-Wert [U_1] [W/(m²K)]
Dämmung [d1]	120	150	0,04	0,31
	140	150	0,04	0,27
	160	150	0,04	0,24
	180	150	0,04	0,21
	200	150	0,04	0,19

U-Wert [U_2]:

Variable	Dicke [mm]	Rohdichte [kg/m³]	Lambda [W/(mK)]	U-Wert [U_2] [W/(m²K)]
Mauerwerk [d2]	300	500	0,14	0,42
	365	500	0,14	0,35

Wärmebrückenverlustkoeffizient: (Ψ-Wert, außenmaßbezogen)

Variable	Dicke [mm]	Rohdichte [kg/m³]	Lambda [W/(mK)]	Variable [d1] - Dämmung WLG 040				
				120 mm	140 mm	160 mm	180 mm	200 mm
Mauerwerk [d2]	300	500	0,14	0,35	0,35	0,35	0,36	0,36
	365	500	0,14	0,35	0,35	0,35	0,35	0,35

2 / Kellerdecke
2-H-F04b / Bild F04b - Holzbauart

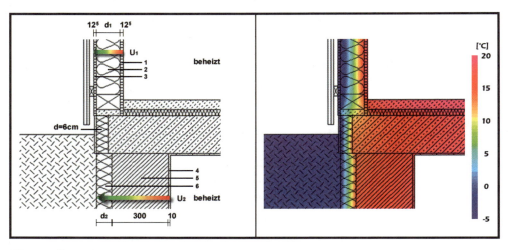

Baustoffe:

Pos.	Bezeichnung	Dicke [mm]	Rohdichte [kg/m³]	Lambda [W/(mK)]
1	Gipsfaserplatte	12,5	1150	0,32
2	Dämmung WLG 040	Tabelle [d1]		
3	Gipsfaserplatte	12,5	1150	0,32
4	Innenputz	10	1800	0.35
5	Kalksandstein	300	1800	0,99
6	Perimeterdämmung WLG 040	Tabelle [d2]		

U-Wert [U₁]:

Variable	Dicke [mm]	Rohdichte [kg/m³]	Lambda [W/(mK)]	U-Wert [U₁] [W/(m²K)]
Dämmung [d1]	120	150	0,04	0,31
	140	150	0,04	0,27
	160	150	0,04	0,24
	180	150	0,04	0,21
	200	150	0,04	0,19

U-Wert [U₂]:

Variable	Dicke [mm]	Rohdichte [kg/m³]	Lambda [W/(mK)]	U-Wert [U₂] [W/(m²K)]
Perimeter-dämmung [d2]	60	150	0,04	0,49
	80	150	0,04	0,39
	100	150	0,04	0,33

Wärmebrückenverlustkoeffizient: (Ψ-Wert, außenmaßbezogen)

Variable	Dicke [mm]	Rohdichte [kg/m³]	Lambda [W/(mK)]	Variable [d1] - Dämmung WLG 040				
				120 mm	140 mm	160 mm	180 mm	200 mm
Perimeter-dämmung [d2]	60	150	0,04	0,30	0,30	0,30	0,30	0,31
	80	150	0,04	0,30	0,30	0,30	0,31	0,31
	100	150	0,04	0,30	0,30	0,31	0,31	0,31

2 / Kellerdecke
2-H-F04c / Bild F04c - Holzbauart

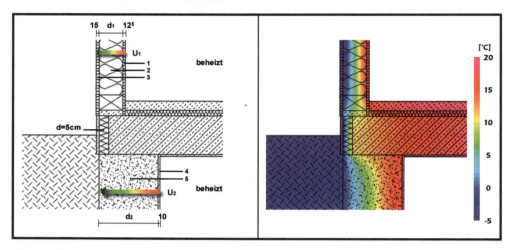

Baustoffe:

Pos.	Bezeichnung	Dicke [mm]	Rohdichte [kg/m³]	Lambda [W/(mK)]
1	Gipsfaserplatte	12,5	1150	0,32
2	Dämmung WLG 040	Tabelle [d1]		
3	Powerpanel HD	15	1000	0,4
4	Innenputz	10	1800	0.35
5	Mauerwerk	Tabelle [d2]		

U-Wert [U_1]:

Variable	Dicke [mm]	Rohdichte [kg/m³]	Lambda [W/(mK)]	U-Wert [U_1] [W/(m²K)]
Dämmung [d1]	120	150	0,04	0,31
	140	150	0,04	0,27
	160	150	0,04	0,24
	180	150	0,04	0,21
	200	150	0,04	0,19

U-Wert [U_2]:

Variable	Dicke [mm]	Rohdichte [kg/m³]	Lambda [W/(mK)]	U-Wert [U_2] [W/(m²K)]
Mauerwerk [d2]	300	500	0,14	0,42
	365	500	0,14	0,35

Wärmebrückenverlustkoeffizient: (Ψ-Wert, außenmaßbezogen)

Variable	Dicke [mm]	Rohdichte [kg/m³]	Lambda [W/(mK)]	Variable [d1] - Dämmung WLG 040				
				120 mm	140 mm	160 mm	180 mm	200 mm
Mauerwerk [d2]	300	500	0,14	0,35	0,35	0,35	0,36	0,36
	365	500	0,14	0,35	0,35	0,35	0,35	0,35

2 / Kellerdecke
2-H-F04d / Bild F04d - Holzbauart

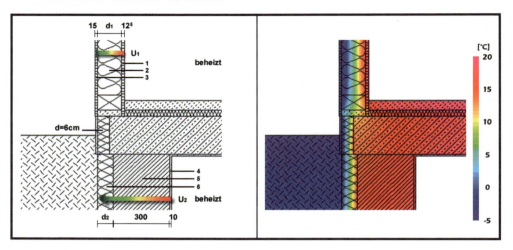

Baustoffe:

Pos.	Bezeichnung	Dicke [mm]	Rohdichte [kg/m³]	Lambda [W/(mK)]
1	Gipsfaserplatte	12,5	1150	0,32
2	Dämmung WLG 040	Tabelle [d1]		
3	Powerpanel HD	15	1000	0,4
4	Innenputz	10	1800	0.35
5	Kalksandstein	300	1800	0,99
6	Perimeterdämmung WLG 040	Tabelle [d2]		

Wärmebrückenkatalog zum Beiblatt 2 der DIN 4108-6

U-Wert [U_1]:

Variable	Dicke [mm]	Rohdichte [kg/m³]	Lambda [W/(mK)]	U-Wert [U_1] [W/(m²K)]
Dämmung [d1]	120	150	0,04	0,31
	140	150	0,04	0,27
	160	150	0,04	0,24
	180	150	0,04	0,21
	200	150	0,04	0,19

U-Wert [U_2]:

Variable	Dicke [mm]	Rohdichte [kg/m³]	Lambda [W/(mK)]	U-Wert [U_2] [W/(m²K)]
Perimeter-dämmung [d2]	60	150	0,04	0,49
	80	150	0,04	0,39
	100	150	0,04	0,33

Wärmebrückenverlustkoeffizient: (Ψ-Wert, außenmaßbezogen)

Variable	Dicke [mm]	Rohdichte [kg/m³]	Lambda [W/(mK)]	Variable [d1] - Dämmung WLG 040				
				120 mm	140 mm	160 mm	180 mm	200 mm
Perimeter-dämmung [d2]	60	150	0,04	0,30	0,30	0,30	0,30	0,31
	80	150	0,04	0,30	0,30	0,30	0,31	0,31
	100	150	0,04	0,30	0,30	0,31	0,31	0,31

2 / Kellerdecke
2-H-F05 / Bild F05 - Holzbauart

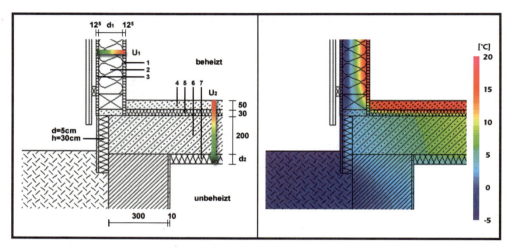

Baustoffe:

Pos.	Bezeichnung	Dicke [mm]	Rohdichte [kg/m³]	Lambda [W/(mK)]
1	Gipsfaserplatte	12,5	1150	0,32
2	Dämmung WLG 040	Tabelle [d1]		
3	Gipsfaserplatte	12,5	1150	0,32
4	Estrich	50	2000	1,4
5	Estrichdämmung WLG 040	30	150	0,04
6	Stahlbeton	200	2400	2,1
7	Perimeterdämmung WLG 040	Tabelle [d2]		

U-Wert [U_1]:

Variable	Dicke [mm]	Rohdichte [kg/m³]	Lambda [W/(mK)]	U-Wert [U_1] [W/(m²K)]
Dämmung [d1]	120	150	0,04	0,31
	140	150	0,04	0,27
	160	150	0,04	0,24
	180	150	0,04	0,21
	200	150	0,04	0,19

U-Wert [U_2]:

Variable	Dicke [mm]	Rohdichte [kg/m³]	Lambda [W/(mK)]	U-Wert [U_2] [W/(m²K)]
Perimeter- dämmung [d2]	40	150	0,04	0,48
	50	150	0,04	0,43
	60	150	0,04	0,39
	70	150	0,04	0,35

Wärmebrückenverlustkoeffizient: (Ψ-Wert, außenmaßbezogen)

Variable	Dicke [mm]	Rohdichte [kg/m³]	Lambda [W/(mK)]	Variable [d1] - Dämmung WLG 040				
				120 mm	140 mm	160 mm	180 mm	200 mm
Perimeter- dämmung [d2]	40	150	0,04	0,07	0,08	0,08	0,08	0,08
	50	150	0,04	0,09	0,10	0,10	0,10	0,10
	60	150	0,04	0,11	0,11	0,12	0,12	0,12
	70	150	0,04	0,13	0,13	0,13	0,13	0,14

Wärmebrückenkatalog zum Beiblatt 2 der DIN 4108-6

2 / Kellerdecke
2-H-F05a / Bild F05a - Holzbauart

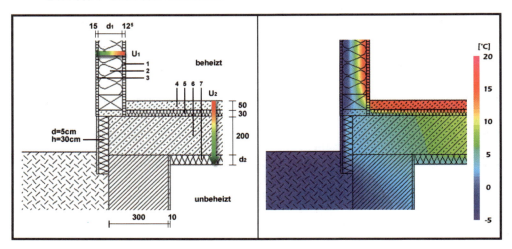

Baustoffe:

Pos.	Bezeichnung	Dicke [mm]	Rohdichte [kg/m³]	Lambda [W/(mK)]
1	Gipsfaserplatte	12,5	1150	0,32
2	Dämmung WLG 040	Tabelle [d1]		
3	Powerpanel HD	15	1000	0,4
4	Estrich	50	2000	1,4
5	Estrichdämmung WLG 040	30	150	0,04
6	Stahlbeton	200	2400	2,1
7	Perimeterdämmung WLG 040	Tabelle [d2]		

U-Wert [U_1]:

Variable	Dicke [mm]	Rohdichte [kg/m³]	Lambda [W/(mK)]	U-Wert [U_1] [W/(m²K)]
Dämmung [d1]	120	150	0,04	0,31
	140	150	0,04	0,27
	160	150	0,04	0,24
	180	150	0,04	0,21
	200	150	0,04	0,19

U-Wert [U_2]:

Variable	Dicke [mm]	Rohdichte [kg/m³]	Lambda [W/(mK)]	U-Wert [U_2] [W/(m²K)]
Perimeter-dämmung [d2]	40	150	0,04	0,48
	50	150	0,04	0,43
	60	150	0,04	0,39
	70	150	0,04	0,35

Wärmebrückenverlustkoeffizient: (Ψ-Wert, außenmaßbezogen)

Variable	Dicke [mm]	Rohdichte [kg/m³]	Lambda [W/(mK)]	Variable [d1] - Dämmung WLG 040				
				120 mm	140 mm	160 mm	180 mm	200 mm
Perimeter-dämmung [d2]	40	150	0,04	0,07	0,08	0,08	0,08	0,08
	50	150	0,04	0,09	0,10	0,10	0,10	0,10
	60	150	0,04	0,11	0,11	0,12	0,12	0,12
	70	150	0,04	0,13	0,13	0,13	0,13	0,14

2 / Kellerdecke
2-H-F06 / Bild F06 - Holzbauart

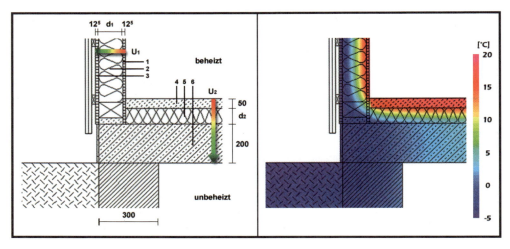

Baustoffe:

Pos.	Bezeichnung	Dicke [mm]	Rohdichte [kg/m³]	Lambda [W/(mK)]
1	Gipsfaserplatte	12,5	1150	0,32
2	Dämmung WLG 040	Tabelle [d1]		
3	Gipsfaserplatte	12,5	1150	0,32
4	Estrich	50	2000	1,4
5	Estrichdämmung	Tabelle [d2]		
6	Stahlbeton	200	2400	2,1

Wärmebrückenkatalog zum Beiblatt 2 der DIN 4108-6

U-Wert [U_1]:

Variable	Dicke [mm]	Rohdichte [kg/m³]	Lambda [W/(mK)]	U-Wert [U_1] [W/(m²K)]
Dämmung [d1]	120	150	0,04	0,31
	140	150	0,04	0,27
	160	150	0,04	0,24
	180	150	0,04	0,21
	200	150	0,04	0,19

U-Wert [U_2]:

Variable	Dicke [mm]	Rohdichte [kg/m³]	Lambda [W/(mK)]	U-Wert [U_2] [W/(m²K)]
Estrich-dämmung [d2]	60	150	0,04	0,54
	80	150	0,04	0,43
	100	150	0,04	0,35

Wärmebrückenverlustkoeffizient: (Ψ-Wert, außenmaßbezogen)

Variable	Dicke [mm]	Rohdichte [kg/m³]	Lambda [W/(mK)]	Variable [d1] - Dämmung WLG 040				
				120 mm	140 mm	160 mm	180 mm	200 mm
Estrich-dämmung [d2]	60	150	0,04	0,00	-0,01	-0,01	-0,01	-0,01
	80	150	0,04	-0,02	-0,02	-0,02	-0,02	-0,02
	100	150	0,04	-0,04	-0,04	-0,04	-0,04	-0,03

2 / Kellerdecke
2-H-F06a / Bild F06a - Holzbauart

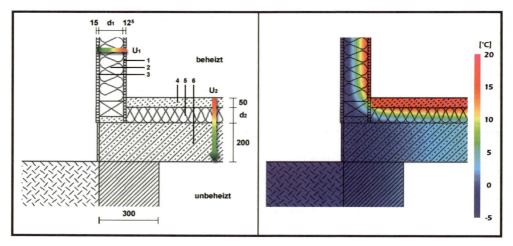

Baustoffe:

Pos.	Bezeichnung	Dicke [mm]	Rohdichte [kg/m³]	Lambda [W/(mK)]
1	Gipsfaserplatte	12,5	1150	0,32
2	Dämmung WLG 040	Tabelle [d1]		
3	Powerpanel HD	15	1000	0,4
4	Estrich	50	2000	1,4
5	Estrichdämmung	Tabelle [d2]		
6	Stahlbeton	200	2400	2,1

Wärmebrückenkatalog zum Beiblatt 2 der DIN 4108-6

U-Wert [U_1]:

Variable	Dicke [mm]	Rohdichte [kg/m³]	Lambda [W/(mK)]	U-Wert [U_1] [W/(m²K)]
Dämmung [d1]	120	150	0,04	0,31
	140	150	0,04	0,27
	160	150	0,04	0,24
	180	150	0,04	0,21
	200	150	0,04	0,19

U-Wert [U_2]:

Variable	Dicke [mm]	Rohdichte [kg/m³]	Lambda [W/(mK)]	U-Wert [U_2] [W/(m²K)]
Estrich-dämmung [d2]	60	150	0,04	0,54
	80	150	0,04	0,43
	100	150	0,04	0,35

Wärmebrückenverlustkoeffizient: (Ψ-Wert, außenmaßbezogen)

Variable	Dicke [mm]	Rohdichte [kg/m³]	Lambda [W/(mK)]	Variable [d1] - Dämmung WLG 040				
				120 mm	140 mm	160 mm	180 mm	200 mm
Estrich-dämmung [d2]	60	150	0,04	0,00	-0,01	-0,01	-0,01	-0,01
	80	150	0,04	-0,02	-0,02	-0,02	-0,02	-0,02
	100	150	0,04	-0,04	-0,04	-0,04	-0,04	-0,03

Wärmebrückenkatalog zum Beiblatt 2 der DIN 4108-6

3 / Fensterbrüstung
3-M-42 / Bild 42 - monolithisches Mauerwerk

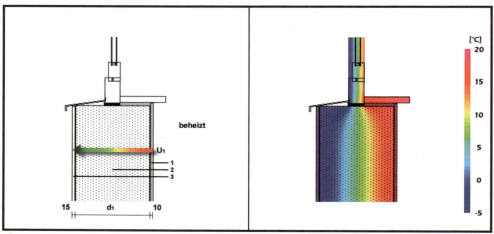

Baustoffe:

Pos.	Bezeichnung	Dicke [mm]	Rohdichte [kg/m³]	Lambda [W/(mK)]
1	Innenputz	10	1800	0,35
2	Mauerwerk	Tabelle [d1]		
3	Außenputz	15	1300	0,2

Bemerkungen:

Lage des Fensters im mittleren Drittel der Wand zulässig. Der Ψ-Wert ist für mittigen Einbau angegeben. Die Fuge zwischen Blendrahmen und Baukörper ist mit Dämmstoff (≥ 10 mm) auszufüllen.

Wärmebrückenkatalog zum Beiblatt 2 der DIN 4108-6

U-Wert [U_1]:

Variable	Dicke [mm]	Rohdichte [kg/m³]	Lambda [W/(mK)]	U-Wert [U_1] [W/(m²K)]
Mauerwerk [d1]	240	350	0,09	0,34
	300	350	0,09	0,28
	365	350	0,09	0,23
	240	400	0,10	0,37
	300	400	0,10	0,31
	365	400	0,10	0,25
	240	450	0,12	0,44
	300	450	0,12	0,36
	365	450	0,12	0,30
	240	500	0,14	0,50
	300	500	0,14	0,41
	365	500	0,14	0,35
	240	550	0,16	0,56
	300	550	0,16	0,47
	365	550	0,16	0,39

Wärmebrückenverlustkoeffizient: (Ψ-Wert, außenmaßbezogen)

Variable	Dicke [mm]	Rohdichte [kg/m³]	Lambda [W/(mK)]	Wärmebrückenverlustkoeffizient
Mauerwerk [d1]	240	350	0,09	0,03
	300	350	0,09	0,03
	365	350	0,09	0,04
	240	400	0,10	0,03
	300	400	0,10	0,04
	365	400	0,10	0,04
	240	450	0,12	0,03
	300	450	0,12	0,04
	365	450	0,12	0,05
	240	500	0,14	0,04
	300	500	0,14	0,04
	365	500	0,14	0,05
	240	550	0,16	0,04
	300	550	0,16	0,04
	365	550	0,16	0,06

3 / Fensterbrüstung
3-A-43 / Bild 43 - außengedämmtes Mauerwerk

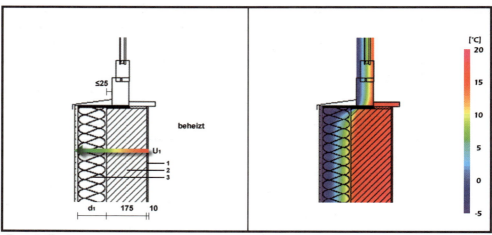

Baustoffe:

Pos.	Bezeichnung	Dicke [mm]	Rohdichte [kg/m³]	Lambda [W/(mK)]
1	Innenputz	10	1800	0,35
2	Kalksandstein	175	1800	0,99
3	Wärmedämmverbundsystem	Tabelle [d1]		

Bemerkungen:

Die Fuge zwischen Blendrahmen und Baukörper ist mit Dämmstoff (≥ 10 mm) auszufüllen.

U-Wert [U_1]:

Variable	Dicke [mm]	Rohdichte [kg/m³]	Lambda [W/(mK)]	U-Wert [U_1] [W/(m²K)]
WDVS [d_1]	100	150	0,04	0,35
	120	150	0,04	0,30
	140	150	0,04	0,26
	160	150	0,04	0,23
	100	150	0,045	0,38
	120	150	0,045	0,33
	140	150	0,045	0,29
	160	150	0,045	0,25

Wärmebrückenverlustkoeffizient: (Ψ-Wert, außenmaßbezogen)

Variable	Dicke [mm]	Rohdichte [kg/m³]	Lambda [W/(mK)]	Wärmebrückenverlustkoeffizient
WDVS [d_1]	100	150	0,04	0,09
	120	150	0,04	0,10
	140	150	0,04	0,10
	160	150	0,04	0,11
	100	150	0,045	0,09
	120	150	0,045	0,10
	140	150	0,045	0,11
	160	150	0,045	0,11

3 / Fensterbrüstung
3-K-44 / Bild 44 - kerngedämmtes Mauerwerk

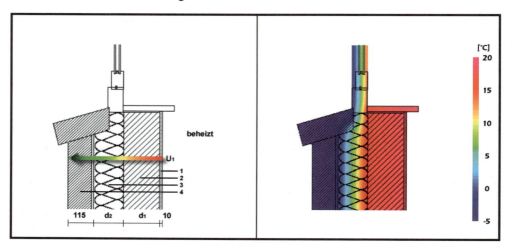

Baustoffe:

Pos.	Bezeichnung	Dicke [mm]	Rohdichte [kg/m³]	Lambda [W/(mK)]
1	Innenputz	10	1800	0,35
2	Mauerwerk		Tabelle [d1]	
3	Kerndämmung		Tabelle [d2]	
4	Verblendmauerwerk	115	2000	0,96

U-Wert [U_1]:

				U-Wert [U_1] $[W/(m^2K)]$			
	Dicke	Rohdichte	Lambda	Variable [d1] - 175 mm			
Variable	[mm]	[kg/m³]	[W/(mK)]	Kalksand-stein	Mauer-werk 0,10 W/(mK)	Mauer-werk 0,12 W/(mK)	Mauer-werk 0,14 W/(mK)
Kerndäm-mung [d2]	100	150	0,04	0,33	0,22	0,23	0,25
	120	150	0,04	0,29	0,20	0,21	0,22
	140	150	0,04	0,25	0,18	0,19	0,20

Wärmebrückenverlustkoeffizient: (Ψ-Wert, außenmaßbezogen)

Variable	Dicke [mm]	Rohdichte [kg/m³]	Lambda [W/(mK)]	Variable [d1] - Kalksandstein 175 mm - 0,99 W/(mK)
Kerndäm-mung [d2]	100	150	0,04	0,02
	120	150	0,04	0,03
	140	150	0,04	0,03

Variable	Dicke [mm]	Rohdichte [kg/m³]	Lambda [W/(mK)]	Variable [d1] - Mauerwerk 175 mm - 0,10 W/(mK)
Kerndäm-mung [d2]	100	150	0,04	0,02
	120	150	0,04	0,02
	140	150	0,04	0,02

Variable	Dicke [mm]	Rohdichte [kg/m³]	Lambda [W/(mK)]	Variable [d1] - Mauerwerk 175 mm - 0,12 W/(mK)
Kerndäm-mung [d2]	100	150	0,04	0,02
	120	150	0,04	0,02
	140	150	0,04	0,02

Variable	Dicke [mm]	Rohdichte [kg/m³]	Lambda [W/(mK)]	Variable [d1] - Mauerwerk 175 mm - 0,14 W/(mK)
Kerndäm-mung [d2]	100	150	0,04	0,02
	120	150	0,04	0,02
	140	150	0,04	0,02

3 / Fensterbrüstung
3-K-45 / Bild 45 - kerngedämmtes Mauerwerk

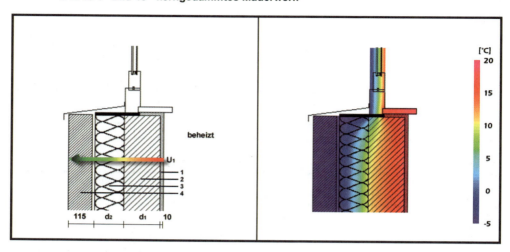

Baustoffe:

Pos.	Bezeichnung	Dicke [mm]	Rohdichte [kg/m³]	Lambda [W/(mK)]
1	Innenputz	10	1800	0,35
2	Mauerwerk		Tabelle [d1]	
3	Kerndämmung		Tabelle [d2]	
4	Verblendmauerwerk	115	2000	0,96

Bemerkungen:

Die Fuge zwischen Blendrahmen und Baukörper ist mit Dämmstoff (≥ 10 mm) auszufüllen.

U-Wert [U_1]:

				U-Wert [U_1] [W/(m²K)]			
	Dicke [mm]	Rohdichte [kg/m³]	Lambda [W/(mK)]	Variable [d1] - 175 mm			
Variable				Kalksand-stein	Mauer-werk 0,10 W/(mK)	Mauer-werk 0,12 W/(mK)	Mauer-werk 0,14 W/(mK)
Kerndäm-mung [d2]	100	150	0,04	0,33	0,22	0,23	0,25
	120	150	0,04	0,29	0,20	0,21	0,22
	140	150	0,04	0,25	0,18	0,19	0,20

Wärmebrückenverlustkoeffizient: (Ψ-Wert, außenmaßbezogen)

Variable	Dicke [mm]	Rohdichte [kg/m³]	Lambda [W/(mK)]	Variable [d1] - Kalksandstein 175 mm - 0,99 W/(mK)
Kerndäm-mung [d2]	100	150	0,04	0,10
	120	150	0,04	0,10
	140	150	0,04	0,10

Variable	Dicke [mm]	Rohdichte [kg/m³]	Lambda [W/(mK)]	Variable [d1] - Mauerwerk 175 mm - 0,10 W/(mK)
Kerndäm-mung [d2]	100	150	0,04	0,03
	120	150	0,04	0,04
	140	150	0,04	0,04

Variable	Dicke [mm]	Rohdichte [kg/m³]	Lambda [W/(mK)]	Variable [d1] - Mauerwerk 175 mm - 0,12 W/(mK)
Kerndäm-mung [d2]	100	150	0,04	0,04
	120	150	0,04	0,04
	140	150	0,04	0,04

Variable	Dicke [mm]	Rohdichte [kg/m³]	Lambda [W/(mK)]	Variable [d1] - Mauerwerk 175 mm - 0,14 W/(mK)
Kerndäm-mung [d2]	100	150	0,04	0,04
	120	150	0,04	0,04
	140	150	0,04	0,05

3 / Fensterbrüstung
3-K-46 / Bild 46 - kerngedämmtes Mauerwerk

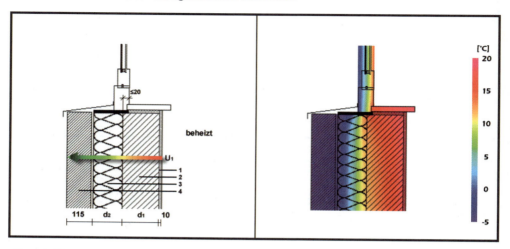

Baustoffe:

Pos.	Bezeichnung	Dicke [mm]	Rohdichte [kg/m³]	Lambda [W/(mK)]
1	Innenputz	10	1800	0,35
2	Mauerwerk		Tabelle [d1]	
3	Kerndämmung		Tabelle [d2]	
4	Verblendmauerwerk	115	2000	0,96

Bemerkungen:

Die Fuge zwischen Blendrahmen und Baukörper ist mit Dämmstoff (≥ 10 mm) auszufüllen.

U-Wert [U_1]:

				U-Wert [U_1] [W/(m²K)]			
Variable	Dicke [mm]	Rohdichte [kg/m³]	Lambda [W/(mK)]	Variable [d1] - 175 mm			
				Kalksandstein	Mauerwerk 0,10 W/(mK)	Mauerwerk 0,12 W/(mK)	Mauerwerk 0,14 W/(mK)
Kerndämmung [d2]	100	150	0,04	0,33	0,22	0,23	0,25
	120	150	0,04	0,29	0,20	0,21	0,22
	140	150	0,04	0,25	0,18	0,19	0,20

Wärmebrückenverlustkoeffizient: (Ψ-Wert, außenmaßbezogen)

Variable	Dicke [mm]	Rohdichte [kg/m³]	Lambda [W/(mK)]	Variable [d1] - Kalksandstein 175 mm - 0,99 W/(mK)
Kerndämmung [d2]	100	150	0,04	0,02
	120	150	0,04	0,03
	140	150	0,04	0,03

Variable	Dicke [mm]	Rohdichte [kg/m³]	Lambda [W/(mK)]	Variable [d1] - Mauerwerk 175 mm - 0,10 W/(mK)
Kerndämmung [d2]	100	150	0,04	0,02
	120	150	0,04	0,02
	140	150	0,04	0,02

Variable	Dicke [mm]	Rohdichte [kg/m³]	Lambda [W/(mK)]	Variable [d1] - Mauerwerk 175 mm - 0,12 W/(mK)
Kerndämmung [d2]	100	150	0,04	0,02
	120	150	0,04	0,02
	140	150	0,04	0,02

Variable	Dicke [mm]	Rohdichte [kg/m³]	Lambda [W/(mK)]	Variable [d1] - Mauerwerk 175 mm - 0,14 W/(mK)
Kerndämmung [d2]	100	150	0,04	0,02
	120	150	0,04	0,02
	140	150	0,04	0,02

3 / Fensterbrüstung
3-H-47 / Bild 47 - Holzbauart

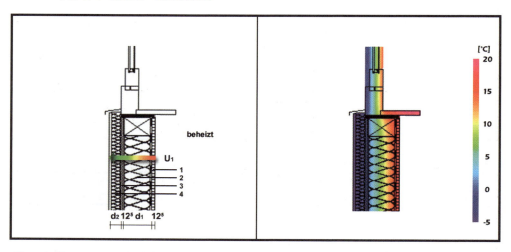

Baustoffe:

Pos.	Bezeichnung	Dicke [mm]	Rohdichte [kg/m³]	Lambda [W/(mK)]
1	Gipsfaserplatte	12,5	1150	0,32
2	Dämmung WLG 040	Tabelle [d1]		
3	Gipsfaserplatte	12,5	1150	0,32
4	WDVS WLG 040	Tabelle [d2]		

U-Wert [U_1]:

				U-Wert [U_1] [W/(m²K)]				
Variable	Dicke [mm]	Rohdichte [kg/m³]	Lambda [W/(mK)]	Variable [d1] - Dämmung WLG 040				
				120 mm	140 mm	160 mm	180 mm	200 mm
WDVS [d2]	40	30	0,04	0,24	0,21	0,19	0,17	0,16
	60	30	0,04	0,21	0,19	0,17	0,16	0,15
	80	30	0,04	0,19	0,17	0,16	0,15	0,14
	100	30	0,04	0,17	0,16	0,15	0,14	0,13
	120	30	0,04	0,16	0,15	0,14	0,13	0,12

Wärmebrückenverlustkoeffizient: (Ψ-Wert, außenmaßbezogen)

Variable	Dicke [mm]	Rohdichte [kg/m³]	Lambda [W/(mK)]	Variable [d1] - Dämmung WLG 040				
				120 mm	140 mm	160 mm	180 mm	200 mm
WDVS [d2]	40	30	0,04	-0,01	-0,01	-0,01	0,00	0,00
	60	30	0,04	-0,01	-0,01	-0,01	0,00	0,00
	80	30	0,04	-0,01	-0,01	0,00	0,00	0,00
	100	30	0,04	0,00	0,00	0,00	0,00	0,00
	120	30	0,04	0,00	0,00	0,00	0,00	0,00

3 / Fensterbrüstung
3-H-F08 / Bild F08 - Holzbauart

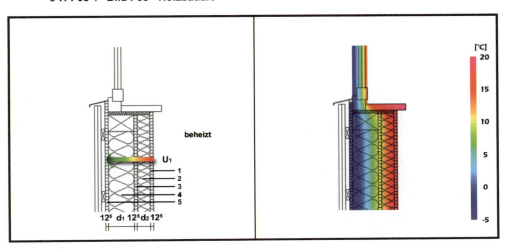

Baustoffe:

Pos.	Bezeichnung	Dicke [mm]	Rohdichte [kg/m³]	Lambda [W/(mK)]
1	Gipsfaserplatte	12,5	1150	0,32
2	Dämmung WLG 040	Tabelle [d1]		
3	Gipsfaserplatte	12,5	1150	0,32
4	Dämmung WLG 040	Tabelle [d2]		
5	Gipsfaserplatte	12,5	1150	0,32

U-Wert [U_1]:

				U-Wert [U_1] [W/(m²K)]					
Variable	Dicke [mm]	Rohdichte [kg/m³]	Lambda [W/(mK)]	Variable [d1] - Dämmung WLG 040					
				120 mm	140 mm	160 mm	180 mm	200 mm
Dämmung [d2]	40	30	0,04	0,23	0,21	0,19	0,17	0,16
	60	30	0,04	0,21	0,19	0,17	0,16	0,15

Wärmebrückenverlustkoeffizient: (Ψ-Wert, außenmaßbezogen)

Variable	Dicke [mm]	Rohdichte [kg/m³]	Lambda [W/(mK)]	Variable [d1] - Dämmung WLG 040				
				120 mm	140 mm	160 mm	180 mm	200 mm
Dämmung [d2]	40	30	0,04	0,02	0,03	0,03	0,03	0,04
	60	30	0,04	0,03	0,03	0,03	0,03	0,04

3 / Fensterbrüstung
3-H-F08a / Bild F08a - Holzbauart

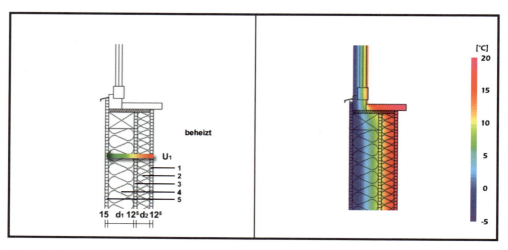

Baustoffe:

Pos.	Bezeichnung	Dicke [mm]	Rohdichte [kg/m³]	Lambda [W/(mK)]
1	Gipsfaserplatte	12,5	1150	0,32
2	Dämmung WLG 040	Tabelle [d1]		
3	Gipsfaserplatte	12,5	1150	0,32
4	Dämmung WLG 040	Tabelle [d2]		
5	Powerpanel HD	15	1000	0,4

U-Wert [U_1]:

				U-Wert [U_1] [W/(m²K)]					
				Variable [d1] - Dämmung WLG 040					
Variable	Dicke [mm]	Rohdichte [kg/m³]	Lambda [W/(mK)]	120 mm	140 mm	160 mm	180 mm	200 mm
Dämmung [d2]	40	30	0,04	0,23	0,21	0,19	0,17	0,16
	60	30	0,04	0,21	0,19	0,17	0,16	0,15

Wärmebrückenverlustkoeffizient: (Ψ-Wert, außenmaßbezogen)

Variable	Dicke [mm]	Rohdichte [kg/m³]	Lambda [W/(mK)]	Variable [d1] - Dämmung WLG 040				
				120 mm	140 mm	160 mm	180 mm	200 mm
Dämmung [d2]	40	30	0,04	0,02	0,03	0,03	0,03	0,04
	60	30	0,04	0,03	0,03	0,03	0,03	0,04

3 / Fensterbrüstung
3-H-F09 / Bild F09 - Holzbauart

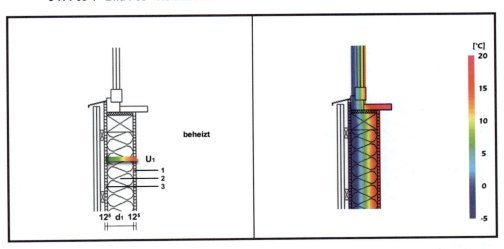

Baustoffe:

Pos.	Bezeichnung	Dicke [mm]	Rohdichte [kg/m³]	Lambda [W/(mK)]
1	Gipsfaserplatte	12,5	1150	0,32
2	Dämmung WLG 040	Tabelle [d1]		
3	Gipsfaserplatte	12,5	1150	0,32

U-Wert [U_1]:

Variable	Dicke [mm]	Rohdichte [kg/m³]	Lambda [W/(mK)]	U-Wert [U_1] [W/(m²K)]
Dämmung [d1]	120	150	0,04	0,31
	140	150	0,04	0,27
	160	150	0,04	0,24
	180	150	0,04	0,21
	200	150	0,04	0,19

Wärmebrückenverlustkoeffizient: (Ψ-Wert, außenmaßbezogen)

Variable	Dicke [mm]	Rohdichte [kg/m³]	Lambda [W/(mK)]	Wärmebrückenverlustkoeffizient
Dämmung [d1]	120	150	0,04	0,04
	140	150	0,04	0,04
	160	150	0,04	0,04
	180	150	0,04	0,04
	200	150	0,04	0,04

Wärmebrückenkatalog zum Beiblatt 2 der DIN 4108-6

4 / Fensterlaibung
4-M-48 / Bild 48 - monolithisches Mauerwerk

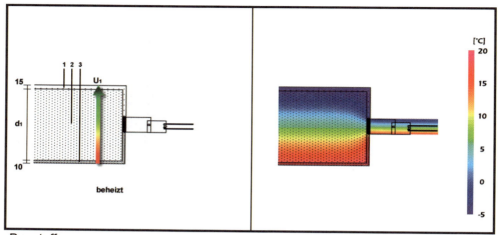

Baustoffe:

Pos.	Bezeichnung	Dicke [mm]	Rohdichte [kg/m³]	Lambda [W/(mK)]
1	Innenputz	10	1800	0,35
2	Mauerwerk		Tabelle [d1]	
3	Außenputz	15	1300	0,2

Bemerkungen:

Lage des Fensters im mittleren Drittel der Wand zulässig. Der Ψ-Wert ist für mittigen Einbau angegeben. Die Fuge zwischen Blendrahmen und Baukörper ist mit Dämmstoff ($\geq$ 10 mm) auszufüllen.

U-Wert [U_1]:

Variable	Dicke [mm]	Rohdichte [kg/m³]	Lambda [W/(mK)]	U-Wert [U_1] [W/(m²K)]
Mauerwerk [d1]	240	350	0,09	0,34
	300	350	0,09	0,28
	365	350	0,09	0,23
	240	400	0,10	0,37
	300	400	0,10	0,31
	365	400	0,10	0,25
	240	450	0,12	0,44
	300	450	0,12	0,36
	365	450	0,12	0,30
	240	500	0,14	0,50
	300	500	0,14	0,41
	365	500	0,14	0,35
	240	550	0,16	0,56
	300	550	0,16	0,47
	365	550	0,16	0,39

Wärmebrückenverlustkoeffizient: (Ψ-Wert, außenmaßbezogen)

Variable	Dicke [mm]	Rohdichte [kg/m³]	Lambda [W/(mK)]	Wärmebrückenverlustkoeffizient
Mauerwerk [d1]	240	350	0,09	0,02
	300	350	0,09	0,02
	365	350	0,09	0,03
	240	400	0,10	0,02
	300	400	0,10	0,03
	365	400	0,10	0,03
	240	450	0,12	0,02
	300	450	0,12	0,03
	365	450	0,12	0,03
	240	500	0,14	0,03
	300	500	0,14	0,03
	365	500	0,14	0,04
	240	550	0,16	0,03
	300	550	0,16	0,04
	365	550	0,16	0,04

4 / Fensterlaibung
4-A-49 / Bild 49 - außengedämmtes Mauerwerk

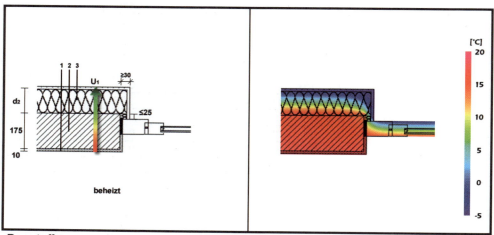

Baustoffe:

Pos.	Bezeichnung	Dicke [mm]	Rohdichte [kg/m³]	Lambda [W/(mK)]
1	Innenputz	10	1800	0,35
2	Kalksandstein	175	1800	0,99
3	Wärmedämmverbundsystem	Tabelle [d1]		

Bemerkungen:

Die Fuge zwischen Blendrahmen und Baukörper ist mit Dämmstoff (≥ 10 mm) auszufüllen.

U-Wert [U_1]:

Variable	Dicke [mm]	Rohdichte [kg/m³]	Lambda [W/(mK)]	U-Wert [U_1] [W/(m²K)]
WDVS [d_1]	100	150	0,04	0,35
	120	150	0,04	0,30
	140	150	0,04	0,26
	160	150	0,04	0,23
	100	150	0,045	0,38
	120	150	0,045	0,33
	140	150	0,045	0,29
	160	150	0,045	0,25

Wärmebrückenverlustkoeffizient: (Ψ-Wert, außenmaßbezogen)

Variable	Dicke [mm]	Rohdichte [kg/m³]	Lambda [W/(mK)]	Wärmebrückenverlustkoeffizient
WDVS [d_1]	100	150	0,04	0,05
	120	150	0,04	0,06
	140	150	0,04	0,06
	160	150	0,04	0,06
	100	150	0,045	0,06
	120	150	0,045	0,06
	140	150	0,045	0,07
	160	150	0,045	0,07

4 / Fensterlaibung
4-K-50 / Bild 50 - kerngedämmtes Mauerwerk

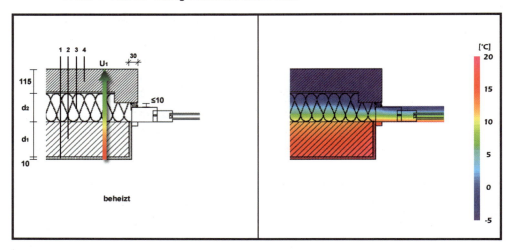

Baustoffe:

Pos.	Bezeichnung	Dicke [mm]	Rohdichte [kg/m³]	Lambda [W/(mK)]
1	Innenputz	10	1800	0,35
2	Mauerwerk		Tabelle [d1]	
3	Kerndämmung		Tabelle [d2]	
4	Verblendmauerwerk	115	2000	0,96

U-Wert [U_1]:

Variable	Dicke [mm]	Rohdichte [kg/m³]	Lambda [W/(mK)]	U-Wert [U_1] [W/(m²K)]			
				Variable [d1] - 175 mm			
				Kalksand-stein	Mauer-werk 0,10 W/(mK)	Mauer-werk 0,12 W/(mK)	Mauer-werk 0,14 W/(mK)
Kerndäm-mung [d2]	100	150	0,04	0,33	0,22	0,23	0,25
	120	150	0,04	0,29	0,20	0,21	0,22
	140	150	0,04	0,25	0,18	0,19	0,20

Wärmebrückenverlustkoeffizient: (Ψ-Wert, außenmaßbezogen)

Variable	Dicke [mm]	Rohdichte [kg/m³]	Lambda [W/(mK)]	Variable [d1] - Kalksandstein 175 mm - 0,99 W/(mK)
Kerndäm-mung [d2]	100	150	0,04	0,02
	120	150	0,04	0,02
	140	150	0,04	0,03

Variable	Dicke [mm]	Rohdichte [kg/m³]	Lambda [W/(mK)]	Variable [d1] - Mauerwerk 175 mm - 0,10 W/(mK)
Kerndäm-mung [d2]	100	150	0,04	0,02
	120	150	0,04	0,02
	140	150	0,04	0,02

Variable	Dicke [mm]	Rohdichte [kg/m³]	Lambda [W/(mK)]	Variable [d1] - Mauerwerk 175 mm - 0,12 W/(mK)
Kerndäm-mung [d2]	100	150	0,04	0,02
	120	150	0,04	0,02
	140	150	0,04	0,02

Variable	Dicke [mm]	Rohdichte [kg/m³]	Lambda [W/(mK)]	Variable [d1] - Mauerwerk 175 mm - 0,14 W/(mK)
Kerndäm-mung [d2]	100	150	0,04	0,02
	120	150	0,04	0,02
	140	150	0,04	0,02

Wärmebrückenkatalog zum Beiblatt 2 der DIN 4108-6

4 / Fensterlaibung
4-K-51 / Bild 51 - kerngedämmtes Mauerwerk

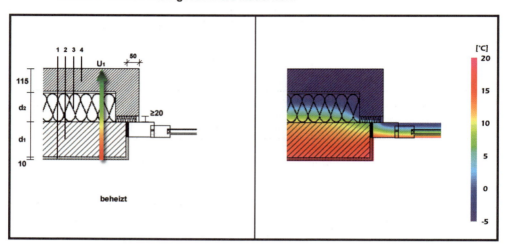

Baustoffe:

Pos.	Bezeichnung	Dicke [mm]	Rohdichte [kg/m³]	Lambda [W/(mK)]
1	Innenputz	10	1800	0,35
2	Mauerwerk		Tabelle [d1]	
3	Kerndämmung		Tabelle [d2]	
4	Verblendmauerwerk	115	2000	0,96

Bemerkungen:

Die Fuge zwischen Blendrahmen und Baukörper ist mit Dämmstoff (≥ 10 mm) auszufüllen.

U-Wert [U_1]:

	U-Wert [U_1] [W/(m²K)]						
Variable	Dicke [mm]	Rohdichte [kg/m³]	Lambda [W/(mK)]	Variable [d_1] - 175 mm			
				Kalksand-stein	Mauer-werk 0,10 W/(mK)	Mauer-werk 0,12 W/(mK)	Mauer-werk 0,14 W/(mK)
Kerndäm-mung [d_2]	100	150	0,04	0,33	0,22	0,23	0,25
	120	150	0,04	0,29	0,20	0,21	0,22
	140	150	0,04	0,25	0,18	0,19	0,20

Wärmebrückenverlustkoeffizient: (Ψ-Wert, außenmaßbezogen)

Variable	Dicke [mm]	Rohdichte [kg/m³]	Lambda [W/(mK)]	Variable [d_1] - Kalksandstein 175 mm - 0,99 W/(mK)
Kerndäm-mung [d_2]	100	150	0,04	0,06
	120	150	0,04	0,06
	140	150	0,04	0,07

Variable	Dicke [mm]	Rohdichte [kg/m³]	Lambda [W/(mK)]	Variable [d_1] - Mauerwerk 175 mm - 0,10 W/(mK)
Kerndäm-mung [d_2]	100	150	0,04	0,01
	120	150	0,04	0,02
	140	150	0,04	0,02

Variable	Dicke [mm]	Rohdichte [kg/m³]	Lambda [W/(mK)]	Variable [d_1] - Mauerwerk 175 mm - 0,12 W/(mK)
Kerndäm-mung [d_2]	100	150	0,04	0,01
	120	150	0,04	0,02
	140	150	0,04	0,02

Variable	Dicke [mm]	Rohdichte [kg/m³]	Lambda [W/(mK)]	Variable [d_1] - Mauerwerk 175 mm - 0,14 W/(mK)
Kerndäm-mung [d_2]	100	150	0,04	0,02
	120	150	0,04	0,02
	140	150	0,04	0,03

4 / Fensterlaibung
4-K-52 / Bild 52 - kerngedämmtes Mauerwerk

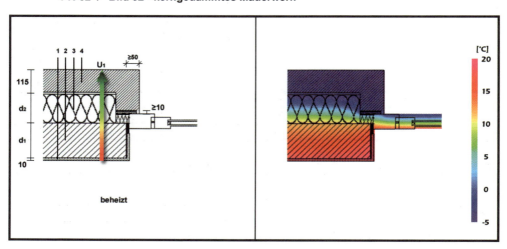

Baustoffe:

Pos.	Bezeichnung	Dicke [mm]	Rohdichte [kg/m³]	Lambda [W/(mK)]
1	Innenputz	10	1800	0,35
2	Mauerwerk		Tabelle [d1]	
3	Kerndämmung		Tabelle [d2]	
4	Verblendmauerwerk	115	2000	0,96

Bemerkungen:

Die Fuge zwischen Blendrahmen und Baukörper ist mit Dämmstoff (≥ 10 mm) auszufüllen.

U-Wert [U_1]:

Variable	Dicke [mm]	Rohdichte [kg/m³]	Lambda [W/(mK)]	U-Wert [U_1] [W/(m²K)]			
				Variable [d_1] - 175 mm			
				Kalksandstein	Mauerwerk 0,10 W/(mK)	Mauerwerk 0,12 W/(mK)	Mauerwerk 0,14 W/(mK)
Kerndämmung [d_2]	100	150	0,04	0,33	0,22	0,23	0,25
	120	150	0,04	0,29	0,20	0,21	0,22
	140	150	0,04	0,25	0,18	0,19	0,20

Wärmebrückenverlustkoeffizient: (Ψ-Wert, außenmaßbezogen)

Variable	Dicke [mm]	Rohdichte [kg/m³]	Lambda [W/(mK)]	Variable [d_1] - Kalksandstein 175 mm - 0,99 W/(mK)
Kerndämmung [d_2]	100	150	0,04	0,02
	120	150	0,04	0,02
	140	150	0,04	0,03

Variable	Dicke [mm]	Rohdichte [kg/m³]	Lambda [W/(mK)]	Variable [d_1] - Mauerwerk 175 mm - 0,10 W/(mK)
Kerndämmung [d_2]	100	150	0,04	0,01
	120	150	0,04	0,01
	140	150	0,04	0,02

Variable	Dicke [mm]	Rohdichte [kg/m³]	Lambda [W/(mK)]	Variable [d_1] - Mauerwerk 175 mm - 0,12 W/(mK)
Kerndämmung [d_2]	100	150	0,04	0,01
	120	150	0,04	0,01
	140	150	0,04	0,02

Variable	Dicke [mm]	Rohdichte [kg/m³]	Lambda [W/(mK)]	Variable [d_1] - Mauerwerk 175 mm - 0,14 W/(mK)
Kerndämmung [d_2]	100	150	0,04	0,01
	120	150	0,04	0,01
	140	150	0,04	0,02

4 / Fensterlaibung
4-H-53 / Bild 53 - Holzbauart

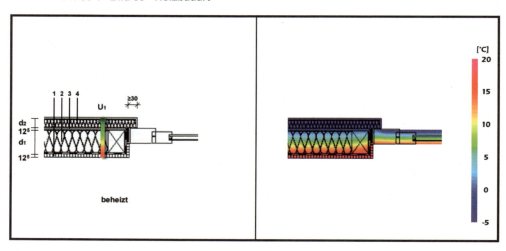

Baustoffe:

Pos.	Bezeichnung	Dicke [mm]	Rohdichte [kg/m³]	Lambda [W/(mK)]
1	Gipsfaserplatte	12,5	1150	0,32
2	Dämmung WLG 040	Tabelle [d1]		
3	Gipsfaserplatte	12,5	1150	0,32
4	WDVS WLG 040	Tabelle [d2]		

U-Wert [U_1]:

				U-Wert [U_1] [W/(m²K)]				
Variable	Dicke [mm]	Rohdichte [kg/m³]	Lambda [W/(mK)]	Variable [d1] - Dämmung WLG 040				
				120 mm	140 mm	160 mm	180 mm	200 mm
WDVS [d2]	40	30	0,04	0,24	0,21	0,19	0,17	0,16
	60	30	0,04	0,21	0,19	0,17	0,16	0,15
	80	30	0,04	0,19	0,17	0,16	0,15	0,14
	100	30	0,04	0,17	0,16	0,15	0,14	0,13
	120	30	0,04	0,16	0,15	0,14	0,13	0,12

Wärmebrückenverlustkoeffizient: (Ψ-Wert, außenmaßbezogen)

Variable	Dicke [mm]	Rohdichte [kg/m³]	Lambda [W/(mK)]	Variable [d1] - Dämmung WLG 040				
				120 mm	140 mm	160 mm	180 mm	200 mm
WDVS [d2]	40	30	0,04	0,00	0,00	0,00	0,01	0,01
	60	30	0,04	0,00	0,00	0,00	0,01	0,01
	80	30	0,04	0,00	0,00	0,00	0,01	0,01
	100	30	0,04	0,00	0,00	0,01	0,01	0,01
	120	30	0,04	0,00	0,01	0,01	0,01	0,01

4 / Fensterlaibung
4-H-F10 / Bild F10 - Holzbauart

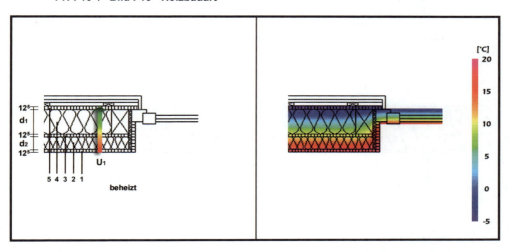

Baustoffe:

Pos.	Bezeichnung	Dicke [mm]	Rohdichte [kg/m³]	Lambda [W/(mK)]
1	Gipsfaserplatte	12,5	1150	0,32
2	Dämmung WLG 040		Tabelle [d1]	
3	Gipsfaserplatte	12,5	1150	0,32
4	Dämmung WLG 040		Tabelle [d2]	
5	Gipsfaserplatte	12,5	1150	0,32

U-Wert [U_1]:

				U-Wert [U_1] [W/(m²K)]				
Variable	Dicke [mm]	Rohdichte [kg/m³]	Lambda [W/(mK)]	Variable [d1] - Dämmung WLG 040				
				120 mm	140 mm	160 mm	180 mm	200 mm
Dämmung [d2]	40	30	0,04	0,23	0,21	0,19	0,17	0,16
	60	30	0,04	0,21	0,19	0,17	0,16	0,15

Wärmebrückenverlustkoeffizient: (Ψ-Wert, außenmaßbezogen)

Variable	Dicke [mm]	Rohdichte [kg/m³]	Lambda [W/(mK)]	Variable [d1] - Dämmung WLG 040				
				120 mm	140 mm	160 mm	180 mm	200 mm
Dämmung [d2]	40	30	0,04	0,02	0,03	0,03	0,03	0,04
	60	30	0,04	0,03	0,03	0,03	0,03	0,04

4 / Fensterlaibung
4-H-F10a / Bild F10a - Holzbauart

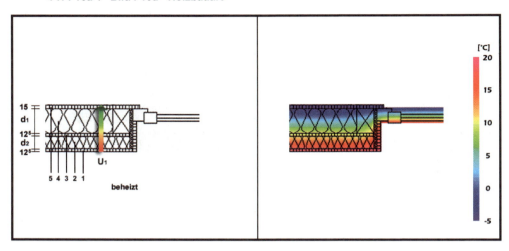

Baustoffe:

Pos.	Bezeichnung	Dicke [mm]	Rohdichte [kg/m³]	Lambda [W/(mK)]
1	Gipsfaserplatte	12,5	1150	0,32
2	Dämmung WLG 040		Tabelle [d1]	
3	Gipsfaserplatte	12,5	1150	0,32
4	Dämmung WLG 040		Tabelle [d2]	
5	Powerpanel HD	15	1000	0,4

U-Wert [U_1]:

				U-Wert [U_1] [W/(m²K)]					
Variable	Dicke [mm]	Rohdichte [kg/m³]	Lambda [W/(mK)]	Variable [d1] - Dämmung WLG 040					
				120 mm	140 mm	160 mm	180 mm	200 mm	
Dämmung [d2]	40	30	0,04	0,23	0,21	0,19	0,17	0,16	
	60	30	0,04	0,21	0,19	0,17	0,16	0,15	

Wärmebrückenverlustkoeffizient: (Ψ-Wert, außenmaßbezogen)

Variable	Dicke [mm]	Rohdichte [kg/m³]	Lambda [W/(mK)]	Variable [d1] - Dämmung WLG 040				
				120 mm	140 mm	160 mm	180 mm	200 mm
Dämmung [d2]	40	30	0,04	0,02	0,03	0,03	0,03	0,04
	60	30	0,04	0,03	0,03	0,03	0,03	0,04

4 / Fensterlaibung
4-H-F11 / Bild F11 - Holzbauart

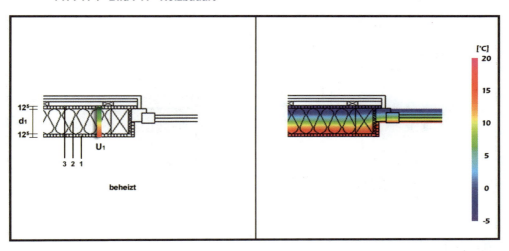

Baustoffe:

Pos.	Bezeichnung	Dicke [mm]	Rohdichte [kg/m³]	Lambda [W/(mK)]
1	Gipsfaserplatte	12,5	1150	0,32
2	Dämmung WLG 040	Tabelle [d1]		
3	Gipsfaserplatte	12,5	1150	0,32

U-Wert [U_1]:

Variable	Dicke [mm]	Rohdichte [kg/m³]	Lambda [W/(mK)]	U-Wert [U_1] [W/(m²K)]
Dämmung [d1]	120	150	0,04	0,31
	140	150	0,04	0,27
	160	150	0,04	0,24
	180	150	0,04	0,21
	200	150	0,04	0,19

Wärmebrückenverlustkoeffizient: (Ψ-Wert, außenmaßbezogen)

Variable	Dicke [mm]	Rohdichte [kg/m³]	Lambda [W/(mK)]	Wärmebrückenverlustkoeffizient
Dämmung [d1]	120	150	0,04	0,04
	140	150	0,04	0,04
	160	150	0,04	0,04
	180	150	0,04	0,04
	200	150	0,04	0,04

5 / Fenstersturz
5-M-54a / Bild 54a - monolithisches Mauerwerk

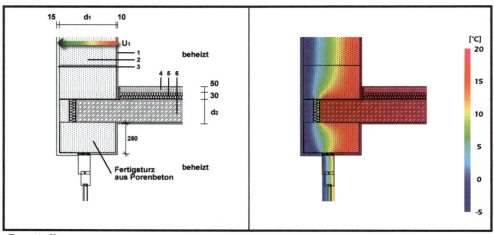

Baustoffe:

Pos.	Bezeichnung	Dicke [mm]	Rohdichte [kg/m³]	Lambda [W/(mK)]
1	Innenputz	10	1800	0,35
2	Mauerwerk		Tabelle [d1]	
3	Außenputz	15	1300	0,2
4	Estrich	50	2000	1,4
5	Estrichdämmung WLG 040	30	150	0,04
6	Decke		Tabelle [d2]	

U-Wert [U_1]:

Variable	Dicke [mm]	Rohdichte [kg/m³]	Lambda [W/(mK)]	U-Wert [U_1] [W/(m²K)]
Mauerwerk [d1]	240	350	0,09	0,34
	300	350	0,09	0,28
	365	350	0,09	0,23
	240	400	0,10	0,37
	300	400	0,10	0,31
	365	400	0,10	0,25
	240	450	0,12	0,44
	300	450	0,12	0,36
	365	450	0,12	0,30
	240	500	0,14	0,50
	300	500	0,14	0,41
	365	500	0,14	0,35
	240	550	0,16	0,56
	300	550	0,16	0,47
	365	550	0,16	0,39

Wärmebrückenkatalog zum Beiblatt 2 der DIN 4108-6

Wärmebrückenverlustkoeffizient: (Ψ-Wert, außenmaßbezogen)

		Variable [d2] - Stahlbeton 200 mm - 2,1 W/(mK)		
Variable	Dicke [mm]	Rohdichte [kg/m³]	Lambda [W/(mK)]	Wärmebrückenverlustkoeffizient
Mauerwerk [d1]	240	350	0,09	0,15
	300	350	0,09	0,16
	365	350	0,09	0,16
	240	400	0,10	0,14
	300	400	0,10	0,15
	365	400	0,10	0,15
	240	450	0,12	0,11
	300	450	0,12	0,12
	365	450	0,12	0,13
	240	500	0,14	0,09
	300	500	0,14	0,10
	365	500	0,14	0,11
	240	550	0,16	0,06
	300	550	0,16	0,08
	365	550	0,16	0,09

		Variable [d2] - Porenbeton 240 mm - 0,16 W/(mK)		
Variable	Dicke [mm]	Rohdichte [kg/m³]	Lambda [W/(mK)]	Wärmebrückenverlustkoeffizient
Mauerwerk [d1]	240	350	0,09	0,08
	300	350	0,09	0,10
	365	350	0,09	0,10
	240	400	0,10	0,07
	300	400	0,10	0,09
	365	400	0,10	0,09
	240	450	0,12	0,04
	300	450	0,12	0,06
	365	450	0,12	0,07
	240	500	0,14	0,00
	300	500	0,14	0,04
	365	500	0,14	0,05
	240	550	0,16	-0,03
	300	550	0,16	0,01
	365	550	0,16	0,02

Bemerkungen:

Lage des Fensters im mittleren Drittel der Wand zulässig. Der Ψ-Wert ist für mittigen Einbau angegeben. Die Fuge zwischen Blendrahmen und Baukörper ist mit Dämmstoff ($\geq$ 10 mm) auszufüllen.

5 / Fenstersturz
5-M-54b / Bild 54b - monolithisches Mauerwerk

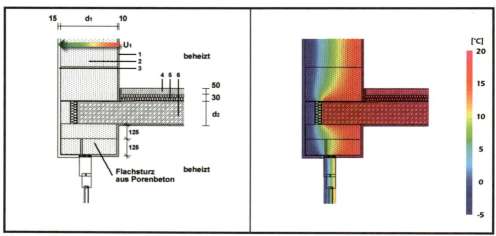

Baustoffe:

Pos.	Bezeichnung	Dicke [mm]	Rohdichte [kg/m³]	Lambda [W/(mK)]
1	Innenputz	10	1800	0,35
2	Mauerwerk		Tabelle [d1]	
3	Außenputz	15	1300	0,2
4	Estrich	50	2000	1,4
5	Estrichdämmung WLG 040	30	150	0,04
6	Decke		Tabelle [d2]	

U-Wert [U_1]:

Variable	Dicke [mm]	Rohdichte [kg/m³]	Lambda [W/(mK)]	U-Wert [U_1] [W/(m²K)]
Mauerwerk [d1]	240	350	0,09	0,34
	300	350	0,09	0,28
	365	350	0,09	0,23
	240	400	0,10	0,37
	300	400	0,10	0,31
	365	400	0,10	0,25
	240	450	0,12	0,44
	300	450	0,12	0,36
	365	450	0,12	0,30
	240	500	0,14	0,50
	300	500	0,14	0,41
	365	500	0,14	0,35
	240	550	0,16	0,56
	300	550	0,16	0,47
	365	550	0,16	0,39

Wärmebrückenkatalog zum Beiblatt 2 der DIN 4108-6

Wärmebrückenverlustkoeffizient: (Ψ-Wert, außenmaßbezogen)

		Variable [d2] - Stahlbeton 200 mm - 2,1 W/(mK)		
Variable	Dicke [mm]	Rohdichte [kg/m³]	Lambda [W/(mK)]	Wärmebrückenverlustkoeffizient
Mauerwerk [d1]	240	350	0,09	0,11
	300	350	0,09	0,13
	365	350	0,09	0,13
	240	400	0,10	0,10
	300	400	0,10	0,12
	365	400	0,10	0,13
	240	450	0,12	0,09
	300	450	0,12	0,11
	365	450	0,12	0,12
	240	500	0,14	0,07
	300	500	0,14	0,10
	365	500	0,14	0,11
	240	550	0,16	0,06
	300	550	0,16	0,09
	365	550	0,16	0,10

		Variable [d2] - Porenbeton 240 mm - 0,16 W/(mK)		
Variable	Dicke [mm]	Rohdichte [kg/m³]	Lambda [W/(mK)]	Wärmebrückenverlustkoeffizient
Mauerwerk [d1]	240	350	0,09	0,05
	300	350	0,09	0,07
	365	350	0,09	0,08
	240	400	0,10	0,04
	300	400	0,10	0,06
	365	400	0,10	0,07
	240	450	0,12	0,01
	300	450	0,12	0,04
	365	450	0,12	0,06
	240	500	0,14	-0,01
	300	500	0,14	0,02
	365	500	0,14	0,04
	240	550	0,16	-0,03
	300	550	0,16	0,00
	365	550	0,16	0,03

Bemerkungen:

Lage des Fensters im mittleren Drittel der Wand zulässig. Der Ψ-Wert ist für mittigen Einbau angegeben. Die Fuge zwischen Blendrahmen und Baukörper ist mit Dämmstoff ($\geq$ 10 mm) auszufüllen.

5 / Fenstersturz
5-A-55 / Bild 55 - außengedämmtes Mauerwerk

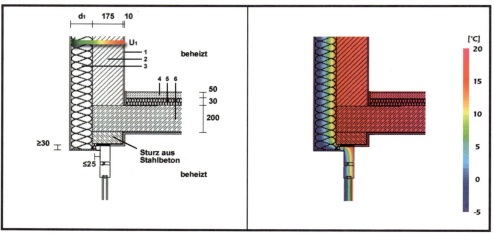

Baustoffe:

Pos.	Bezeichnung	Dicke [mm]	Rohdichte [kg/m³]	Lambda [W/(mK)]
1	Innenputz	10	1800	0,35
2	Kalksandstein	175	1800	0,99
3	Wärmedämmverbundsystem	Tabelle [d1]		
4	Estrich	50	2000	1,4
5	Estrichdämmung WLG 040	30	150	0,04
6	Stahlbeton	200	2400	2,1

Bemerkungen:

Die Fuge zwischen Blendrahmen und Baukörper ist mit Dämmstoff (≥ 10 mm) auszufüllen.

Wärmebrückenkatalog zum Beiblatt 2 der DIN 4108-6

U-Wert [U_1]:

Variable	Dicke [mm]	Rohdichte [kg/m³]	Lambda [W/(mK)]	U-Wert [U_1] [W/(m²K)]
WDVS [d1]	100	150	0,04	0,35
	120	150	0,04	0,30
	140	150	0,04	0,26
	160	150	0,04	0,23
	100	150	0,045	0,38
	120	150	0,045	0,33
	140	150	0,045	0,29
	160	150	0,045	0,25

Wärmebrückenverlustkoeffizient: (Ψ-Wert, außenmaßbezogen)

Variable	Dicke [mm]	Rohdichte [kg/m³]	Lambda [W/(mK)]	Wärmebrückenverlustkoeffizient
WDVS [d1]	100	150	0,04	0,03
	120	150	0,04	0,03
	140	150	0,04	0,03
	160	150	0,04	0,03
	100	150	0,045	0,03
	120	150	0,045	0,03
	140	150	0,045	0,03
	160	150	0,045	0,03

5 / Fenstersturz
5-A-55a / Bild 55a - außengedämmtes Mauerwerk

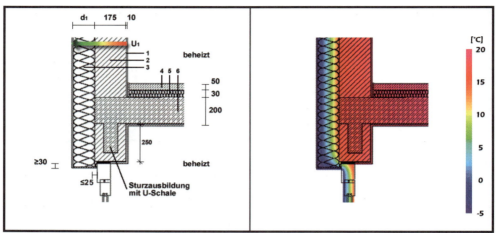

Baustoffe:

Pos.	Bezeichnung	Dicke [mm]	Rohdichte [kg/m³]	Lambda [W/(mK)]
1	Innenputz	10	1800	0,35
2	Kalksandstein	175	1800	0,99
3	Wärmedämmverbundsystem	Tabelle [d1]		
4	Estrich	50	2000	1,4
5	Estrichdämmung WLG 040	30	150	0,04
6	Stahlbeton	200	2400	2,1

Bemerkungen:

Die Fuge zwischen Blendrahmen und Baukörper ist mit Dämmstoff (≥ 10 mm) auszufüllen.

Wärmebrückenkatalog zum Beiblatt 2 der DIN 4108-6

U-Wert [U_1]:

Variable	Dicke [mm]	Rohdichte [kg/m³]	Lambda [W/(mK)]	U-Wert [U_1] [W/(m²K)]
WDVS [d1]	100	150	0,04	0,35
	120	150	0,04	0,30
	140	150	0,04	0,26
	160	150	0,04	0,23
	100	150	0,045	0,38
	120	150	0,045	0,33
	140	150	0,045	0,29
	160	150	0,045	0,25

Wärmebrückenverlustkoeffizient: (Ψ-Wert, außenmaßbezogen)

Variable	Dicke [mm]	Rohdichte [kg/m³]	Lambda [W/(mK)]	Wärmebrückenverlustkoeffizient
WDVS [d1]	100	150	0,04	0,03
	120	150	0,04	0,03
	140	150	0,04	0,03
	160	150	0,04	0,03
	100	150	0,045	0,03
	120	150	0,045	0,03
	140	150	0,045	0,03
	160	150	0,045	0,03

5 / Fenstersturz
5-K-56 / Bild 56 - kerngedämmtes Mauerwerk

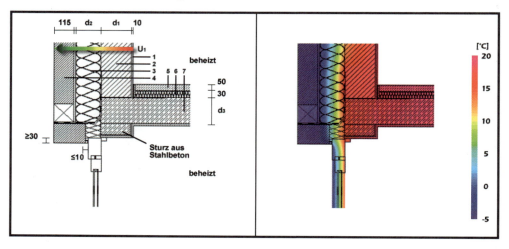

Baustoffe:

Pos.	Bezeichnung	Dicke [mm]	Rohdichte [kg/m³]	Lambda [W/(mK)]
1	Innenputz	10	1800	0,35
2	Mauerwerk		Tabelle [d1]	
3	Kerndämmung		Tabelle [d2]	
4	Verblendmauerwerk	115	2000	0,96
5	Estrich	50	2000	1,4
6	Estrichdämmung WLG 040	30	150	0,04
7	Decke		Tabelle [d3]	

U-Wert [U_1]:

Variable	Dicke [mm]	Rohdichte [kg/m³]	Lambda [W/(mK)]	U-Wert [U_1] [W/(m²K)]			
					Variable [d1] - 175 mm		
				Kalksandstein	Mauerwerk 0,10 W/(mK)	Mauerwerk 0,12 W/(mK)	Mauerwerk 0,14 W/(mK)
Kerndämmung [d2]	100	150	0,04	0,33	0,22	0,23	0,25
	120	150	0,04	0,29	0,20	0,21	0,22
	140	150	0,04	0,25	0,18	0,19	0,20

Wärmebrückenverlustkoeffizient: (Ψ-Wert, außenmaßbezogen)

Variable	Dicke [mm]	Rohdichte [kg/m³]	Lambda [W/(mK)]	Variable [d1] - Kalksandstein 175 mm - 0,99 W/(mK)
Kerndäm-mung [d2]	100	150	0,04	0,02
	120	150	0,04	0,02
	140	150	0,04	0,02
				Variable [d1] - Mauerwerk 175 mm - 0,10 W/(mK)
	100	150	0,04	0,06
	120	150	0,04	0,05
	140	150	0,04	0,05
				Variable [d1] - Mauerwerk 175 mm - 0,12 W/(mK)
	100	150	0,04	0,05
	120	150	0,04	0,04
	140	150	0,04	0,03
				Variable [d1] - Mauerwerk 175 mm - 0,14 W/(mK)
	100	150	0,04	0,04
	120	150	0,04	0,03
	140	150	0,04	0,03

Variable [d3] - Stahlbeton 200 mm - 2,1 W/(mK)

Variable	Dicke [mm]	Rohdichte [kg/m³]	Lambda [W/(mK)]	Variable [d1] - Kalksandstein 175 mm - 0,99 W/(mK)
Kerndäm-mung [d2]	100	150	0,04	0,01
	120	150	0,04	0,01
	140	150	0,04	0,01
				Variable [d1] - Mauerwerk 175 mm - 0,10 W/(mK)
	100	150	0,04	0,04
	120	150	0,04	0,02
	140	150	0,04	0,02
				Variable [d1] - Mauerwerk 175 mm - 0,12 W/(mK)
	100	150	0,04	0,03
	120	150	0,04	0,02
	140	150	0,04	0,01
				Variable [d1] - Mauerwerk 175 mm - 0,14 W/(mK)
	100	150	0,04	0,03
	120	150	0,04	0,01
	140	150	0,04	0,01

Variable [d3] - Porenbeton 240 mm - 0,16 W/(mK)

5 / Fenstersturz
5-K-56a / Bild 56a - kerngedämmtes Mauerwerk

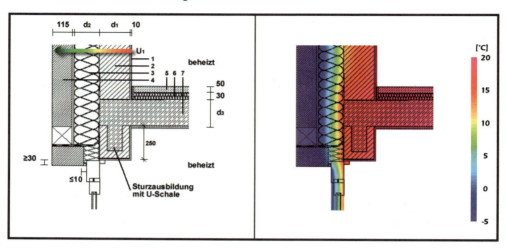

Baustoffe:

Pos.	Bezeichnung	Dicke [mm]	Rohdichte [kg/m³]	Lambda [W/(mK)]
1	Innenputz	10	1800	0,35
2	Mauerwerk		Tabelle [d1]	
3	Kerndämmung		Tabelle [d2]	
4	Verblendmauerwerk	115	2000	0,96
5	Estrich	50	2000	1,4
6	Estrichdämmung WLG 040	30	150	0,04
7	Decke		Tabelle [d3]	

U-Wert [U_1]:

				U-Wert [U_1] [W/(m²K)]			
	Dicke [mm]	Rohdichte [kg/m³]	Lambda [W/(mK)]		Variable [d1] - 175 mm		
Variable				Kalksand-stein	Mauer-werk 0,10 W/(mK)	Mauer-werk 0,12 W/(mK)	Mauer-werk 0,14 W/(mK)
Kerndäm-mung [d2]	100	150	0,04	0,33	0,22	0,23	0,25
	120	150	0,04	0,29	0,20	0,21	0,22
	140	150	0,04	0,25	0,18	0,19	0,20

Wärmebrückenverlustkoeffizient: (Ψ-Wert, außenmaßbezogen)

Variable	Dicke [mm]	Rohdichte [kg/m³]	Lambda [W/(mK)]	Variable [d3] - Stahlbeton 200 mm - 2,1 W/(mK)
				Variable [d1] - Kalksandstein 175 mm - 0,99 W/(mK)
Kerndäm-mung [d2]	100	150	0,04	0,02
	120	150	0,04	0,02
	140	150	0,04	0,02
				Variable [d1] - Mauerwerk 175 mm - 0,10 W/(mK)
	100	150	0,04	0,06
	120	150	0,04	0,05
	140	150	0,04	0,05
				Variable [d1] - Mauerwerk 175 mm - 0,12 W/(mK)
	100	150	0,04	0,05
	120	150	0,04	0,04
	140	150	0,04	0,03
				Variable [d1] - Mauerwerk 175 mm - 0,14 W/(mK)
	100	150	0,04	0,04
	120	150	0,04	0,03
	140	150	0,04	0,03

Variable	Dicke [mm]	Rohdichte [kg/m³]	Lambda [W/(mK)]	Variable [d3] - Porenbeton 240 mm - 0,16 W/(mK)
				Variable [d1] - Kalksandstein 175 mm - 0,99 W/(mK)
Kerndäm-mung [d2]	100	150	0,04	0,01
	120	150	0,04	0,01
	140	150	0,04	0,01
				Variable [d1] - Mauerwerk 175 mm - 0,10 W/(mK)
	100	150	0,04	0,04
	120	150	0,04	0,02
	140	150	0,04	0,02
				Variable [d1] - Mauerwerk 175 mm - 0,12 W/(mK)
	100	150	0,04	0,03
	120	150	0,04	0,02
	140	150	0,04	0,01
				Variable [d1] - Mauerwerk 175 mm - 0,14 W/(mK)
	100	150	0,04	0,03
	120	150	0,04	0,01
	140	150	0,04	0,01

5 / Fenstersturz
5-K-56b / Bild 56b - kerngedämmtes Mauerwerk

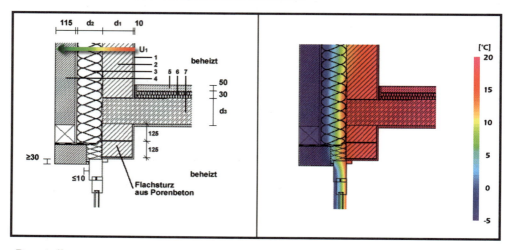

Baustoffe:

Pos.	Bezeichnung	Dicke [mm]	Rohdichte [kg/m³]	Lambda [W/(mK)]
1	Innenputz	10	1800	0,35
2	Mauerwerk		Tabelle [d1]	
3	Kerndämmung		Tabelle [d2]	
4	Verblendmauerwerk	115	2000	0,96
5	Estrich	50	2000	1,4
6	Estrichdämmung WLG 040	30	150	0,04
7	Decke		Tabelle [d3]	

U-Wert [U_1]:

Variable	Dicke [mm]	Rohdichte [kg/m³]	Lambda [W/(mK)]	U-Wert [U_1] [W/(m²K)]		
				Mauerwerk 0,10 W/(mK)	Mauerwerk 0,12 W/(mK)	Mauerwerk 0,14 W/(mK)
Kerndämmung [d2]	100	150	0,04	0,22	0,23	0,25
	120	150	0,04	0,20	0,21	0,22
	140	150	0,04	0,18	0,19	0,20

Wärmebrückenverlustkoeffizient: (Ψ-Wert, außenmaßbezogen)

Variable	Dicke [mm]	Rohdichte [kg/m³]	Lambda [W/(mK)]	Variable [d3] - Stahlbeton 200 mm - 2,1 W/(mK)
				Variable [d1] - Mauerwerk 175 mm - 0,10 W/(mK)
Kerndäm-mung [d2]	100	150	0,04	0,06
	120	150	0,04	0,05
	140	150	0,04	0,05
				Variable [d1] - Mauerwerk 175 mm - 0,12 W/(mK)
	100	150	0,04	0,05
	120	150	0,04	0,04
	140	150	0,04	0,03
				Variable [d1] - Mauerwerk 175 mm - 0,14 W/(mK)
	100	150	0,04	0,04
	120	150	0,04	0,03
	140	150	0,04	0,03

Variable	Dicke [mm]	Rohdichte [kg/m³]	Lambda [W/(mK)]	Variable [d3] - Porenbeton 240 mm - 0,16 W/(mK)
				Variable [d1] - Mauerwerk 175 mm - 0,10 W/(mK)
Kerndäm-mung [d2]	100	150	0,04	0,04
	120	150	0,04	0,02
	140	150	0,04	0,02
				Variable [d1] - Mauerwerk 175 mm - 0,12 W/(mK)
	100	150	0,04	0,03
	120	150	0,04	0,02
	140	150	0,04	0,01
				Variable [d1] - Mauerwerk 175 mm - 0,14 W/(mK)
	100	150	0,04	0,03
	120	150	0,04	0,01
	140	150	0,04	0,01

5 / Fenstersturz
5-K-56c / Bild 56c - kerngedämmtes Mauerwerk

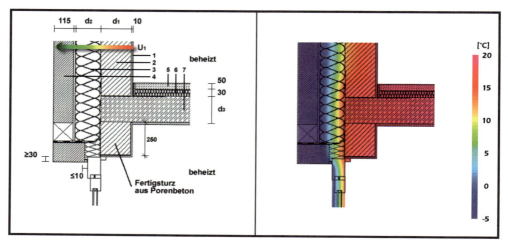

Baustoffe:

Pos.	Bezeichnung	Dicke [mm]	Rohdichte [kg/m³]	Lambda [W/(mK)]
1	Innenputz	10	1800	0,35
2	Mauerwerk		Tabelle [d1]	
3	Kerndämmung		Tabelle [d2]	
4	Verblendmauerwerk	115	2000	0,96
5	Estrich	50	2000	1,4
6	Estrichdämmung WLG 040	30	150	0,04
7	Decke		Tabelle [d3]	

U-Wert [U_1]:

Variable	Dicke [mm]	Rohdichte [kg/m³]	Lambda [W/(mK)]	U-Wert [U_1] [W/(m²K)]		
				Mauerwerk 0,10 W/(mK)	Mauerwerk 0,12 W/(mK)	Mauerwerk 0,14 W/(mK)
Kerndäm-mung [d2]	100	150	0,04	0,22	0,23	0,25
	120	150	0,04	0,20	0,21	0,22
	140	150	0,04	0,18	0,19	0,20

Wärmebrückenverlustkoeffizient: (Ψ-Wert, außenmaßbezogen)

Variable	Dicke [mm]	Rohdichte [kg/m³]	Lambda [W/(mK)]	Variable [d1] - Mauerwerk 175 mm - 0,10 W/(mK)
			Variable [d3] - Stahlbeton 200 mm - 2,1 W/(mK)	
Kerndäm-mung [d2]	100	150	0,04	0,06
	120	150	0,04	0,05
	140	150	0,04	0,05
				Variable [d1] - Mauerwerk 175 mm - 0,12 W/(mK)
	100	150	0,04	0,05
	120	150	0,04	0,04
	140	150	0,04	0,03
				Variable [d1] - Mauerwerk 175 mm - 0,14 W/(mK)
	100	150	0,04	0,04
	120	150	0,04	0,03
	140	150	0,04	0,03

Variable	Dicke [mm]	Rohdichte [kg/m³]	Lambda [W/(mK)]	Variable [d1] - Mauerwerk 175 mm - 0,10 W/(mK)
			Variable [d3] - Porenbeton 240 mm - 0,16 W/(mK)	
Kerndäm-mung [d2]	100	150	0,04	0,04
	120	150	0,04	0,02
	140	150	0,04	0,02
				Variable [d1] - Mauerwerk 175 mm - 0,12 W/(mK)
	100	150	0,04	0,03
	120	150	0,04	0,02
	140	150	0,04	0,01
				Variable [d1] - Mauerwerk 175 mm - 0,14 W/(mK)
	100	150	0,04	0,03
	120	150	0,04	0,01
	140	150	0,04	0,01

5 / Fenstersturz
5-K-57 / Bild 57 - kerngedämmtes Mauerwerk

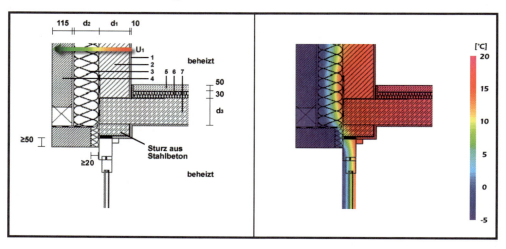

Baustoffe:

Pos.	Bezeichnung	Dicke [mm]	Rohdichte [kg/m³]	Lambda [W/(mK)]
1	Innenputz	10	1800	0,35
2	Mauerwerk		Tabelle [d1]	
3	Kerndämmung		Tabelle [d2]	
4	Verblendmauerwerk	115	2000	0,96
5	Estrich	50	2000	1,4
6	Estrichdämmung WLG 040	30	150	0,04
7	Decke		Tabelle [d3]	

Bemerkungen:

Die Fuge zwischen Blendrahmen und Baukörper ist mit Dämmstoff (≥ 10 mm) auszufüllen.

U-Wert [U_1]:

				U-Wert [U_1] [W/(m²K)]			
	Dicke [mm]	Rohdichte [kg/m³]	Lambda [W/(mK)]	Variable [d1] - 175 mm			
Variable				Kalksand-stein	Mauerwerk 0,10 W/(mK)	Mauerwerk 0,12 W/(mK)	Mauerwerk 0,14 W/(mK)
Kerndämmung [d2]	100	150	0,04	0,33	0,22	0,23	0,25
	120	150	0,04	0,29	0,20	0,21	0,22
	140	150	0,04	0,25	0,18	0,19	0,20

Wärmebrückenkatalog zum Beiblatt 2 der DIN 4108-6

Wärmebrückenverlustkoeffizient: (Ψ-Wert, außenmaßbezogen)

Variable	Dicke [mm]	Rohdichte [kg/m³]	Lambda [W/(mK)]	Variable [d3] - Stahlbeton 200 mm - 2,1 W/(mK)
				Variable [d1] - Kalksandstein 175 mm - 0,99 W/(mK)
Kerndämmung [d2]	100	150	0,04	-0,01
	120	150	0,04	-0,05
	140	150	0,04	-0,06
				Variable [d1] - Mauerwerk 175 mm - 0,10 W/(mK)
	100	150	0,04	0,08
	120	150	0,04	0,07
	140	150	0,04	0,07
				Variable [d1] - Mauerwerk 175 mm - 0,12 W/(mK)
	100	150	0,04	0,07
	120	150	0,04	0,06
	140	150	0,04	0,06
				Variable [d1] - Mauerwerk 175 mm - 0,14 W/(mK)
	100	150	0,04	0,06
	120	150	0,04	0,06
	140	150	0,04	0,06

Variable	Dicke [mm]	Rohdichte [kg/m³]	Lambda [W/(mK)]	Variable [d3] - Porenbeton 240 mm - 0,16 W/(mK)
				Variable [d1] - Kalksandstein 175 mm - 0,99 W/(mK)
Kerndämmung [d2]	100	150	0,04	-0,03
	120	150	0,04	-0,06
	140	150	0,04	-0,07
				Variable [d1] - Mauerwerk 175 mm - 0,10 W/(mK)
	100	150	0,04	0,05
	120	150	0,04	0,05
	140	150	0,04	0,05
				Variable [d1] - Mauerwerk 175 mm - 0,12 W/(mK)
	100	150	0,04	0,04
	120	150	0,04	0,04
	140	150	0,04	0,04
				Variable [d1] - Mauerwerk 175 mm - 0,14 W/(mK)
	100	150	0,04	0,04
	120	150	0,04	0,04
	140	150	0,04	0,04

5 / Fenstersturz
5-K-57a / Bild 57a - kerngedämmtes Mauerwerk

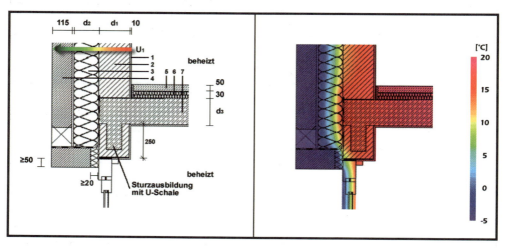

Baustoffe:

Pos.	Bezeichnung	Dicke [mm]	Rohdichte [kg/m³]	Lambda [W/(mK)]
1	Innenputz	10	1800	0,35
2	Mauerwerk		Tabelle [d1]	
3	Kerndämmung		Tabelle [d2]	
4	Verblendmauerwerk	115	2000	0,96
5	Estrich	50	2000	1,4
6	Estrichdämmung WLG 040	30	150	0,04
7	Decke		Tabelle [d3]	

Bemerkungen:

Die Fuge zwischen Blendrahmen und Baukörper ist mit Dämmstoff (≥ 10 mm) auszufüllen.

U-Wert [U_1]:

Variable	Dicke [mm]	Rohdichte [kg/m³]	Lambda [W/(mK)]	U-Wert [U_1] [W/(m²K)]			
				Variable [d1] - 175 mm			
				Kalksandstein	Mauerwerk 0,10 W/(mK)	Mauerwerk 0,12 W/(mK)	Mauerwerk 0,14 W/(mK)
Kerndämmung [d2]	100	150	0,04	0,33	0,22	0,23	0,25
	120	150	0,04	0,29	0,20	0,21	0,22
	140	150	0,04	0,25	0,18	0,19	0,20

Wärmebrückenverlustkoeffizient: (Ψ-Wert, außenmaßbezogen)

Variable	Dicke [mm]	Rohdichte [kg/m³]	Lambda [W/(mK)]	Variable [d3] - Stahlbeton 200 mm - 2,1 W/(mK)
				Variable [d1] - Kalksandstein 175 mm - 0,99 W/(mK)
Kerndäm-mung [d2]	100	150	0,04	-0,01
	120	150	0,04	-0,05
	140	150	0,04	-0,06
				Variable [d1] - Mauerwerk 175 mm - 0,10 W/(mK)
	100	150	0,04	0,08
	120	150	0,04	0,07
	140	150	0,04	0,07
				Variable [d1] - Mauerwerk 175 mm - 0,12 W/(mK)
	100	150	0,04	0,07
	120	150	0,04	0,06
	140	150	0,04	0,06
				Variable [d1] - Mauerwerk 175 mm - 0,14 W/(mK)
	100	150	0,04	0,06
	120	150	0,04	0,06
	140	150	0,04	0,06

Variable	Dicke [mm]	Rohdichte [kg/m³]	Lambda [W/(mK)]	Variable [d3] - Porenbeton 240 mm - 0,16 W/(mK)
				Variable [d1] - Kalksandstein 175 mm - 0,99 W/(mK)
Kerndäm-mung [d2]	100	150	0,04	-0,03
	120	150	0,04	-0,06
	140	150	0,04	-0,07
				Variable [d1] - Mauerwerk 175 mm - 0,10 W/(mK)
	100	150	0,04	0,05
	120	150	0,04	0,05
	140	150	0,04	0,05
				Variable [d1] - Mauerwerk 175 mm - 0,12 W/(mK)
	100	150	0,04	0,04
	120	150	0,04	0,04
	140	150	0,04	0,04
				Variable [d1] - Mauerwerk 175 mm - 0,14 W/(mK)
	100	150	0,04	0,04
	120	150	0,04	0,04
	140	150	0,04	0,04

5 / Fenstersturz
5-K-57b / Bild 57b - kerngedämmtes Mauerwerk

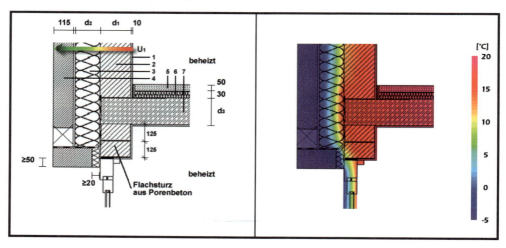

Baustoffe:

Pos.	Bezeichnung	Dicke [mm]	Rohdichte [kg/m³]	Lambda [W/(mK)]
1	Innenputz	10	1800	0,35
2	Mauerwerk		Tabelle [d1]	
3	Kerndämmung		Tabelle [d2]	
4	Verblendmauerwerk	115	2000	0,96
5	Estrich	50	2000	1,4
6	Estrichdämmung WLG 040	30	150	0,04
7	Decke		Tabelle [d3]	

Bemerkungen:

Die Fuge zwischen Blendrahmen und Baukörper ist mit Dämmstoff (≥ 10 mm) auszufüllen.

U-Wert [U_1]:

				U-Wert [U_1] [W/(m²K)]		
	Dicke [mm]	Rohdichte [kg/m³]	Lambda [W/(mK)]	Mauerwerk 0,10 W/(mK)	Mauerwerk 0,12 W/(mK)	Mauerwerk 0,14 W/(mK)
Variable Kerndämmung [d2]	100	150	0,04	0,22	0,23	0,25
	120	150	0,04	0,20	0,21	0,22
	140	150	0,04	0,18	0,19	0,20

Wärmebrückenverlustkoeffizient: (Ψ-Wert, außenmaßbezogen)

Variable	Variable [d3] - Stahlbeton 200 mm - 2,1 W/(mK)			
	Dicke [mm]	Rohdichte [kg/m³]	Lambda [W/(mK)]	Variable [d1] - Mauerwerk 175 mm - 0,10 W/(mK)
Kerndämmung [d2]	100	150	0,04	0,08
	120	150	0,04	0,07
	140	150	0,04	0,07
				Variable [d1] - Mauerwerk 175 mm - 0,12 W/(mK)
	100	150	0,04	0,07
	120	150	0,04	0,06
	140	150	0,04	0,06
				Variable [d1] - Mauerwerk 175 mm - 0,14 W/(mK)
	100	150	0,04	0,06
	120	150	0,04	0,06
	140	150	0,04	0,06

Variable	Variable [d3] - Porenbeton 240 mm - 0,16 W/(mK)			
	Dicke [mm]	Rohdichte [kg/m³]	Lambda [W/(mK)]	Variable [d1] - Mauerwerk 175 mm - 0,10 W/(mK)
Kerndämmung [d2]	100	150	0,04	0,05
	120	150	0,04	0,05
	140	150	0,04	0,05
				Variable [d1] - Mauerwerk 175 mm - 0,12 W/(mK)
	100	150	0,04	0,04
	120	150	0,04	0,04
	140	150	0,04	0,04
				Variable [d1] - Mauerwerk 175 mm - 0,14 W/(mK)
	100	150	0,04	0,04
	120	150	0,04	0,04
	140	150	0,04	0,04

5 / Fenstersturz
5-K-57c / Bild 57c - kerngedämmtes Mauerwerk

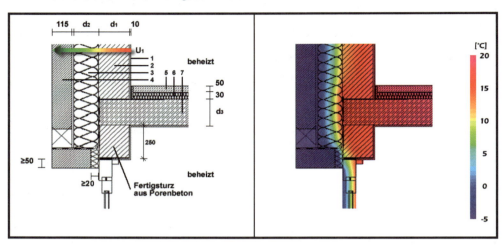

Baustoffe:

Pos.	Bezeichnung	Dicke [mm]	Rohdichte [kg/m³]	Lambda [W/(mK)]
1	Innenputz	10	1800	0,35
2	Mauerwerk		Tabelle [d1]	
3	Kerndämmung		Tabelle [d2]	
4	Verblendmauerwerk	115	2000	0,96
5	Estrich	50	2000	1,4
6	Estrichdämmung WLG 040	30	150	0,04
7	Decke		Tabelle [d3]	

Bemerkungen:

Die Fuge zwischen Blendrahmen und Baukörper ist mit Dämmstoff (≥ 10 mm) auszufüllen.

U-Wert [U_1]:

				U-Wert [U_1] [W/(m²K)]		
	Dicke [mm]	Rohdichte [kg/m³]	Lambda [W/(mK)]	Mauerwerk 0,10 W/(mK)	Mauerwerk 0,12 W/(mK)	Mauerwerk 0,14 W/(mK)
Variable						
Kerndämmung [d2]	100	150	0,04	0,22	0,23	0,25
	120	150	0,04	0,20	0,21	0,22
	140	150	0,04	0,18	0,19	0,20

Wärmebrückenkatalog zum Beiblatt 2 der DIN 4108-6

Wärmebrückenverlustkoeffizient: (Ψ-Wert, außenmaßbezogen)

Variable	Dicke [mm]	Rohdichte [kg/m³]	Lambda [W/(mK)]	Variable [d3] - Stahlbeton 200 mm - 2,1 W/(mK)
				Variable [d1] - Mauerwerk 175 mm - 0,10 W/(mK)
Kerndäm-mung [d2]	100	150	0,04	0,08
	120	150	0,04	0,07
	140	150	0,04	0,07
				Variable [d1] - Mauerwerk 175 mm - 0,12 W/(mK)
	100	150	0,04	0,07
	120	150	0,04	0,06
	140	150	0,04	0,06
				Variable [d1] - Mauerwerk 175 mm - 0,14 W/(mK)
	100	150	0,04	0,06
	120	150	0,04	0,06
	140	150	0,04	0,06

Variable	Dicke [mm]	Rohdichte [kg/m³]	Lambda [W/(mK)]	Variable [d3] - Porenbeton 240 mm - 0,16 W/(mK)
				Variable [d1] - Mauerwerk 175 mm - 0,10 W/(mK)
Kerndäm-mung [d2]	100	150	0,04	0,05
	120	150	0,04	0,05
	140	150	0,04	0,05
				Variable [d1] - Mauerwerk 175 mm - 0,12 W/(mK)
	100	150	0,04	0,04
	120	150	0,04	0,04
	140	150	0,04	0,04
				Variable [d1] - Mauerwerk 175 mm - 0,14 W/(mK)
	100	150	0,04	0,04
	120	150	0,04	0,04
	140	150	0,04	0,04

5 / Fenstersturz
5-K-58 / Bild 58 - kerngedämmtes Mauerwerk

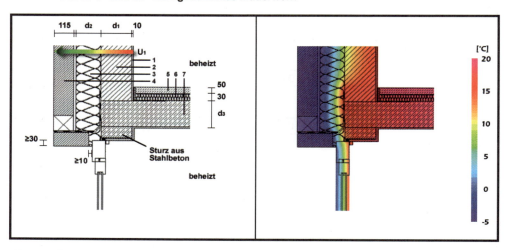

Baustoffe:

Pos.	Bezeichnung	Dicke [mm]	Rohdichte [kg/m³]	Lambda [W/(mK)]
1	Innenputz	10	1800	0,35
2	Mauerwerk		Tabelle [d1]	
3	Kerndämmung		Tabelle [d2]	
4	Verblendmauerwerk	115	2000	0,96
5	Estrich	50	2000	1,4
6	Estrichdämmung WLG 040	30	150	0,04
7	Decke		Tabelle [d3]	

Bemerkungen:
Die Fuge zwischen Blendrahmen und Baukörper ist mit Dämmstoff (≥ 10 mm) auszufüllen.

U-Wert [U_1]:

				U-Wert [U_1] [W/(m²K)]			
	Dicke [mm]	Rohdichte [kg/m³]	Lambda [W/(mK)]	Variable [d1] - 175 mm			
Variable				Kalksand-stein	Mauerwerk 0,10 W/(mK)	Mauerwerk 0,12 W/(mK)	Mauerwerk 0,14 W/(mK)
Kerndämmung [d2]	100	150	0,04	0,33	0,22	0,23	0,25
	120	150	0,04	0,29	0,20	0,21	0,22
	140	150	0,04	0,25	0,18	0,19	0,20

Wärmebrückenkatalog zum Beiblatt 2 der DIN 4108-6

Wärmebrückenverlustkoeffizient: (Ψ-Wert, außenmaßbezogen)

Variable	Dicke [mm]	Rohdichte [kg/m³]	Lambda [W/(mK)]	Variable [d3] - Stahlbeton 200 mm - 2,1 W/(mK)
				Variable [d1] - Kalksandstein 175 mm - 0,99 W/(mK)
Kerndämmung [d2]	100	150	0,04	0,03
	120	150	0,04	0,02
	140	150	0,04	0,01
				Variable [d1] - Mauerwerk 175 mm - 0,10 W/(mK)
	100	150	0,04	0,07
	120	150	0,04	0,06
	140	150	0,04	0,06
				Variable [d1] - Mauerwerk 175 mm - 0,12 W/(mK)
	100	150	0,04	0,06
	120	150	0,04	0,05
	140	150	0,04	0,05
				Variable [d1] - Mauerwerk 175 mm - 0,14 W/(mK)
	100	150	0,04	0,05
	120	150	0,04	0,05
	140	150	0,04	0,05

Variable	Dicke [mm]	Rohdichte [kg/m³]	Lambda [W/(mK)]	Variable [d3] - Porenbeton 240 mm - 0,16 W/(mK)
				Variable [d1] - Kalksandstein 175 mm - 0,99 W/(mK)
Kerndämmung [d2]	100	150	0,04	0,02
	120	150	0,04	0,01
	140	150	0,04	0,00
				Variable [d1] - Mauerwerk 175 mm - 0,10 W/(mK)
	100	150	0,04	0,05
	120	150	0,04	0,04
	140	150	0,04	0,04
				Variable [d1] - Mauerwerk 175 mm - 0,12 W/(mK)
	100	150	0,04	0,04
	120	150	0,04	0,04
	140	150	0,04	0,04
				Variable [d1] - Mauerwerk 175 mm - 0,14 W/(mK)
	100	150	0,04	0,03
	120	150	0,04	0,03
	140	150	0,04	0,03

Wärmebrückenkatalog zum Beiblatt 2 der DIN 4108-6

5 / Fenstersturz
5-K-58a / Bild 58a - kerngedämmtes Mauerwerk

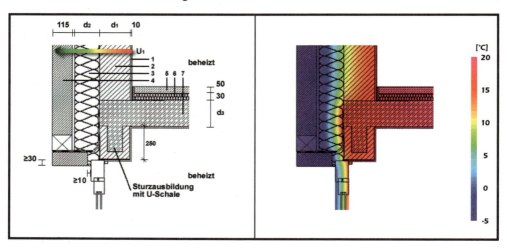

Baustoffe:

Pos.	Bezeichnung	Dicke [mm]	Rohdichte [kg/m³]	Lambda [W/(mK)]
1	Innenputz	10	1800	0,35
2	Mauerwerk		Tabelle [d1]	
3	Kerndämmung		Tabelle [d2]	
4	Verblendmauerwerk	115	2000	0,96
5	Estrich	50	2000	1,4
6	Estrichdämmung WLG 040	30	150	0,04
7	Decke		Tabelle [d3]	

Bemerkungen:

Die Fuge zwischen Blendrahmen und Baukörper ist mit Dämmstoff (≥ 10 mm) auszufüllen.

U-Wert [U_1]:

Variable	Dicke [mm]	Rohdichte [kg/m³]	Lambda [W/(mK)]	U-Wert [U_1] [W/(m²K)]			
				Variable [d1] - 175 mm			
				Kalksandstein	Mauerwerk 0,10 W/(mK)	Mauerwerk 0,12 W/(mK)	Mauerwerk 0,14 W/(mK)
Kerndämmung [d2]	100	150	0,04	0,33	0,22	0,23	0,25
	120	150	0,04	0,29	0,20	0,21	0,22
	140	150	0,04	0,25	0,18	0,19	0,20

Wärmebrückenverlustkoeffizient: (Ψ-Wert, außenmaßbezogen)

Variable	Dicke [mm]	Rohdichte [kg/m³]	Lambda [W/(mK)]	Variable [d1] - Kalksandstein 175 mm - 0,99 W/(mK)
				Variable [d3] - Stahlbeton 200 mm - 2,1 W/(mK)
Kerndäm-mung [d2]	100	150	0,04	0,03
	120	150	0,04	0,02
	140	150	0,04	0,01
				Variable [d1] - Mauerwerk 175 mm - 0,10 W/(mK)
	100	150	0,04	0,07
	120	150	0,04	0,06
	140	150	0,04	0,06
				Variable [d1] - Mauerwerk 175 mm - 0,12 W/(mK)
	100	150	0,04	0,06
	120	150	0,04	0,05
	140	150	0,04	0,05
				Variable [d1] - Mauerwerk 175 mm - 0,14 W/(mK)
	100	150	0,04	0,05
	120	150	0,04	0,05
	140	150	0,04	0,05

Variable	Dicke [mm]	Rohdichte [kg/m³]	Lambda [W/(mK)]	Variable [d1] - Kalksandstein 175 mm - 0,99 W/(mK)
				Variable [d3] - Porenbeton 240 mm - 0,16 W/(mK)
Kerndäm-mung [d2]	100	150	0,04	0,02
	120	150	0,04	0,01
	140	150	0,04	0,00
				Variable [d1] - Mauerwerk 175 mm - 0,10 W/(mK)
	100	150	0,04	0,05
	120	150	0,04	0,04
	140	150	0,04	0,04
				Variable [d1] - Mauerwerk 175 mm - 0,12 W/(mK)
	100	150	0,04	0,04
	120	150	0,04	0,04
	140	150	0,04	0,04
				Variable [d1] - Mauerwerk 175 mm - 0,14 W/(mK)
	100	150	0,04	0,03
	120	150	0,04	0,03
	140	150	0,04	0,03

5 / Fenstersturz
5-K-58b / Bild 58b - kerngedämmtes Mauerwerk

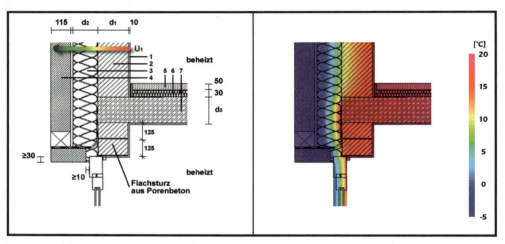

Baustoffe:

Pos.	Bezeichnung	Dicke [mm]	Rohdichte [kg/m³]	Lambda [W/(mK)]
1	Innenputz	10	1800	0,35
2	Mauerwerk		Tabelle [d1]	
3	Kerndämmung		Tabelle [d2]	
4	Verblendmauerwerk	115	2000	0,96
5	Estrich	50	2000	1,4
6	Estrichdämmung WLG 040	30	150	0,04
7	Decke		Tabelle [d3]	

Bemerkungen:

Die Fuge zwischen Blendrahmen und Baukörper ist mit Dämmstoff (≥ 10 mm) auszufüllen.

U-Wert [U₁]:

	U-Wert [U₁] [W/(m²K)]					
Variable	Dicke [mm]	Rohdichte [kg/m³]	Lambda [W/(mK)]	Mauerwerk 0,10 W/(mK)	Mauerwerk 0,12 W/(mK)	Mauerwerk 0,14 W/(mK)
Kerndäm- mung [d2]	100	150	0,04	0,22	0,23	0,25
	120	150	0,04	0,20	0,21	0,22
	140	150	0,04	0,18	0,19	0,20

Wärmebrückenverlustkoeffizient: (Ψ-Wert, außenmaßbezogen)

	Variable [d3] - Stahlbeton 200 mm - 2,1 W/(mK)			
Variable	Dicke [mm]	Rohdichte [kg/m³]	Lambda [W/(mK)]	Variable [d1] - Mauerwerk 175 mm - 0,10 W/(mK)
Kerndäm- mung [d2]	100	150	0,04	0,07
	120	150	0,04	---
	140	150	0,04	0,06
				Variable [d1] - Mauerwerk 175 mm - 0,12 W/(mK)
	100	150	0,04	0,06
	120	150	0,04	0,05
	140	150	0,04	0,05
				Variable [d1] - Mauerwerk 175 mm - 0,14 W/(mK)
	100	150	0,04	0,05
	120	150	0,04	0,05
	140	150	0,04	0,05

	Variable [d3] - Porenbeton 240 mm - 0,16 W/(mK)			
Variable	Dicke [mm]	Rohdichte [kg/m³]	Lambda [W/(mK)]	Variable [d1] - Mauerwerk 175 mm - 0,10 W/(mK)
Kerndäm- mung [d2]	100	150	0,04	0,05
	120	150	0,04	0,04
	140	150	0,04	0,04
				Variable [d1] - Mauerwerk 175 mm - 0,12 W/(mK)
	100	150	0,04	0,04
	120	150	0,04	0,04
	140	150	0,04	0,04
				Variable [d1] - Mauerwerk 175 mm - 0,14 W/(mK)
	100	150	0,04	0,03
	120	150	0,04	---
	140	150	0,04	0,03

5 / Fenstersturz
5-K-58c / Bild 58c - kerngedämmtes Mauerwerk

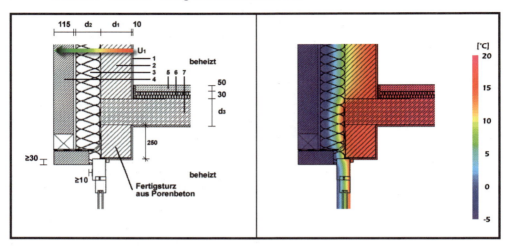

Baustoffe:

Pos.	Bezeichnung	Dicke [mm]	Rohdichte [kg/m³]	Lambda [W/(mK)]
1	Innenputz	10	1800	0,35
2	Mauerwerk		Tabelle [d1]	
3	Kerndämmung		Tabelle [d2]	
4	Verblendmauerwerk	115	2000	0,96
5	Estrich	50	2000	1,4
6	Estrichdämmung WLG 040	30	150	0,04
7	Decke		Tabelle [d3]	

Bemerkungen:

Die Fuge zwischen Blendrahmen und Baukörper ist mit Dämmstoff (≥ 10 mm) auszufüllen.

U-Wert [U_1]:

				U-Wert [U_1] [W/(m²K)]		
	Dicke [mm]	Rohdichte [kg/m³]	Lambda [W/(mK)]	Mauerwerk 0,10 W/(mK)	Mauerwerk 0,12 W/(mK)	Mauerwerk 0,14 W/(mK)
Variable						
Kerndämmung [d2]	100	150	0,04	0,22	0,23	0,25
	120	150	0,04	0,20	0,21	0,22
	140	150	0,04	0,18	0,19	0,20

Wärmebrückenverlustkoeffizient: (Ψ-Wert, außenmaßbezogen)

Variable	Dicke [mm]	Rohdichte [kg/m³]	Lambda [W/(mK)]	Variable [d1] - Mauerwerk 175 mm - 0,10 W/(mK)
		Variable [d3] - Stahlbeton 200 mm - 2,1 W/(mK)		
Kerndäm-mung [d2]	100	150	0,04	0,07
	120	150	0,04	---
	140	150	0,04	0,06
				Variable [d1] - Mauerwerk 175 mm - 0,12 W/(mK)
	100	150	0,04	0,06
	120	150	0,04	0,05
	140	150	0,04	0,05
				Variable [d1] - Mauerwerk 175 mm - 0,14 W/(mK)
	100	150	0,04	0,05
	120	150	0,04	0,05
	140	150	0,04	0,05

Variable	Dicke [mm]	Rohdichte [kg/m³]	Lambda [W/(mK)]	Variable [d1] - Mauerwerk 175 mm - 0,10 W/(mK)
		Variable [d3] - Porenbeton 240 mm - 0,16 W/(mK)		
Kerndäm-mung [d2]	100	150	0,04	0,05
	120	150	0,04	0,04
	140	150	0,04	0,04
				Variable [d1] - Mauerwerk 175 mm - 0,12 W/(mK)
	100	150	0,04	0,04
	120	150	0,04	0,04
	140	150	0,04	0,04
				Variable [d1] - Mauerwerk 175 mm - 0,14 W/(mK)
	100	150	0,04	0,03
	120	150	0,04	---
	140	150	0,04	0,03

5 / Fenstersturz
5-H-59 / Bild 59 - Holzbauart

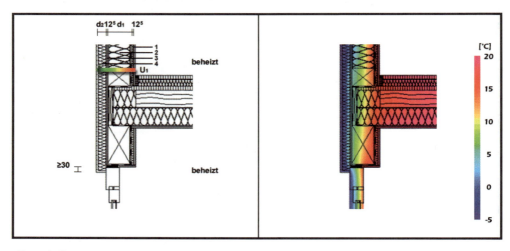

Baustoffe:

Pos.	Bezeichnung	Dicke [mm]	Rohdichte [kg/m³]	Lambda [W/(mK)]
1	Gipsfaserplatte	12,5	1150	0,32
2	Dämmung WLG 040	Tabelle [d1]		
3	Gipsfaserplatte	12,5	1150	0,32
4	WDVS WLG 040	Tabelle [d2]		

U-Wert [U_1]:

				U-Wert [U_1] [W/(m²K)]				
Variable	Dicke [mm]	Rohdichte [kg/m³]	Lambda [W/(mK)]	Variable [d1] - Dämmung WLG 040				
				120 mm	140 mm	160 mm	180 mm	200 mm
WDVS [d2]	40	30	0,04	0,24	0,21	0,19	0,17	0,16
	60	30	0,04	0,21	0,19	0,17	0,16	0,15
	80	30	0,04	0,19	0,17	0,16	0,15	0,14
	100	30	0,04	0,17	0,16	0,15	0,14	0,13
	120	30	0,04	0,16	0,15	0,14	0,13	0,12

Wärmebrückenverlustkoeffizient: (Ψ-Wert, außenmaßbezogen)

Variable	Dicke [mm]	Rohdichte [kg/m³]	Lambda [W/(mK)]	Variable [d1] - Dämmung WLG 040				
				120 mm	140 mm	160 mm	180 mm	200 mm
WDVS [d2]	40	30	0,04	0,05	0,05	0,05	0,06	0,06
	60	30	0,04	0,04	0,05	0,05	0,05	0,05
	80	30	0,04	0,04	0,04	0,04	0,04	0,05
	100	30	0,04	0,03	0,03	0,04	0,04	0,04
	120	30	0,04	0,03	0,03	0,03	0,03	0,03

5 / Fenstersturz
5-H-F12 / Bild F12 - Holzbauart

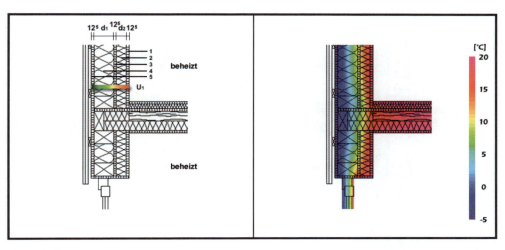

Baustoffe:

Pos.	Bezeichnung	Dicke [mm]	Rohdichte [kg/m³]	Lambda [W/(mK)]
1	Gipsfaserplatte	12,5	1150	0,32
2	Dämmung WLG 040	Tabelle [d1]		
3	Gipsfaserplatte	12,5	1150	0,32
4	Dämmung WLG 040	Tabelle [d2]		
5	Gipsfaserplatte	12,5	1150	0,32

U-Wert [U_1]:

				U-Wert [U_1] [W/(m²K)]				
Variable	Dicke [mm]	Rohdichte [kg/m³]	Lambda [W/(mK)]	Variable [d1] - Dämmung WLG 040				
				120 mm	140 mm	160 mm	180 mm	200 mm
Dämmung [d2]	40	30	0,04	0,23	0,21	0,19	0,17	0,16
	60	30	0,04	0,21	0,19	0,17	0,16	0,15

Wärmebrückenverlustkoeffizient: (Ψ-Wert, außenmaßbezogen)

Variable	Dicke [mm]	Rohdichte [kg/m³]	Lambda [W/(mK)]	Variable [d1] - Dämmung WLG 040				
				120 mm	140 mm	160 mm	180 mm	200 mm
Dämmung [d2]	40	30	0,04	0,18	0,17	0,16	0,16	0,15
	60	30	0,04	0,17	0,16	0,15	0,14	0,14

5 / Fenstersturz
5-H-F12a / Bild F12a - Holzbauart

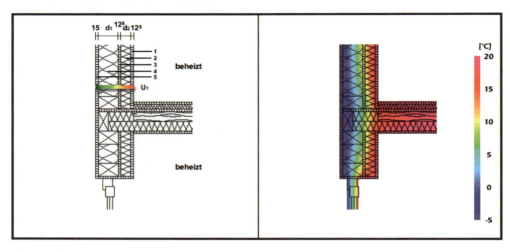

Baustoffe:

Pos.	Bezeichnung	Dicke [mm]	Rohdichte [kg/m³]	Lambda [W/(mK)]
1	Gipsfaserplatte	12,5	1150	0,32
2	Dämmung WLG 040	Tabelle [d1]		
3	Gipsfaserplatte	12,5	1150	0,32
4	Dämmung WLG 040	Tabelle [d2]		
5	Powerpanel HD	15	1000	0,4

U-Wert [U_1]:

				U-Wert [U_1] [W/(m²K)]					
Variable	Dicke [mm]	Rohdichte [kg/m³]	Lambda [W/(mK)]	Variable [d1] - Dämmung WLG 040					
				120 mm	140 mm	160 mm	180 mm	200 mm	
Dämmung [d2]	40	30	0,04	0,23	0,21	0,19	0,17	0,16	
	60	30	0,04	0,21	0,19	0,17	0,16	0,15	

Wärmebrückenverlustkoeffizient: (Ψ-Wert, außenmaßbezogen)

Variable	Dicke [mm]	Rohdichte [kg/m³]	Lambda [W/(mK)]	Variable [d1] - Dämmung WLG 040				
				120 mm	140 mm	160 mm	180 mm	200 mm
Dämmung [d2]	40	30	0,04	0,18	0,17	0,16	0,16	0,15
	60	30	0,04	0,17	0,16	0,15	0,14	0,14

5 / Fenstersturz
5-H-F13 / Bild F13 - Holzbauart

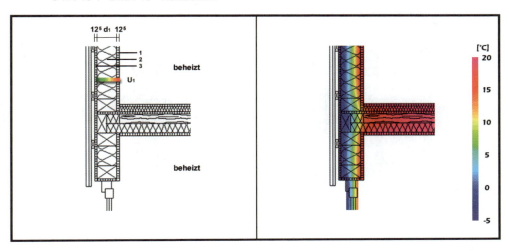

Baustoffe:

Pos.	Bezeichnung	Dicke [mm]	Rohdichte [kg/m³]	Lambda [W/(mK)]
1	Gipsfaserplatte	12,5	1150	0,32
2	Dämmung WLG 040	Tabelle [d1]		
3	Gipsfaserplatte	12,5	1150	0,32

U-Wert [U_1]:

Variable	Dicke [mm]	Rohdichte [kg/m³]	Lambda [W/(mK)]	U-Wert [U_1] [W/(m²K)]
Dämmung [d1]	120	150	0,04	0,31
	140	150	0,04	0,27
	160	150	0,04	0,24
	180	150	0,04	0,21
	200	150	0,04	0,19

Wärmebrückenverlustkoeffizient: (Ψ-Wert, außenmaßbezogen)

Variable	Dicke [mm]	Rohdichte [kg/m³]	Lambda [W/(mK)]	Wärmebrückenverlustkoeffizient
Dämmung [d1]	120	150	0,04	0,14
	140	150	0,04	0,13
	160	150	0,04	0,12
	180	150	0,04	0,12
	200	150	0,04	0,11

6 / Rollladenkasten
6-M-60 / Bild 60 - monolithisches Mauerwerk

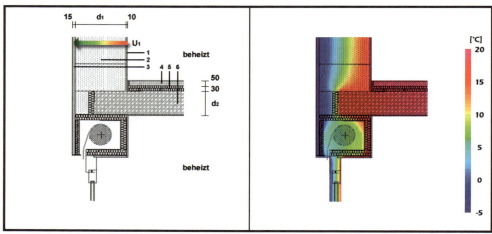

Baustoffe:

Pos.	Bezeichnung	Dicke [mm]	Rohdichte [kg/m³]	Lambda [W/(mK)]
1	Innenputz	10	1800	0,35
2	Mauerwerk		Tabelle [d1]	
3	Außenputz	15	1300	0,2
4	Estrich	50	2000	1,4
5	Estrichdämmung WLG 040	30	150	0,04
6	Decke		Tabelle [d2]	

Bemerkungen:

Dicke der Dämmung im Rollladenkasten min. 4,5 cm.

U-Wert [U_1]:

Variable	Dicke [mm]	Rohdichte [kg/m³]	Lambda [W/(mK)]	U-Wert [U_1] [W/(m²K)]
Mauerwerk [d1]	300	350	0,09	0,28
	365	350	0,09	0,23
	300	400	0,10	0,31
	365	400	0,10	0,25
	300	450	0,12	0,36
	365	450	0,12	0,30
	300	500	0,14	0,41
	365	500	0,14	0,35
	300	550	0,16	0,47
	365	550	0,16	0,39

Wärmebrückenkatalog zum Beiblatt 2 der DIN 4108-6

Wärmebrückenverlustkoeffizient: (Ψ-Wert, außenmaßbezogen)

		Variable [d2] - Stahlbeton 200 mm - 2,1 W/(mK)		
Variable	Dicke [mm]	Rohdichte [kg/m³]	Lambda [W/(mK)]	Wärmebrückenverlustkoeffizient
Mauerwerk [d1]	300	350	0,09	0,36
	365	350	0,09	0,35
	300	400	0,10	0,35
	365	400	0,10	0,34
	300	450	0,12	0,32
	365	450	0,12	0,32
	300	500	0,14	0,30
	365	500	0,14	0,30
	300	550	0,16	0,28
	365	550	0,16	0,28

		Variable [d2] - Porenbeton 240 mm - 0,16 W/(mK)		
Variable	Dicke [mm]	Rohdichte [kg/m³]	Lambda [W/(mK)]	Wärmebrückenverlustkoeffizient
Mauerwerk [d1]	300	350	0,09	0,23
	365	350	0,09	0,21
	300	400	0,10	0,22
	365	400	0,10	0,20
	300	450	0,12	0,19
	365	450	0,12	0,18
	300	500	0,14	0,17
	365	500	0,14	0,15
	300	550	0,16	0,14
	365	550	0,16	0,13

6 / Rollladenkasten
6-A-61 / Bild 61 - außengedämmtes Mauerwerk

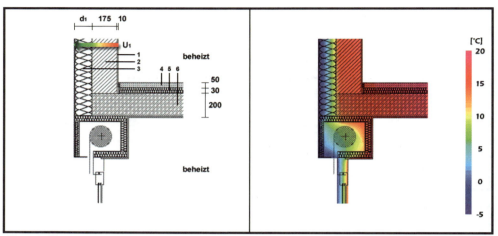

Baustoffe:

Pos.	Bezeichnung	Dicke [mm]	Rohdichte [kg/m³]	Lambda [W/(mK)]
1	Innenputz	10	1800	0,35
2	Kalksandstein	175	1800	0,99
3	Wärmedämmverbundsystem	Tabelle [d1]		
4	Estrich	50	2000	1,4
5	Estrichdämmung WLG 040	30	150	0,04
6	Stahlbeton	200	2400	2,1

Bemerkungen:

Dicke der Dämmung im Rollladenkasten min. 4,5 cm.

U-Wert [U_1]:

Variable	Dicke [mm]	Rohdichte [kg/m³]	Lambda [W/(mK)]	U-Wert [U_1] [W/(m²K)]
WDVS [d_1]	100	150	0,04	0,35
	120	150	0,04	0,30
	140	150	0,04	0,26
	160	150	0,04	0,23
	100	150	0,045	0,38
	120	150	0,045	0,33
	140	150	0,045	0,29
	160	150	0,045	0,25

Wärmebrückenverlustkoeffizient: (Ψ-Wert, außenmaßbezogen)

Variable	Dicke [mm]	Rohdichte [kg/m³]	Lambda [W/(mK)]	Wärmebrückenverlustkoeffizient
WDVS [d_1]	100	150	0,04	0,41
	120	150	0,04	0,32
	140	150	0,04	0,32
	160	150	0,04	0,32
	100	150	0,045	0,39
	120	150	0,045	0,31
	140	150	0,045	0,31
	160	150	0,045	0,31

6 / Rollladenkasten
6-K-62 / Bild 62 - kerngedämmtes Mauerwerk

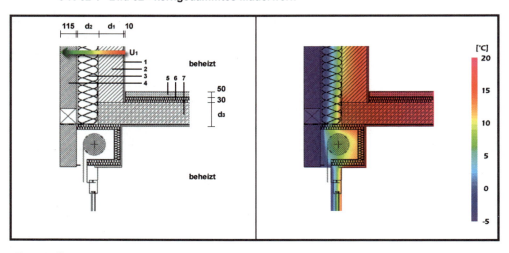

Baustoffe:

Pos.	Bezeichnung	Dicke [mm]	Rohdichte [kg/m³]	Lambda [W/(mK)]
1	Innenputz	10	1800	0,35
2	Mauerwerk		Tabelle [d1]	
3	Kerndämmung		Tabelle [d2]	
4	Verblendmauerwerk	115	2000	0,96
5	Estrich	50	2000	1,4
6	Estrichdämmung WLG 040	30	150	0,04
7	Decke		Tabelle [d3]	

Bemerkungen:

Dicke der Dämmung im Rollladenkasten min. 4,5 cm.

U-Wert [U_1]:

				U-Wert [U_1] [W/(m²K)]			
	Dicke [mm]	Rohdichte [kg/m³]	Lambda [W/(mK)]	Variable [d1] - 175 mm			
Variable				Kalksandstein	Mauerwerk 0,10 W/(mK)	Mauerwerk 0,12 W/(mK)	Mauerwerk 0,14 W/(mK)
Kerndämmung [d2]	100	150	0,04	0,33	0,22	0,23	0,25
	120	150	0,04	0,29	0,20	0,21	0,22
	140	150	0,04	0,25	0,18	0,19	0,20

Wärmebrückenverlustkoeffizient: (Ψ-Wert, außenmaßbezogen)

Variable	Dicke [mm]	Rohdichte [kg/m³]	Lambda [W/(mK)]	Variable [d1] - Kalksandstein 175 mm - 0,99 W/(mK)
Kerndäm- mung [d2]	100	150	0,04	0,40
	120	150	0,04	0,30
	140	150	0,04	0,30
				Variable [d1] - Mauerwerk 175 mm - 0,10 W/(mK)
	100	150	0,04	0,43
	120	150	0,04	0,34
	140	150	0,04	0,33
				Variable [d1] - Mauerwerk 175 mm - 0,12 W/(mK)
	100	150	0,04	0,42
	120	150	0,04	0,33
	140	150	0,04	0,32
				Variable [d1] - Mauerwerk 175 mm - 0,14 W/(mK)
	100	150	0,04	0,42
	120	150	0,04	0,33
	140	150	0,04	0,32

Variable [d3] - Stahlbeton 200 mm - 2,1 W/(mK)

Variable	Dicke [mm]	Rohdichte [kg/m³]	Lambda [W/(mK)]	Variable [d1] - Kalksandstein 175 mm - 0,99 W/(mK)
Kerndäm- mung [d2]	100	150	0,04	0,29
	120	150	0,04	0,24
	140	150	0,04	0,24
				Variable [d1] - Mauerwerk 175 mm - 0,10 W/(mK)
	100	150	0,04	0,29
	120	150	0,04	0,25
	140	150	0,04	0,24
				Variable [d1] - Mauerwerk 175 mm - 0,12 W/(mK)
	100	150	0,04	0,28
	120	150	0,04	0,24
	140	150	0,04	0,24
				Variable [d1] - Mauerwerk 175 mm - 0,14 W/(mK)
	100	150	0,04	0,28
	120	150	0,04	0,24
	140	150	0,04	0,24

Variable [d3] - Porenbeton 240 mm - 0,16 W/(mK)

6 / Rollladenkasten
6-H-65 / Bild 65 - Holzbauart

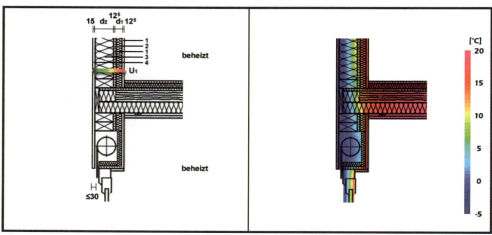

Baustoffe:

Pos.	Bezeichnung	Dicke [mm]	Rohdichte [kg/m³]	Lambda [W/(mK)]
1	Gipsfaserplatte	25	1150	0,32
2	Dämmung WLG 040		Tabelle [d1]	
3	Dämmung WLG 040		Tabelle [d2]	
4	Powerpanel HD	15	1000	0,4

Bemerkungen:

Dicke der Dämmung im Rollladenkasten min. 4,5 cm.

U-Wert [U_1]:

				U-Wert [U_1] [W/(m²K)]				
Variable	Dicke [mm]	Rohdichte [kg/m³]	Lambda [W/(mK)]	Variable [d2] - Dämmung WLG 040				
				120 mm	140 mm	160 mm	180 mm	200 mm
Dämmung [d1]	40	30	0,04	0,23	0,21	0,19	0,17	0,16
	60	30	0,04	0,21	0,19	0,17	0,16	0,15

Wärmebrückenverlustkoeffizient: (Ψ-Wert, außenmaßbezogen)

Variable	Dicke [mm]	Rohdichte [kg/m³]	Lambda [W/(mK)]	Variable [d1] - Dämmung WLG 040				
				120 mm	140 mm	160 mm	180 mm	200 mm
Dämmung [d1]	40	30	0,04	0,23	0,22	0,21	0,21	0,20
	60	30	0,04	0,20	0,20	0,19	0,19	0,19

6 / Rollladenkasten
6-H-66 / Bild 66 - Holzbauart

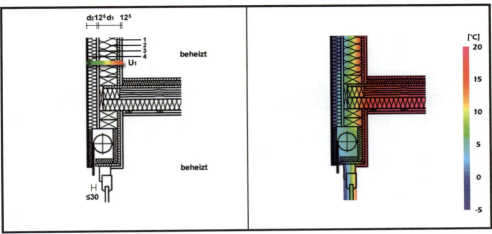

Baustoffe:

Pos.	Bezeichnung	Dicke [mm]	Rohdichte [kg/m³]	Lambda [W/(mK)]
1	Gipsfaserplatte	12,5	1150	0,32
2	Dämmung WLG 040	Tabelle [d1]		
3	Gipsfaserplatte	12,5	1150	0,32
4	WDVS WLG 040	Tabelle [d2]		

Bemerkungen:
Dicke der Dämmung im Rollladenkasten min. 4,5 cm.

U-Wert [U_1]:

				U-Wert [U_1] [W/(m²K)]				
Variable	Dicke [mm]	Rohdichte [kg/m³]	Lambda [W/(mK)]	Variable [d1] - Dämmung WLG 040				
				120 mm	140 mm	160 mm	180 mm	200 mm
WDVS [d2]	40	30	0,04	0,24	0,21	0,19	0,17	0,16
	60	30	0,04	0,21	0,19	0,17	0,16	0,15
	80	30	0,04	0,19	0,17	0,16	0,15	0,14
	100	30	0,04	0,17	0,16	0,15	0,14	0,13
	120	30	0,04	0,16	0,15	0,14	0,13	0,12

Wärmebrückenverlustkoeffizient: (Ψ-Wert, außenmaßbezogen)

Variable	Dicke [mm]	Rohdichte [kg/m³]	Lambda [W/(mK)]	Variable [d1] - Dämmung WLG 040				
				120 mm	140 mm	160 mm	180 mm	200 mm
WDVS [d2]	40	30	0,04	0,17	0,17	0,16	0,16	0,16
	60	30	0,04	0,16	0,16	0,16	0,16	0,16
	80	30	0,04	0,15	0,15	0,15	0,15	0,15
	100	30	0,04	0,14	0,14	0,15	0,15	0,15
	120	30	0,04	0,13	0,14	0,14	0,15	0,15

7 / Terrasse
7-M-67 / Bild 67 - monolithisches Mauerwerk

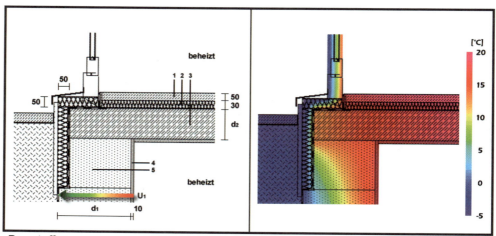

Baustoffe:

Pos.	Bezeichnung	Dicke [mm]	Rohdichte [kg/m³]	Lambda [W/(mK)]
1	Estrich	50	2000	1,4
2	Estrichdämmung WLG 040	30	150	0,04
3	Decke	Tabelle [d2]		
4	Innenputz	10	1800	0,35
5	Mauerwerk	Tabelle [d1]		

U-Wert [U_1]:

Variable	Dicke [mm]	Rohdichte [kg/m³]	Lambda [W/(mK)]	U-Wert [U_1] [W/(m²K)]
Mauerwerk [d1]	300	500	0,14	0,43
	365	500	0,14	0,36

Wärmebrückenverlustkoeffizient: (Ψ-Wert, außenmaßbezogen)

Variable	Dicke [mm]	Rohdichte [kg/m³]	Lambda [W/(mK)]	Variable [d3] Stahlbeton 200 mm 2,1 W/(mK)	Porenbeton 240 mm 0,16 W/(mK)
Mauerwerk [d1]	300	500	0,14	0,16	0,07
	365	500	0,14	0,17	0,07

7 / Terrasse
7-M-68 / Bild 68 - monolithisches Mauerwerk

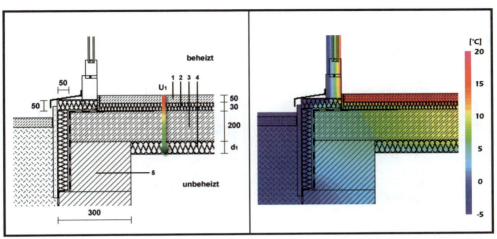

Baustoffe:

Pos.	Bezeichnung	Dicke [mm]	Rohdichte [kg/m³]	Lambda [W/(mK)]
1	Estrich	50	2000	1,4
2	Estrichdämmung WLG 040	30	150	0,04
3	Stahlbeton	200	2400	2,1
4	Dämmung	Tabelle [d1]		
5	Kalksandstein	300	1800	0,99

U-Wert [U_1]:

Variable	Dicke [mm]	Rohdichte [kg/m³]	Lambda [W/(mK)]	U-Wert [U_1] [W/(m²K)]
Dämmung [d1]	40	150	0,04	0,48
	50	150	0,04	0,43
	60	150	0,04	0,39
	70	150	0,04	0,35

Wärmebrückenverlustkoeffizient: (Ψ-Wert, außenmaßbezogen)

Variable	Dicke [mm]	Rohdichte [kg/m³]	Lambda [W/(mK)]	Wärmebrückenverlustkoeffizient
Dämmung [d1]	40	150	0,04	0,01
	50	150	0,04	0,04
	60	150	0,04	0,06
	70	150	0,04	0,07

7 / Terrasse
7-A-69 / Bild 69 - außengedämmtes Mauerwerk

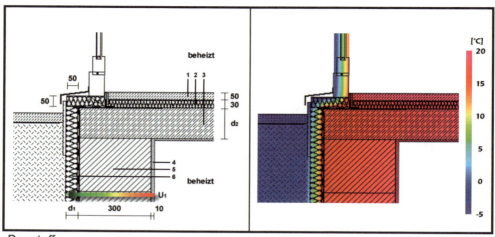

Baustoffe:

Pos.	Bezeichnung	Dicke [mm]	Rohdichte [kg/m³]	Lambda [W/(mK)]
1	Estrich	50	2000	1,4
2	Estrichdämmung WLG 040	30	150	0,04
3	Decke		Tabelle [d2]	
4	Innenputz	10	1800	0,35
5	Mauerwerk	300	1800	0,99
6	Perimeterdämmung WLG 040		Tabelle [d1]	

U-Wert [U_1]:

Variable	Dicke [mm]	Rohdichte [kg/m³]	Lambda [W/(mK)]	U-Wert [U_1] [W/(m²K)]
Perimeterdämmung [d1]	60	150	0,04	0,50
	80	150	0,04	0,40
	100	150	0,04	0,33

Wärmebrückenverlustkoeffizient: (Ψ-Wert, außenmaßbezogen)

Variable	Dicke [mm]	Rohdichte [kg/m³]	Lambda [W/(mK)]	Variable [d3]	
				Stahlbeton 200 mm 2,1 W/(mK)	Porenbeton 240 mm 0,16 W/(mK)
Perimeterdämmung [d1]	60	150	0,04	0,14	0,09
	80	150	0,04	0,13	0,09
	100	150	0,04	0,12	0,10

7 / Terrasse
7-A-70 / Bild 70 - außengedämmtes Mauerwerk

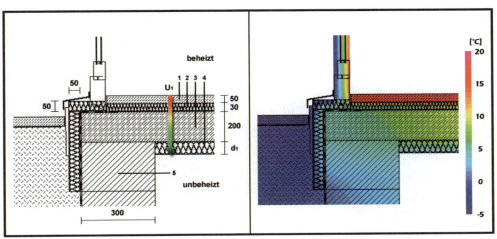

Baustoffe:

Pos.	Bezeichnung	Dicke [mm]	Rohdichte [kg/m³]	Lambda [W/(mK)]
1	Estrich	50	2000	1,4
2	Estrichdämmung WLG 040	30	150	0,04
3	Stahlbeton	200	2400	2,1
4	Dämmung		Tabelle [d1]	
5	Kalksandstein	300	1800	0,99

U-Wert [U_1]:

Variable	Dicke [mm]	Rohdichte [kg/m³]	Lambda [W/(mK)]	U-Wert [U_1] [W/(m²K)]
Dämmung [d1]	40	150	0,04	0,48
	50	150	0,04	0,43
	60	150	0,04	0,39
	70	150	0,04	0,35

Wärmebrückenverlustkoeffizient: (Ψ-Wert, außenmaßbezogen)

Variable	Dicke [mm]	Rohdichte [kg/m³]	Lambda [W/(mK)]	Wärmebrückenverlustkoeffizient
Dämmung [d1]	40	150	0,04	0,02
	50	150	0,04	0,05
	60	150	0,04	0,07
	70	150	0,04	0,09

9 / Geschossdecke
9-M-72 / Bild 72 - monolithisches Mauerwerk

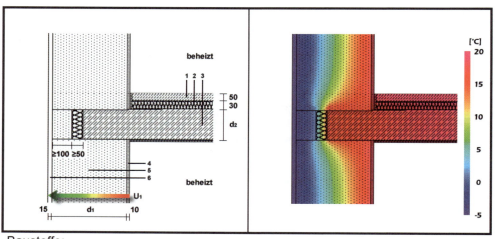

Baustoffe:

Pos.	Bezeichnung	Dicke [mm]	Rohdichte [kg/m³]	Lambda [W/(mK)]
1	Estrich	50	2000	1,4
2	Estrichdämmung WLG 040	30	150	0,04
3	Decke		Tabelle [d2]	
4	Innenputz	10	1800	0,35
5	Mauerwerk		Tabelle [d1]	
6	Außenputz	15	1300	0,2

U-Wert [U_1]:

Variable	Dicke [mm]	Rohdichte [kg/m³]	Lambda [W/(mK)]	U-Wert [U_1] [W/(m²K)]
Mauerwerk [d1]	240	350	0,09	0,34
	300	350	0,09	0,28
	365	350	0,09	0,23
	240	400	0,10	0,37
	300	400	0,10	0,31
	365	400	0,10	0,25
	240	450	0,12	0,44
	300	450	0,12	0,36
	365	450	0,12	0,30
	240	500	0,14	0,50
	300	500	0,14	0,41
	365	500	0,14	0,35
	240	550	0,16	0,56
	300	550	0,16	0,47
	365	550	0,16	0,39

Wärmebrückenkatalog zum Beiblatt 2 der DIN 4108-6

Wärmebrückenverlustkoeffizient: (Ψ-Wert, außenmaßbezogen)

Variable	Variable [d2] - Stahlbeton 200 mm - 2,1 W/(mK)			
	Dicke [mm]	Rohdichte [kg/m³]	Lambda [W/(mK)]	Wärmebrückenverlustkoeffizient
Mauerwerk [d1]	240	350	0,09	0,06
	300	350	0,09	0,06
	365	350	0,09	0,06
	240	400	0,10	0,05
	300	400	0,10	0,06
	365	400	0,10	0,06
	240	450	0,12	0,05
	300	450	0,12	0,05
	365	450	0,12	0,06
	240	500	0,14	0,04
	300	500	0,14	0,05
	365	500	0,14	0,06
	240	550	0,16	0,03
	300	550	0,16	0,04
	365	550	0,16	0,05

Variable	Variable [d2] - Porenbeton 240 mm - 0,16 W/(mK)			
	Dicke [mm]	Rohdichte [kg/m³]	Lambda [W/(mK)]	Wärmebrückenverlustkoeffizient
Mauerwerk [d1]	240	350	0,09	0,01
	300	350	0,09	0,01
	365	350	0,09	0,02
	240	400	0,10	-0,01
	300	400	0,10	0,01
	365	400	0,10	0,01
	240	450	0,12	-0,02
	300	450	0,12	-0,01
	365	450	0,12	0,00
	240	500	0,14	-0,04
	300	500	0,14	-0,02
	365	500	0,14	-0,01
	240	550	0,16	-0,06
	300	550	0,16	-0,03
	365	550	0,16	-0,02

Wärmebrückenkatalog zum Beiblatt 2 der DIN 4108-6

9 / Geschossdecke
9-A-73 / Bild 73 - außengedämmtes Mauerwerk

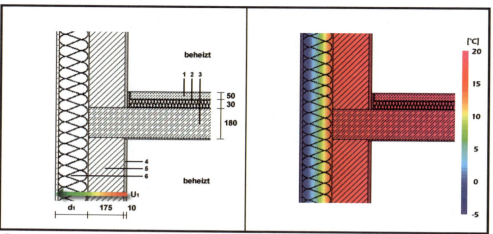

Baustoffe:

Pos.	Bezeichnung	Dicke [mm]	Rohdichte [kg/m³]	Lambda [W/(mK)]
1	Estrich	50	2000	1,4
2	Estrichdämmung WLG 040	30	150	0,04
3	Stahlbeton	180	2400	2,1
4	Innenputz	10	1800	0,35
5	Kalksandstein	175	1800	0,99
6	Wärmedämmverbundsystem		Tabelle [d1]	

U-Wert [U_1]:

Variable	Dicke [mm]	Rohdichte [kg/m³]	Lambda [W/(mK)]	U-Wert [U_1] [W/(m²K)]
WDVS [d_1]	100	150	0,04	0,35
	120	150	0,04	0,30
	140	150	0,04	0,26
	160	150	0,04	0,23
	100	150	0,045	0,38
	120	150	0,045	0,33
	140	150	0,045	0,29
	160	150	0,045	0,25

Wärmebrückenverlustkoeffizient: (Ψ-Wert, außenmaßbezogen)

Variable	Dicke [mm]	Rohdichte [kg/m³]	Lambda [W/(mK)]	Wärmebrückenverlustkoeffizient
WDVS [d_1]	100	150	0,04	0,02
	120	150	0,04	0,02
	140	150	0,04	0,01
	160	150	0,04	0,01
	100	150	0,045	0,03
	120	150	0,045	0,02
	140	150	0,045	0,02
	160	150	0,045	0,01

9 / Geschossdecke
9-K-74 / Bild 74 - kerngedämmtes Mauerwerk

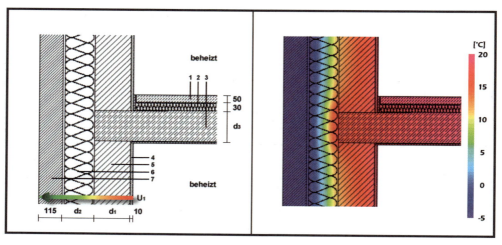

Baustoffe:

Pos.	Bezeichnung	Dicke [mm]	Rohdichte [kg/m³]	Lambda [W/(mK)]
1	Estrich	10	1800	0,35
2	Estrichdämmung WLG 040	30	150	0,04
3	Decke		Tabelle [d3]	
4	Innenputz	10	1800	0,35
5	Mauerwerk		Tabelle [d1]	
6	Kerndämmung		Tabelle [d2]	
7	Verblendmauerwerk	115	2000	0,96

U-Wert [U_1]:

				U-Wert [U_1] [W/(m²K)]			
	Dicke [mm]	Rohdichte [kg/m³]	Lambda [W/(mK)]	Variable [d1] - 175 mm			
Variable				Kalksandstein	Mauerwerk 0,10 W/(mK)	Mauerwerk 0,12 W/(mK)	Mauerwerk 0,14 W/(mK)
Kerndämmung [d2]	100	150	0,04	0,33	0,22	0,23	0,25
	120	150	0,04	0,29	0,20	0,21	0,22
	140	150	0,04	0,25	0,18	0,19	0,20

Wärmebrückenverlustkoeffizient: (Ψ-Wert, außenmaßbezogen)

Variable	Dicke [mm]	Rohdichte [kg/m³]	Lambda [W/(mK)]	Variable [d3] - Stahlbeton 200 mm - 2,1 W/(mK)
				Variable [d1] - Kalksandstein 175 mm - 0,99 W/(mK)
Kerndämmung [d2]	100	150	0,04	0,00
	120	150	0,04	0,00
	140	150	0,04	0,00
				Variable [d1] - Mauerwerk 175 mm - 0,10 W/(mK)
	100	150	0,04	0,04
	120	150	0,04	0,04
	140	150	0,04	0,03
				Variable [d1] - Mauerwerk 175 mm - 0,12 W/(mK)
	100	150	0,04	0,03
	120	150	0,04	0,03
	140	150	0,04	0,02
				Variable [d1] - Mauerwerk 175 mm - 0,14 W/(mK)
	100	150	0,04	0,03
	120	150	0,04	0,02
	140	150	0,04	0,02

Variable	Dicke [mm]	Rohdichte [kg/m³]	Lambda [W/(mK)]	Variable [d3] - Porenbeton 240 mm - 0,16 W/(mK)
				Variable [d1] - Kalksandstein 175 mm - 0,99 W/(mK)
Kerndämmung [d2]	100	150	0,04	-0,02
	120	150	0,04	-0,01
	140	150	0,04	-0,01
				Variable [d1] - Mauerwerk 175 mm - 0,10 W/(mK)
	100	150	0,04	0,01
	120	150	0,04	0,01
	140	150	0,04	0,01
				Variable [d1] - Mauerwerk 175 mm - 0,12 W/(mK)
	100	150	0,04	0,01
	120	150	0,04	0,01
	140	150	0,04	0,00
				Variable [d1] - Mauerwerk 175 mm - 0,14 W/(mK)
	100	150	0,04	0,01
	120	150	0,04	0,01
	140	150	0,04	0,00

9 / Geschossdecke
9-H-75 / Bild 75 - Holzbauart

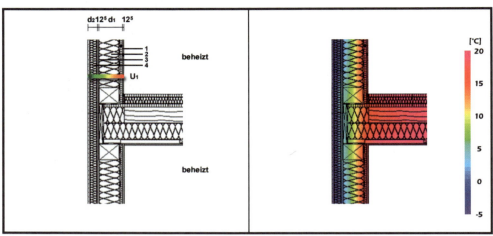

Baustoffe:

Pos.	Bezeichnung	Dicke [mm]	Rohdichte [kg/m³]	Lambda [W/(mK)]
1	Gipsfaserplatte	12,5	1150	0,32
2	Dämmung WLG 040	Tabelle [d1]		
3	Gipsfaserplatte	12,5	1150	0,32
4	WDVS WLG 040	Tabelle [d2]		

U-Wert [U_1]:

				U-Wert [U_1] [W/(m²K)]				
Variable	Dicke [mm]	Rohdichte [kg/m³]	Lambda [W/(mK)]	Variable [d1] - Dämmung WLG 040				
				120 mm	140 mm	160 mm	180 mm	200 mm
WDVS [d2]	40	30	0,04	0,24	0,21	0,19	0,17	0,16
	60	30	0,04	0,21	0,19	0,17	0,16	0,15
	80	30	0,04	0,19	0,17	0,16	0,15	0,14
	100	30	0,04	0,17	0,16	0,15	0,14	0,13
	120	30	0,04	0,16	0,15	0,14	0,13	0,12

Wärmebrückenverlustkoeffizient: (Ψ-Wert, außenmaßbezogen)

Variable	Dicke [mm]	Rohdichte [kg/m³]	Lambda [W/(mK)]	Variable [d1] - Dämmung WLG 040				
				120 mm	140 mm	160 mm	180 mm	200 mm
WDVS [d2]	40	30	0,04	0,04	0,04	0,04	0,04	0,04
	60	30	0,04	0,03	0,03	0,04	0,04	0,04
	80	30	0,04	0,03	0,03	0,03	0,03	0,03
	100	30	0,04	0,02	0,03	0,03	0,03	0,03
	120	30	0,04	0,02	0,02	0,02	0,02	0,03

9 / Geschossdecke
9-H-F15 / Bild F15 - Holzbauart

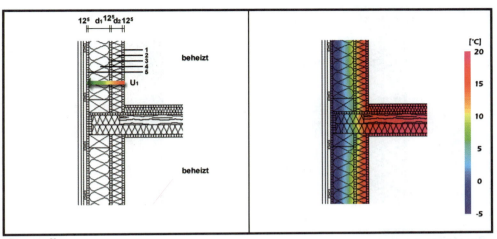

Baustoffe:

Pos.	Bezeichnung	Dicke [mm]	Rohdichte [kg/m³]	Lambda [W/(mK)]
1	Gipsfaserplatte	12,5	1150	0,32
2	Dämmung WLG 040	Tabelle [d1]		
3	Gipsfaserplatte	12,5	1150	0,32
4	Dämmung WLG 040	Tabelle [d2]		
5	Gipsfaserplatte	12,5	1150	0,32

U-Wert [U_1]:

				U-Wert [U_1] [W/(m²K)]				
Variable	Dicke [mm]	Rohdichte [kg/m³]	Lambda [W/(mK)]	Variable [d1] - Dämmung WLG 040				
				120 mm	140 mm	160 mm	180 mm	200 mm
Dämmung [d2]	40	30	0,04	0,23	0,21	0,19	0,17	0,16
	60	30	0,04	0,21	0,19	0,17	0,16	0,15

Wärmebrückenverlustkoeffizient: (Ψ-Wert, außenmaßbezogen)

Variable	Dicke [mm]	Rohdichte [kg/m³]	Lambda [W/(mK)]	Variable [d1] - Dämmung WLG 040				
				120 mm	140 mm	160 mm	180 mm	200 mm
Dämmung [d2]	40	30	0,04	0,04	0,04	0,04	0,04	0,05
	60	30	0,04	0,05	0,04	0,04	0,04	0,04

9 / Geschossdecke
9-H-F15a / Bild F15a - Holzbauart

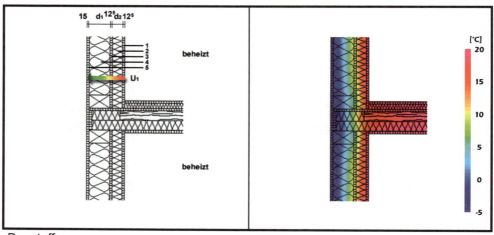

Baustoffe:

Pos.	Bezeichnung	Dicke [mm]	Rohdichte [kg/m³]	Lambda [W/(mK)]
1	Gipsfaserplatte	12,5	1150	0,32
2	Dämmung WLG 040	Tabelle [d1]		
3	Gipsfaserplatte	12,5	1150	0,32
4	Dämmung WLG 040	Tabelle [d2]		
5	Powerpanel HD	15	1000	0,4

U-Wert [U_1]:

				U-Wert [U_1] [W/(m²K)]				
Variable	Dicke [mm]	Rohdichte [kg/m³]	Lambda [W/(mK)]	Variable [d1] - Dämmung WLG 040				
				120 mm	140 mm	160 mm	180 mm	200 mm
Dämmung [d2]	40	30	0,04	0,23	0,21	0,19	0,17	0,16
	60	30	0,04	0,21	0,19	0,17	0,16	0,15

Wärmebrückenverlustkoeffizient: (Ψ-Wert, außenmaßbezogen)

Variable	Dicke [mm]	Rohdichte [kg/m³]	Lambda [W/(mK)]	Variable [d1] - Dämmung WLG 040				
				120 mm	140 mm	160 mm	180 mm	200 mm
Dämmung [d2]	40	30	0,04	0,04	0,04	0,04	0,04	0,05
	60	30	0,04	0,05	0,04	0,04	0,04	0,04

9 / Geschossdecke
9-H-F16 / Bild F16 - Holzbauart

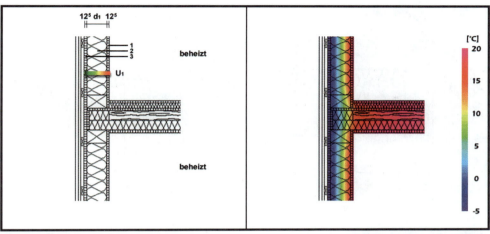

Baustoffe:

Pos.	Bezeichnung	Dicke [mm]	Rohdichte [kg/m³]	Lambda [W/(mK)]
1	Gipsfaserplatte	12,5	1150	0,32
2	Dämmung WLG 040		Tabelle [d1]	
3	Gipsfaserplatte	12,5	1150	0,32

U-Wert [U_1]:

Variable	Dicke [mm]	Rohdichte [kg/m³]	Lambda [W/(mK)]	U-Wert [U_1] [W/(m²K)]
Dämmung [d1]	120	150	0,04	0,31
	140	150	0,04	0,27
	160	150	0,04	0,24
	180	150	0,04	0,21
	200	150	0,04	0,19

Wärmebrückenverlustkoeffizient: (Ψ-Wert, außenmaßbezogen)

Variable	Dicke [mm]	Rohdichte [kg/m³]	Lambda [W/(mK)]	Wärmebrückenverlustkoeffizient
Dämmung [d1]	120	150	0,04	0,09
	140	150	0,04	0,09
	160	150	0,04	0,08
	180	150	0,04	0,08
	200	150	0,04	0,07

10 / Pfettendach
10-M-77 / Bild 77 - monolithisches Mauerwerk

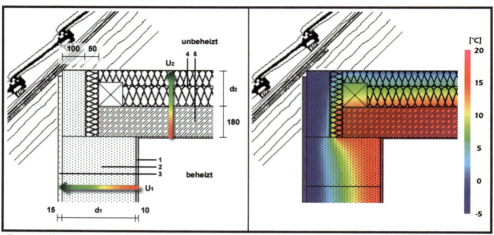

Baustoffe:

Pos.	Bezeichnung	Dicke [mm]	Rohdichte [kg/m³]	Lambda [W/(mK)]
1	Innenputz	10	1800	0,35
2	Mauerwerk		Tabelle [d1]	
3	Außenputz	15	1300	0,2
4	Dachdämmung WLG 040		Tabelle [d2]	
5	Stahlbeton	180	2400	2,1

U-Wert [U$_1$]:

Variable	Dicke [mm]	Rohdichte [kg/m³]	Lambda [W/(mK)]	U-Wert [U$_1$] [W/(m²K)]
Mauerwerk [d$_1$]	240	350	0,09	0,34
	300	350	0,09	0,28
	365	350	0,09	0,23
	240	400	0,10	0,37
	300	400	0,10	0,31
	365	400	0,10	0,25
	240	450	0,12	0,44
	300	450	0,12	0,36
	365	450	0,12	0,30
	240	500	0,14	0,50
	300	500	0,14	0,41
	365	500	0,14	0,35
	240	550	0,16	0,56
	300	550	0,16	0,47
	365	550	0,16	0,39

U-Wert [U$_2$]:

Variable	Dicke [mm]	Rohdichte [kg/m³]	Lambda [W/(mK)]	U-Wert [U$_2$] [W/(m²K)]
Dachdämmung [d$_2$]	120	150	0,04	0,30
	140	150	0,04	0,26
	160	150	0,04	0,23
	180	150	0,04	0,21

Wärmebrückenverlustkoeffizient: (Ψ-Wert, außenmaßbezogen)

Variable	Dicke [mm]	Rohdichte [kg/m³]	Lambda [W/(mK)]	Variable [d$_2$] - Dachdämmung WLG 040			
				120 mm	140 mm	160 mm	180 mm
Mauerwerk [d$_1$]	240	350	0,09	-0,01	-0,02	-0,03	-0,03
	300	350	0,09	0,01	0,00	-0,01	-0,01
	365	350	0,09	0,01	0,01	0,01	0,00
	240	400	0,10	-0,02	-0,03	-0,04	-0,04
	300	400	0,10	0,00	0,00	-0,01	-0,02
	365	400	0,10	0,00	0,00	0,00	0,00
	240	450	0,12	-0,04	-0,05	-0,06	-0,06
	300	450	0,12	-0,01	-0,01	-0,03	-0,04
	365	450	0,12	-0,01	-0,01	-0,02	-0,02
	240	500	0,14	-0,05	-0,07	-0,08	-0,08
	300	500	0,14	-0,03	-0,04	-0,05	-0,05
	365	500	0,14	-0,02	-0,03	-0,03	-0,03
	240	550	0,16	-0,07	-0,09	-0,10	-0,11
	300	550	0,16	-0,05	-0,06	-0,07	-0,07
	365	550	0,16	-0,03	-0,04	-0,04	-0,05

10 / Pfettendach
10-K-78 / Bild 78 - kerngedämmtes Mauerwerk

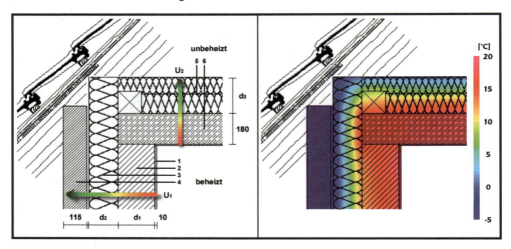

Baustoffe:

Pos.	Bezeichnung	Dicke [mm]	Rohdichte [kg/m³]	Lambda [W/(mK)]
1	Innenputz	10	1800	0,35
2	Mauerwerk		Tabelle [d1]	
3	Kerndämmung		Tabelle [d2]	
4	Verblendmauerwerk	115	2000	0,96
5	Dachdämmung WLG 040		Tabelle [d3]	
6	Stahlbeton	180	2400	2,1

U-Wert [U_1]:

Variable	Dicke [mm]	Rohdichte [kg/m³]	Lambda [W/(mK)]	U-Wert [U_1] [W/(m²K)]			
				Variable [d1] - 175 mm			
				Kalksandstein	Mauerwerk 0,10 W/(mK)	Mauerwerk 0,12 W/(mK)	Mauerwerk 0,14 W/(mK)
Kerndämmung [d2]	100	150	0,04	0,33	0,22	0,23	0,25
	120	150	0,04	0,29	0,20	0,21	0,22
	140	150	0,04	0,25	0,18	0,19	0,20

U-Wert [U_2]:

Variable	Dicke [mm]	Rohdichte [kg/m³]	Lambda [W/(mK)]	U-Wert [U_2] [W/(m²K)]
Dachdämmung [d3]	120	150	0,04	0,30
	140	150	0,04	0,26
	160	150	0,04	0,23
	180	150	0,04	0,21

Wärmebrückenkatalog zum Beiblatt 2 der DIN 4108-6

Wärmebrückenverlustkoeffizient: (Ψ-Wert, außenmaßbezogen)

Variable	Dicke [mm]	Rohdichte [kg/m³]	Lambda [W/(mK)]	Variable [d3] - Dachdämmung WLG 040			
				120 mm	140 mm	160 mm	180 mm

Variable [d1] - Kalksandstein 175 mm - 0,99 W/(mK)

Variable	Dicke [mm]	Rohdichte [kg/m³]	Lambda [W/(mK)]	120 mm	140 mm	160 mm	180 mm
Kerndämmung [d2]	100	150	0,04	-0,04	-0,05	-0,06	-0,06
	120	150	0,04	-0,04	-0,05	-0,05	-0,06
	140	150	0,04	-0,04	-0,05	-0,05	-0,05

Variable [d1] - Mauerwerk 175 mm - 0,10 W/(mK)

Variable	Dicke [mm]	Rohdichte [kg/m³]	Lambda [W/(mK)]	120 mm	140 mm	160 mm	180 mm
Kerndämmung [d2]	100	150	0,04	-0,01	-0,01	-0,01	-0,02
	120	150	0,04	-0,02	-0,02	-0,02	-0,02
	140	150	0,04	-0,02	-0,02	-0,03	-0,03

Variable [d1] - Mauerwerk 175 mm - 0,12 W/(mK)

Variable	Dicke [mm]	Rohdichte [kg/m³]	Lambda [W/(mK)]	120 mm	140 mm	160 mm	180 mm
Kerndämmung [d2]	100	150	0,04	-0,01	-0,02	-0,02	-0,02
	120	150	0,04	-0,02	-0,02	-0,03	-0,03
	140	150	0,04	-0,02	-0,03	-0,03	-0,03

Variable [d1] - Mauerwerk 175 mm - 0,14 W/(mK)

Variable	Dicke [mm]	Rohdichte [kg/m³]	Lambda [W/(mK)]	120 mm	140 mm	160 mm	180 mm
Kerndämmung [d2]	100	150	0,04	-0,01	-0,02	-0,02	-0,03
	120	150	0,04	-0,02	-0,03	-0,03	-0,03
	140	150	0,04	-0,03	-0,03	-0,03	-0,04

10 / Pfettendach
10-M-M25 / Bild M25 - monolithisches Mauerwerk

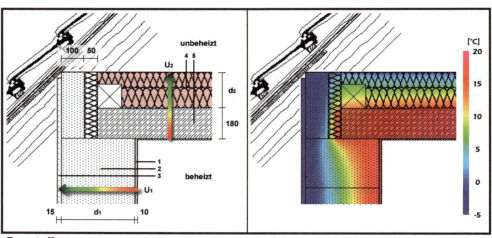

Baustoffe:

Pos.	Bezeichnung	Dicke [mm]	Rohdichte [kg/m³]	Lambda [W/(mK)]
1	Innenputz	10	1800	0,35
2	Mauerwerk		Tabelle [d1]	
3	Außenputz	15	1800	0,2
4	Dämmplatte		Tabelle [d2]	
5	Decke aus Stahlbeton	200	2400	2,1

U-Wert [U_1]:

Variable	Dicke [mm]	Rohdichte [kg/m³]	Lambda [W/(mK)]	U-Wert [U_1] [W/(m²K)]
Mauerwerk [d1]	240	350	0,09	0,34
	300	350	0,09	0,28
	365	350	0,09	0,23
	240	400	0,10	0,37
	300	400	0,10	0,31
	365	400	0,10	0,25
	240	450	0,12	0,44
	300	450	0,12	0,36
	365	450	0,12	0,30
	240	500	0,14	0,50
	300	500	0,14	0,41
	365	500	0,14	0,35
	240	550	0,16	0,56
	300	550	0,16	0,47
	365	550	0,16	0,39

Wärmebrückenkatalog zum Beiblatt 2 der DIN 4108-6

U-Wert [U_2]:

Variable	Dicke [mm]	Rohdichte [kg/m³]	Lambda [W/(mK)]	U-Wert [U_2] [W/(m²K)]
Dämmplatte [d2]	120	150	0,045	0,34
	140	150	0,045	0,29
	160	150	0,045	0,26
	180	150	0,045	0,23

Wärmebrückenverlustkoeffizient: (Ψ-Wert, außenmaßbezogen)

Variable	Dicke [mm]	Rohdichte [kg/m³]	Lambda [W/(mK)]	Variable [d2] - Dämmplatte WLG 045			
				120 mm	140 mm	160 mm	180 mm
Mauerwerk [d1]	240	350	0,09	-0,01	-0,02	-0,02	-0,03
	300	350	0,09	0,00	-0,01	-0,01	-0,01
	365	350	0,09	0,01	0,01	0,00	0,00
	240	400	0,10	-0,02	-0,03	-0,03	-0,04
	300	400	0,10	-0,01	-0,01	-0,02	-0,02
	365	400	0,10	0,00	0,00	0,00	0,00
	240	450	0,12	-0,04	-0,05	-0,06	-0,06
	300	450	0,12	-0,03	-0,03	-0,04	-0,04
	365	450	0,12	-0,01	-0,01	-0,02	-0,02
	240	500	0,14	-0,06	-0,07	-0,08	-0,09
	300	500	0,14	-0,04	-0,05	-0,05	-0,06
	365	500	0,14	-0,02	-0,03	-0,03	-0,03
	240	550	0,16	-0,08	-0,09	-0,10	-0,11
	300	550	0,16	-0,06	-0,06	-0,07	-0,08
	365	550	0,16	-0,04	-0,04	-0,04	-0,05

11 / Sparrendach
11-M-80 / Bild 80 - monolithisches Mauerwerk

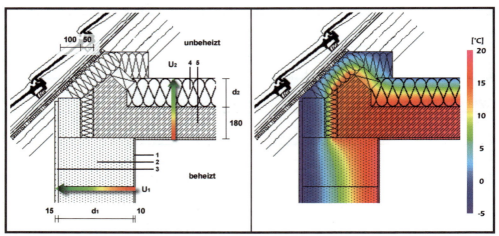

Baustoffe:

Pos.	Bezeichnung	Dicke [mm]	Rohdichte [kg/m³]	Lambda [W/(mK)]
1	Innenputz	10	1800	0,35
2	Mauerwerk		Tabelle [d1]	
3	Außenputz	15	1300	0,2
4	Dachdämmung WLG 040		Tabelle [d2]	
5	Stahlbeton	180	2400	2,1

Wärmebrückenkatalog zum Beiblatt 2 der DIN 4108-6

U-Wert [U_1]:

Variable	Dicke [mm]	Rohdichte [kg/m³]	Lambda [W/(mK)]	U-Wert [U_1] [W/(m²K)]
Mauerwerk [d1]	240	350	0,09	0,34
	300	350	0,09	0,28
	365	350	0,09	0,23
	240	400	0,10	0,37
	300	400	0,10	0,31
	365	400	0,10	0,25
	240	450	0,12	0,44
	300	450	0,12	0,36
	365	450	0,12	0,30
	240	500	0,14	0,50
	300	500	0,14	0,41
	365	500	0,14	0,35
	240	550	0,16	0,56
	300	550	0,16	0,47
	365	550	0,16	0,39

U-Wert [U_2]:

Variable	Dicke [mm]	Rohdichte [kg/m³]	Lambda [W/(mK)]	U-Wert [U_2] [W/(m²K)]
Dachdämmung [d2]	120	150	0,04	0,30
	140	150	0,04	0,26
	160	150	0,04	0,23
	180	150	0,04	0,21

Wärmebrückenverlustkoeffizient: (Ψ-Wert, außenmaßbezogen)

Variable	Dicke [mm]	Rohdichte [kg/m³]	Lambda [W/(mK)]	Variable [d2] - Dachdämmung WLG 040			
				120 mm	140 mm	160 mm	180 mm
Mauerwerk [d1]	240	350	0,09	0,00	0,01	0,01	0,01
	300	350	0,09	0,02	0,02	0,03	0,03
	365	350	0,09	0,03	0,03	0,04	0,04
	240	400	0,10	-0,01	0,00	0,00	0,00
	300	400	0,10	0,01	0,02	0,02	0,02
	365	400	0,10	0,02	0,03	0,03	0,03
	240	450	0,12	-0,03	-0,02	-0,02	-0,03
	300	450	0,12	0,00	0,00	0,00	0,00
	365	450	0,12	0,01	0,01	0,02	0,02
	240	500	0,14	-0,04	-0,04	-0,04	-0,05
	300	500	0,14	-0,02	-0,02	-0,05	-0,02
	365	500	0,14	0,00	0,00	0,00	0,00
	240	550	0,16	-0,06	-0,06	-0,06	-0,07
	300	550	0,16	-0,03	-0,03	-0,11	-0,03
	365	550	0,16	-0,02	-0,01	-0,01	-0,01

11 / Sparrendach
11-K-81 / Bild 81 - kerngedämmtes Mauerwerk

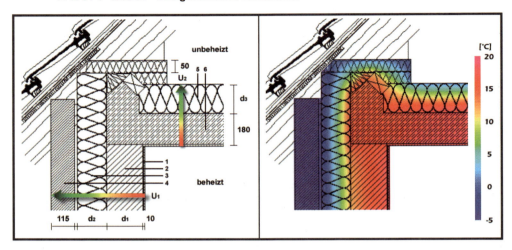

Baustoffe:

Pos.	Bezeichnung	Dicke [mm]	Rohdichte [kg/m³]	Lambda [W/(mK)]
1	Innenputz	10	1800	0,35
2	Mauerwerk		Tabelle [d1]	
3	Kerndämmung		Tabelle [d2]	
4	Verblendmauerwerk	115	2000	0,96
5	Dachdämmung WLG 040		Tabelle [d3]	
6	Stahlbeton	180	2400	2,1

U-Wert [U_1]:

Variable	Dicke [mm]	Rohdichte [kg/m³]	Lambda [W/(mK)]	U-Wert [U_1] [W/(m²K)]			
					Variable [d1] - 175 mm		
				Kalksand-stein	Mauerwerk 0,10 W/(mK)	Mauerwerk 0,12 W/(mK)	Mauerwerk 0,14 W/(mK)
Kerndämmung [d2]	100	150	0,04	0,33	0,22	0,23	0,25
	120	150	0,04	0,29	0,20	0,21	0,22
	140	150	0,04	0,25	0,18	0,19	0,20

U-Wert [U_2]:

Variable	Dicke [mm]	Rohdichte [kg/m³]	Lambda [W/(mK)]	U-Wert [U_2] [W/(m²K)]
Dachdämmung [d3]	120	150	0,04	0,30
	140	150	0,04	0,26
	160	150	0,04	0,23
	180	150	0,04	0,21

Wärmebrückenkatalog zum Beiblatt 2 der DIN 4108-6

Wärmebrückenverlustkoeffizient: (Ψ-Wert, außenmaßbezogen)

				Variable [d1] - Kalksandstein 175 mm - 0,99 W/(mK)			
Variable	Dicke [mm]	Rohdichte [kg/m³]	Lambda [W/(mK)]	Variable [d3] - Dachdämmung WLG 040			
				120 mm	140 mm	160 mm	180 mm
Kerndämmung [d2]	100	150	0,04	-0,05	-0,04	-0,04	-0,04
	120	150	0,04	-0,05	-0,04	-0,04	-0,03
	140	150	0,04	-0,05	-0,04	-0,04	-0,03

				Variable [d1] - Mauerwerk 175 mm - 0,10 W/(mK)			
Variable	Dicke [mm]	Rohdichte [kg/m³]	Lambda [W/(mK)]	Variable [d3] - Dachdämmung WLG 040			
				120 mm	140 mm	160 mm	180 mm
Kerndämmung [d2]	100	150	0,04	-0,01	0,00	0,01	0,01
	120	150	0,04	-0,02	-0,01	-0,01	0,00
	140	150	0,04	-0,03	-0,02	-0,01	-0,01

				Variable [d1] - Mauerwerk 175 mm - 0,12 W/(mK)			
Variable	Dicke [mm]	Rohdichte [kg/m³]	Lambda [W/(mK)]	Variable [d3] - Dachdämmung WLG 040			
				120 mm	140 mm	160 mm	180 mm
Kerndämmung [d2]	100	150	0,04	-0,02	-0,01	0,00	0,00
	120	150	0,04	-0,03	-0,02	-0,01	-0,01
	140	150	0,04	-0,03	-0,02	-0,02	-0,01

				Variable [d1] - Mauerwerk 175 mm - 0,14 W/(mK)			
Variable	Dicke [mm]	Rohdichte [kg/m³]	Lambda [W/(mK)]	Variable [d3] - Dachdämmung WLG 040			
				120 mm	140 mm	160 mm	180 mm
Kerndämmung [d2]	100	150	0,04	-0,02	-0,01	0,00	0,00
	120	150	0,04	-0,03	-0,02	-0,01	-0,01
	140	150	0,04	-0,03	-0,03	-0,02	-0,01

11 / Sparrendach
11-A-M11 / Bild M11 - außendämmtes Mauerwerk

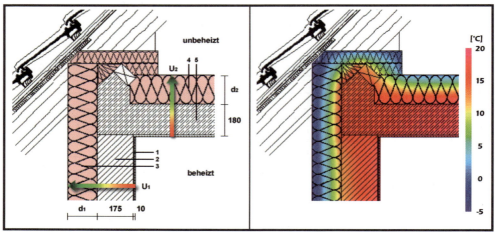

Baustoffe:

Pos.	Bezeichnung	Dicke [mm]	Rohdichte [kg/m³]	Lambda [W/(mK)]
1	Innenputz	10	1800	0,35
2	Kalksandstein	175	1800	0,99
3	Dämmplatte WLG 045	Tabelle [d1]		
4	Dämmplatte WLG 045	Tabelle [d2]		
5	Decke aus Stahlbeton	200	2400	2,1

U-Wert [U_1]:

Variable	Dicke [mm]	Rohdichte [kg/m³]	Lambda [W/(mK)]	U-Wert [U_1] [W/(m²K)]
Dämmplatte [d1]	100	150	0,045	0,38
	120	150	0,045	0,33
	140	150	0,045	0,29
	160	150	0,045	0,25

U-Wert [U_2]:

Variable	Dicke [mm]	Rohdichte [kg/m³]	Lambda [W/(mK)]	U-Wert [U_2] [W/(m²K)]
Dämmplatte [d2]	120	150	0,045	0,34
	140	150	0,045	0,29
	160	150	0,045	0,26
	180	150	0,045	0,23

Wärmebrückenverlustkoeffizient: (Ψ-Wert, außenmaßbezogen)

Variable	Dicke [mm]	Rohdichte [kg/m³]	Lambda [W/(mK)]	Variable [d2] - Dachdämmung WLG 040			
				120 mm	140 mm	160 mm	180 mm
Dämmplatte [d1]	100	150	0,045	-0,02	-0,02	-0,02	-0,01
	120	150	0,045	-0,02	-0,02	-0,02	-0,02
	140	150	0,045	-0,03	-0,02	-0,02	-0,02
	160	150	0,045	-0,03	-0,03	-0,02	-0,02

12 / Ortgang
12-M-82a / Bild 82a - monolithisches Mauerwerk

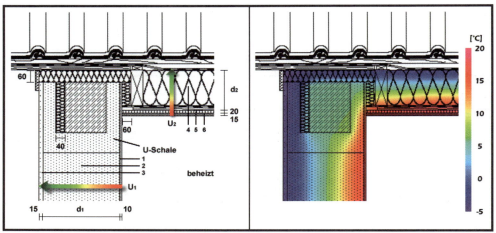

Baustoffe:

Pos.	Bezeichnung	Dicke [mm]	Rohdichte [kg/m³]	Lambda [W/(mK)]
1	Innenputz	10	1800	0,35
2	Mauerwerk		Tabelle [d1]	
3	Außenputz	15	1300	0,2
4	Dachdämmung WLG 040		Tabelle [d2]	
5	Holzfaserplatte	20	1000	0,17
6	Gipskartonplatte	15	900	0,25

Wärmebrückenkatalog zum Beiblatt 2 der DIN 4108-6

U-Wert [U₁]:

Variable	Dicke [mm]	Rohdichte [kg/m³]	Lambda [W/(mK)]	U-Wert [U₁] [W/(m²K)]
Mauerwerk [d1]	240	350	0,09	0,34
	300	350	0,09	0,28
	365	350	0,09	0,23
	240	400	0,10	0,37
	300	400	0,10	0,31
	365	400	0,10	0,25
	240	450	0,12	0,44
	300	450	0,12	0,36
	365	450	0,12	0,30
	240	500	0,14	0,50
	300	500	0,14	0,41
	365	500	0,14	0,35
	240	550	0,16	0,56
	300	550	0,16	0,47
	365	550	0,16	0,39

U-Wert [U₂]:

Variable	Dicke [mm]	Rohdichte [kg/m³]	Lambda [W/(mK)]	U-Wert [U₂] [W/(m²K)]
Dachdämmung [d2]	140	150	0,04	0,26
	160	150	0,04	0,23
	180	150	0,04	0,21
	200	150	0,04	0,19

Wärmebrückenverlustkoeffizient: (Ψ-Wert, außenmaßbezogen)

Variable	Dicke [mm]	Rohdichte [kg/m³]	Lambda [W/(mK)]	Variable [d2] - Dachdämmung WLG 040			
				140 mm	160 mm	180 mm	200 mm
Mauerwerk [d1]	240	350	0,09	0,02	0,01	0,00	0,00
	300	350	0,09	0,02	0,02	0,02	0,01
	365	350	0,09	0,03	0,03	0,02	0,02
	240	400	0,10	0,01	0,00	-0,01	-0,01
	300	400	0,10	0,02	0,01	0,01	0,00
	365	400	0,10	0,02	0,02	0,02	0,01
	240	450	0,12	-0,01	-0,02	-0,03	-0,03
	300	450	0,12	0,00	0,00	-0,01	-0,02
	365	450	0,12	0,01	0,01	0,00	0,00
	240	500	0,14	-0,03	-0,04	-0,05	-0,05
	300	500	0,14	-0,01	-0,02	-0,03	-0,03
	365	500	0,14	-0,01	-0,01	-0,01	-0,02
	240	550	0,16	-0,05	-0,06	-0,07	-0,07
	300	550	0,16	-0,03	-0,04	-0,04	-0,05
	365	550	0,16	-0,02	-0,02	-0,03	-0,03

12 / Ortgang
12-M-82b / Bild 82b - monolithisches Mauerwerk

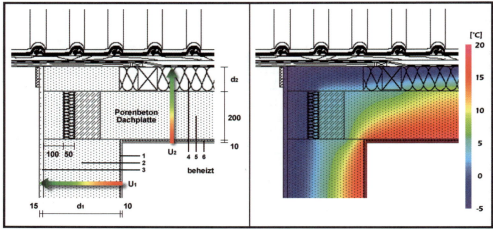

Baustoffe:

Pos.	Bezeichnung	Dicke [mm]	Rohdichte [kg/m³]	Lambda [W/(mK)]
1	Innenputz	10	1800	0,35
2	Mauerwerk	Tabelle [d1]		
3	Außenputz	15	1300	0,2
4	Dachdämmung WLG 040	Tabelle [d2]		
5	Dachplatte aus Porenbeton	200	600	0,16
6	Innenputz	10	1800	0,35

U-Wert [U_1]:

Variable	Dicke [mm]	Rohdichte [kg/m³]	Lambda [W/(mK)]	U-Wert [U_1] [W/(m²K)]
Mauerwerk [d1]	240	350	0,09	0,34
	300	350	0,09	0,28
	365	350	0,09	0,23
	240	400	0,10	0,37
	300	400	0,10	0,31
	365	400	0,10	0,25
	240	450	0,12	0,44
	300	450	0,12	0,36
	365	450	0,12	0,30
	240	500	0,14	0,50
	300	500	0,14	0,41
	365	500	0,14	0,35
	240	550	0,16	0,56
	300	550	0,16	0,47
	365	550	0,16	0,39

U-Wert [U_2]:

Variable	Dicke [mm]	Rohdichte [kg/m³]	Lambda [W/(mK)]	U-Wert [U_2] [W/(m²K)]
Dachdämmung [d2]	100	150	0,04	0,25
	120	150	0,04	0,22
	140	150	0,04	0,20
	160	150	0,04	0,18

Wärmebrückenverlustkoeffizient: (Ψ-Wert, außenmaßbezogen)

Variable	Dicke [mm]	Rohdichte [kg/m³]	Lambda [W/(mK)]	Variable [d2] - Dachdämmung WLG 040			
				100 mm	120 mm	140 mm	160 mm
Mauerwerk [d1]	240	350	0,09	-0,06	-0,06	-0,06	-0,06
	300	350	0,09	-0,06	-0,06	-0,06	-0,06
	365	350	0,09	-0,07	-0,06	-0,06	-0,06
	240	400	0,10	-0,07	-0,07	-0,07	-0,07
	300	400	0,10	-0,06	-0,06	-0,06	-0,06
	365	400	0,10	-0,07	-0,06	-0,06	-0,06
	240	450	0,12	-0,08	-0,08	-0,09	-0,09
	300	450	0,12	-0,07	-0,07	-0,08	-0,08
	365	450	0,12	-0,08	-0,07	-0,07	-0,07
	240	500	0,14	-0,10	-0,10	-0,10	-0,11
	300	500	0,14	-0,09	-0,09	-0,09	-0,09
	365	500	0,14	-0,09	-0,08	-0,08	-0,09
	240	550	0,16	-0,11	-0,12	-0,12	-0,13
	300	550	0,16	-0,10	-0,10	-0,10	-0,11
	365	550	0,16	-0,10	-0,09	-0,10	-0,10

12 / Ortgang
12-M-82c / Bild 82c - monolithisches Mauerwerk

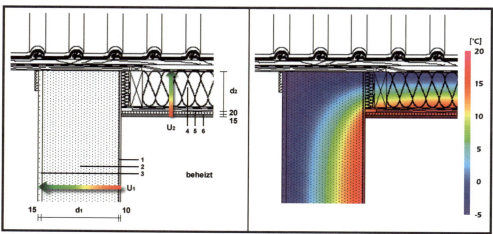

Baustoffe:

Pos.	Bezeichnung	Dicke [mm]	Rohdichte [kg/m³]	Lambda [W/(mK)]
1	Innenputz	10	1800	0,35
2	Mauerwerk	Tabelle [d1]		
3	Außenputz	15	1300	0,2
4	Dachdämmung WLG 040	Tabelle [d2]		
5	Holzfaserplatte	20	1000	0,17
6	Gipskartonplatte	15	900	0,25

Wärmebrückenkatalog zum Beiblatt 2 der DIN 4108-6

U-Wert [U₁]:

Variable	Dicke [mm]	Rohdichte [kg/m³]	Lambda [W/(mK)]	U-Wert [U₁] [W/(m²K)]
Mauerwerk [d1]	240	350	0,09	0,34
	300	350	0,09	0,28
	365	350	0,09	0,23
	240	400	0,10	0,37
	300	400	0,10	0,31
	365	400	0,10	0,25
	240	450	0,12	0,44
	300	450	0,12	0,36
	365	450	0,12	0,30
	240	500	0,14	0,50
	300	500	0,14	0,41
	365	500	0,14	0,35
	240	550	0,16	0,56
	300	550	0,16	0,47
	365	550	0,16	0,39

U-Wert [U₂]:

Variable	Dicke [mm]	Rohdichte [kg/m³]	Lambda [W/(mK)]	U-Wert [U₂] [W/(m²K)]
Dachdämmung [d2]	140	150	0,04	0,26
	160	150	0,04	0,23
	180	150	0,04	0,21
	200	150	0,04	0,19

Wärmebrückenverlustkoeffizient: (Ψ-Wert, außenmaßbezogen)

Variable	Dicke [mm]	Rohdichte [kg/m³]	Lambda [W/(mK)]	Variable [d2] - Dachdämmung WLG 040			
				140 mm	160 mm	180 mm	200 mm
Mauerwerk [d1]	240	350	0,09	-0,03	-0,04	-0,04	-0,04
	300	350	0,09	-0,03	-0,03	-0,04	-0,04
	365	350	0,09	-0,04	-0,04	-0,04	-0,04
	240	400	0,10	-0,03	-0,04	-0,04	-0,05
	300	400	0,10	-0,03	-0,04	-0,04	-0,04
	365	400	0,10	-0,04	-0,04	-0,04	-0,04
	240	450	0,12	-0,04	-0,04	-0,05	-0,05
	300	450	0,12	-0,03	-0,04	-0,04	-0,05
	365	450	0,12	-0,04	-0,04	-0,04	-0,04
	240	500	0,14	-0,04	-0,05	-0,05	-0,06
	300	500	0,14	-0,04	-0,04	-0,04	-0,05
	365	500	0,14	-0,04	-0,04	-0,04	-0,04
	240	550	0,16	-0,04	-0,05	-0,06	-0,07
	300	550	0,16	-0,04	-0,04	-0,05	-0,05
	365	550	0,16	-0,03	-0,04	-0,04	-0,04

12 / Ortgang
12-K-83 / Bild 83 - kerngedämmtes Mauerwerk

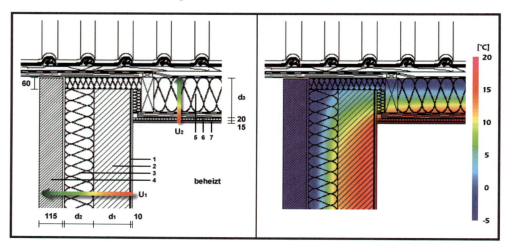

Baustoffe:

Pos.	Bezeichnung	Dicke [mm]	Rohdichte [kg/m³]	Lambda [W/(mK)]
1	Innenputz	10	1800	0,35
2	Mauerwerk		Tabelle [d1]	
3	Kerndämmung		Tabelle [d2]	
4	Verblendmauerwerk	115	2000	0,96
5	Dachdämmung WLG 040		Tabelle [d3]	
6	Holzfaserplatte	20	1000	0,17
7	Gipskartonplatte	15	900	0,25

U-Wert [U_1]:

	Dicke [mm]	Rohdichte [kg/m³]	Lambda [W/(mK)]	U-Wert [U_1] - [W/(m²K)]			
				Variable [d1] - 175 mm			
Variable				Kalksand-stein	Mauer-werk 0,10 W/(mK)	Mauer-werk 0,12 W/(mK)	Mauer-werk 0,14 W/(mK)
Kerndäm-mung [d2]	100	150	0,04	0,33	0,22	0,23	0,25
	120	150	0,04	0,29	0,20	0,21	0,22
	140	150	0,04	0,25	0,18	0,19	0,20

U-Wert [U_2]:

Variable	Dicke [mm]	Rohdichte [kg/m³]	Lambda [W/(mK)]	U-Wert [U_2] [W/(m²K)]
Dachdäm-mung [d3]	140	150	0,04	0,26
	160	150	0,04	0,23
	180	150	0,04	0,21
	200	150	0,04	0,19

Wärmebrückenkatalog zum Beiblatt 2 der DIN 4108-6

Wärmebrückenverlustkoeffizient: (Ψ-Wert, außenmaßbezogen)

Variable	Dicke [mm]	Rohdichte [kg/m³]	Lambda [W/(mK)]	Variable [d3] - Dachdämmung WLG 040			
				140 mm	160 mm	180 mm	200 mm

Variable [d1] - Kalksandstein 175 mm - 0,99 W/(mK)

Variable	Dicke [mm]	Rohdichte [kg/m³]	Lambda [W/(mK)]	140 mm	160 mm	180 mm	200 mm
Kerndämmung [d2]	100	150	0,04	-0,01	0,00	0,00	0,00
	120	150	0,04	0,00	0,01	0,01	0,01
	140	150	0,04	0,00	0,01	0,01	0,02

Variable [d1] - Mauerwerk 175 mm - 0,10 W/(mK)

Variable	Dicke [mm]	Rohdichte [kg/m³]	Lambda [W/(mK)]	140 mm	160 mm	180 mm	200 mm
Kerndämmung [d2]	100	150	0,04	-0,04	-0,03	-0,03	-0,03
	120	150	0,04	-0,04	-0,03	-0,03	-0,03
	140	150	0,04	-0,04	-0,03	-0,03	-0,03

Variable [d1] - Mauerwerk 175 mm - 0,12 W/(mK)

Variable	Dicke [mm]	Rohdichte [kg/m³]	Lambda [W/(mK)]	140 mm	160 mm	180 mm	200 mm
Kerndämmung [d2]	100	150	0,04	-0,03	-0,03	-0,03	-0,03
	120	150	0,04	-0,03	-0,03	-0,03	-0,03
	140	150	0,04	-0,03	-0,03	-0,03	-0,03

Variable [d1] - Mauerwerk 175 mm - 0,14 W/(mK)

Variable	Dicke [mm]	Rohdichte [kg/m³]	Lambda [W/(mK)]	140 mm	160 mm	180 mm	200 mm
Kerndämmung [d2]	100	150	0,04	0,02	-0,02	-0,02	-0,02
	120	150	0,04	-0,02	-0,02	-0,02	-0,02
	140	150	0,04	-0,02	-0,02	-0,02	-0,02

12 / Ortgang
12-K-83a / Bild 83a - kerngedämmtes Mauerwerk

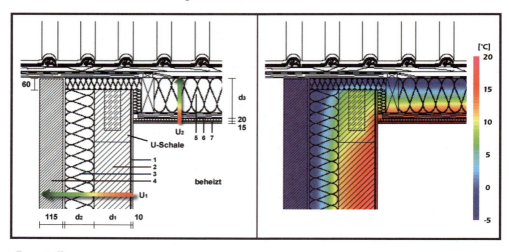

Baustoffe:

Pos.	Bezeichnung	Dicke [mm]	Rohdichte [kg/m³]	Lambda [W/(mK)]
1	Innenputz	10	1800	0,35
2	Mauerwerk	Tabelle [d1]		
3	Kerndämmung	Tabelle [d2]		
4	Verblendmauerwerk	115	2000	0,96
5	Dachdämmung WLG 040	Tabelle [d3]		
6	Holzfaserplatte	20	1000	0,17
7	Gipskartonplatte	15	900	0,25

U-Wert [U_1]:

				U-Wert [U_1] - [W/(m²K)]			
	Dicke	Rohdichte	Lambda	Variable [d1] - 175 mm			
Variable	[mm]	[kg/m³]	[W/(mK)]	Kalksandstein	Mauerwerk 0,10 W/(mK)	Mauerwerk 0,12 W/(mK)	Mauerwerk 0,14 W/(mK)
Kerndämmung [d2]	100	150	0,04	0,33	0,22	0,23	0,25
	120	150	0,04	0,29	0,20	0,21	0,22
	140	150	0,04	0,25	0,18	0,19	0,20

U-Wert [U_2]:

Variable	Dicke [mm]	Rohdichte [kg/m³]	Lambda [W/(mK)]	U-Wert [U_2] [W/(m²K)]
Dachdämmung [d3]	140	150	0,04	0,26
	160	150	0,04	0,23
	180	150	0,04	0,21
	200	150	0,04	0,19

Wärmebrückenverlustkoeffizient: (Ψ-Wert, außenmaßbezogen)

		Variable [d1] - Kalksandstein 175 mm - 0,99 W/(mK)					
Variable	Dicke [mm]	Rohdichte [kg/m³]	Lambda [W/(mK)]	Variable [d3] - Dachdämmung WLG 040			
				140 mm	160 mm	180 mm	200 mm
Kerndämmung [d2]	100	150	0,04	0,01	0,01	0,01	0,01
	120	150	0,04	0,01	0,01	0,02	0,02
	140	150	0,04	0,01	0,02	0,02	0,02

		Variable [d1] - Mauerwerk 175 mm - 0,10 W/(mK)					
Variable	Dicke [mm]	Rohdichte [kg/m³]	Lambda [W/(mK)]	Variable [d3] - Dachdämmung WLG 040			
				140 mm	160 mm	180 mm	200 mm
Kerndämmung [d2]	100	150	0,04	-0,01	-0,01	-0,01	-0,01
	120	150	0,04	-0,02	-0,01	-0,01	-0,01
	140	150	0,04	-0,02	-0,01	-0,01	-0,01

		Variable [d1] - Mauerwerk 175 mm - 0,12 W/(mK)					
Variable	Dicke [mm]	Rohdichte [kg/m³]	Lambda [W/(mK)]	Variable [d3] - Dachdämmung WLG 040			
				140 mm	160 mm	180 mm	200 mm
Kerndämmung [d2]	100	150	0,04	-0,02	-0,02	-0,01	-0,02
	120	150	0,04	-0,02	-0,02	-0,02	-0,01
	140	150	0,04	-0,02	-0,02	-0,01	-0,01

		Variable [d1] - Mauerwerk 175 mm - 0,14 W/(mK)					
Variable	Dicke [mm]	Rohdichte [kg/m³]	Lambda [W/(mK)]	Variable [d3] - Dachdämmung WLG 040			
				140 mm	160 mm	180 mm	200 mm
Kerndämmung [d2]	100	150	0,04	-0,02	-0,02	-0,02	-0,02
	120	150	0,04	-0,02	-0,02	-0,02	-0,02
	140	150	0,04	-0,02	-0,02	-0,02	-0,01

12 / Ortgang
12-K-83b / Bild 83b - kerngedämmtes Mauerwerk

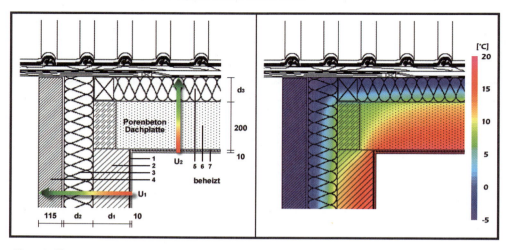

Baustoffe:

Pos.	Bezeichnung	Dicke [mm]	Rohdichte [kg/m³]	Lambda [W/(mK)]
1	Innenputz	10	1800	0,35
2	Mauerwerk		Tabelle [d1]	
3	Kerndämmung		Tabelle [d2]	
4	Verblendmauerwerk	115	2000	0,96
5	Dachdämmung WLG 040		Tabelle [d3]	
6	Dachplatte aus Porenbeton	200	600	0,16
7	Innenputz	10	1800	0,35

U-Wert [U_1]:

				U-Wert [U_1] - [W/(m²K)]			
Variable	Dicke [mm]	Rohdichte [kg/m³]	Lambda [W/(mK)]	Variable [d1] - 175 mm			
				Kalksandstein	Mauerwerk 0,10 W/(mK)	Mauerwerk 0,12 W/(mK)	Mauerwerk 0,14 W/(mK)
Kerndämmung [d2]	100	150	0,04	0,33	0,22	0,23	0,25
	120	150	0,04	0,29	0,20	0,21	0,22
	140	150	0,04	0,25	0,18	0,19	0,20

U-Wert [U_2]:

Variable	Dicke [mm]	Rohdichte [kg/m³]	Lambda [W/(mK)]	U-Wert [U_2] [W/(m²K)]
Dachdämmung [d3]	100	150	0,04	0,25
	120	150	0,04	0,22
	140	150	0,04	0,20
	160	150	0,04	0,18

Wärmebrückenverlustkoeffizient: (Ψ-Wert, außenmaßbezogen)

Variable [d1] - Kalksandstein 175 mm - 0,99 W/(mK)

Variable	Dicke [mm]	Rohdichte [kg/m³]	Lambda [W/(mK)]	Variable [d3] - Dachdämmung WLG 040			
				100 mm	120 mm	140 mm	160 mm
Kerndämmung [d2]	100	150	0,04	-0,07	-0,07	-0,08	-0,08
	120	150	0,04	-0,06	-0,06	-0,07	-0,07
	140	150	0,04	-0,06	-0,06	-0,06	-0,06

Variable [d1] - Mauerwerk 175 mm - 0,10 W/(mK)

Variable	Dicke [mm]	Rohdichte [kg/m³]	Lambda [W/(mK)]	Variable [d3] - Dachdämmung WLG 040			
				100 mm	120 mm	140 mm	160 mm
Kerndämmung [d2]	100	150	0,04	-0,08	-0,07	-0,07	-0,07
	120	150	0,04	-0,08	-0,07	-0,07	-0,07
	140	150	0,04	-0,08	-0,07	-0,07	-0,07

Variable [d1] - Mauerwerk 175 mm - 0,12 W/(mK)

Variable	Dicke [mm]	Rohdichte [kg/m³]	Lambda [W/(mK)]	Variable [d3] - Dachdämmung WLG 040			
				100 mm	120 mm	140 mm	160 mm
Kerndämmung [d2]	100	150	0,04	-0,08	-0,07	-0,07	-0,07
	120	150	0,04	-0,08	-0,07	-0,07	-0,07
	140	150	0,04	-0,08	-0,07	-0,07	-0,07

Variable [d1] - Mauerwerk 175 mm - 0,14 W/(mK)

Variable	Dicke [mm]	Rohdichte [kg/m³]	Lambda [W/(mK)]	Variable [d3] - Dachdämmung WLG 040			
				100 mm	120 mm	140 mm	160 mm
Kerndämmung [d2]	100	150	0,04	-0,08	-0,08	-0,08	-0,07
	120	150	0,04	-0,08	-0,07	-0,07	-0,07
	140	150	0,04	-0,08	-0,07	-0,07	-0,07

12 / Ortgang
12-M-M52 / Bild M52 - monolithisches Mauerwerk

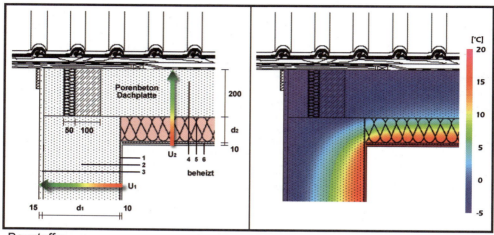

Baustoffe:

Pos.	Bezeichnung	Dicke [mm]	Rohdichte [kg/m³]	Lambda [W/(mK)]
1	Innenputz	10	1800	0,35
2	Mauerwerk	Tabelle [d1]		
3	Außenputz	15	1800	0,2
4	Dachplatte aus Porenbeton	200	600	0,16
5	Dämmplatte WLG 045	Tabelle [d2]		
6	Innenputz	10	1800	0,35

Wärmebrückenkatalog zum Beiblatt 2 der DIN 4108-6

U-Wert [U_1]:

Variable	Dicke [mm]	Rohdichte [kg/m³]	Lambda [W/(mK)]	U-Wert [U_1] [W/(m²K)]
Mauerwerk [d1]	300	350	0,09	0,28
	365	350	0,09	0,23
	300	400	0,10	0,31
	365	400	0,10	0,25
	300	450	0,12	0,36
	365	550	0,12	0,30

U-Wert [U_2]:

Variable	Dicke [mm]	Rohdichte [kg/m³]	Lambda [W/(mK)]	U-Wert [U_2] [W/(m²K)]
Dämmplatte [d2]	120	150	0,045	0,24
	140	150	0,045	0,22
	160	150	0,045	0,20
	180	150	0,045	0,18
	200	150	0,045	0,17

Wärmebrückenverlustkoeffizient: (Ψ-Wert, außenmaßbezogen)

Variable	Dicke [mm]	Rohdichte [kg/m³]	Lambda [W/(mK)]	Variable [d2] - Dämmplatte WLG 045				
				120 mm	140 mm	160 mm	180 mm	200 mm
Mauerwerk [d1]	300	350	0,09	-0,12	-0,12	-0,12	-0,12	-0,12
	365	350	0,09	-0,12	-0,11	-0,11	-0,11	-0,11
	300	400	0,10	-0,12	-0,13	-0,13	-0,13	-0,13
	365	400	0,10	-0,12	-0,12	-0,12	-0,12	-0,12
	300	450	0,12	-0,13	-0,13	-0,14	-0,14	-0,14
	365	550	0,12	-0,13	-0,13	-0,13	-0,13	-0,13

12 / Ortgang
12-K-M54 / Bild M54 - kerngedämmtes Mauerwerk

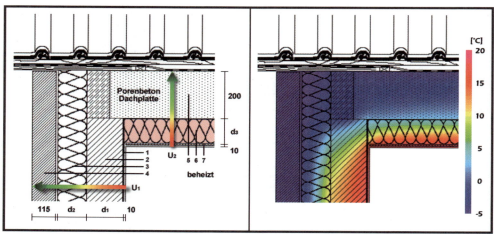

Baustoffe:

Pos.	Bezeichnung	Dicke [mm]	Rohdichte [kg/m³]	Lambda [W/(mK)]
1	Innenputz	10	1800	0,35
2	Mauerwerk		Tabelle [d1]	
3	Kerndämmung WLG 040		Tabelle [d2]	
4	Verblendmauerwerk	115	2000	0,96
5	Dachplatte aus Porenbeton	200	600	0,16
6	Dämmplatte WLG 045		Tabelle [d3]	
7	Innenputz	10	1800	0,35

U-Wert [U_1]:

Variable	Dicke [mm]	Rohdichte [kg/m³]	Lambda [W/(mK)]	Mauerwerk [d1] - 175 mm U-Wert [U_1] [W/(m²K)]		
				Mauerwerk 0,10 W/(mK)	Mauerwerk 0,12 W/(mK)	Mauerwerk 0,14 W/(mK)
Kerndämmung [d2]	100	150	0,04	0,22	0,23	0,25
	120	150	0,04	0,20	0,21	0,22
	140	150	0,04	0,18	0,19	0,20

U-Wert [U_2]:

Variable	Dicke [mm]	Rohdichte [kg/m³]	Lambda [W/(mK)]	U-Wert [U_2] [W/(m²K)]
Dämmplatte [d3]	120	150	0,045	0,24
	140	150	0,045	0,22
	160	150	0,045	0,20
	180	150	0,045	0,18
	200	150	0,045	0,17

Wärmebrückenverlustkoeffizient: (Ψ-Wert, außenmaßbezogen)

Variable [d1] - Mauerwerk 175 mm - 0,10 W/(mK)

Variable	Dicke [mm]	Rohdichte [kg/m³]	Lambda [W/(mK)]	Variable [d3] - Dämmplatte WLG 045				
				120 mm	140 mm	160 mm	180 mm	200 mm
Kerndämmung [d2]	100	150	0,04	-0,10	-0,10	-0,10	-0,10	-0,10
	120	150	0,04	-0,10	-0,09	-0,09	-0,09	-0,09
	140	150	0,04	-0,09	-0,09	-0,09	-0,09	-0,09

Variable [d1] - Mauerwerk 175 mm - 0,12 W/(mK)

Variable	Dicke [mm]	Rohdichte [kg/m³]	Lambda [W/(mK)]	Variable [d3] - Dämmplatte WLG 045				
				120 mm	140 mm	160 mm	180 mm	200 mm
Kerndämmung [d2]	100	150	0,04	-0,09	-0,09	-0,09	-0,09	-0,09
	120	150	0,04	-0,09	-0,09	-0,09	-0,09	-0,09
	140	150	0,04	-0,09	-0,08	-0,08	-0,08	-0,08

Variable [d1] - Mauerwerk 175 mm - 0,14 W/(mK)

Variable	Dicke [mm]	Rohdichte [kg/m³]	Lambda [W/(mK)]	Variable [d3] - Dämmplatte WLG 045				
				120 mm	140 mm	160 mm	180 mm	200 mm
Kerndämmung [d2]	100	150	0,04	-0,09	-0,09	-0,09	-0,09	-0,09
	120	150	0,04	-0,08	-0,08	-0,08	-0,08	-0,08
	140	150	0,04	-0,08	-0,08	-0,08	-0,08	-0,08

12 / Ortgang
12-H-F17 / Bild F17 - Holzbauart

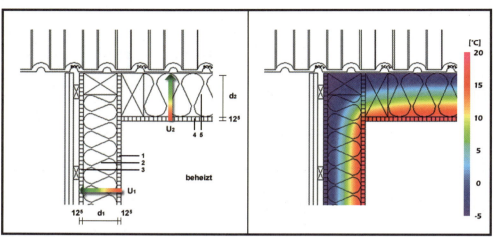

Baustoffe:

Pos.	Bezeichnung	Dicke [mm]	Rohdichte [kg/m³]	Lambda [W/(mK)]
1	Gipsfaserplatte	12,5	1150	0,32
2	Dämmung WLG 040	Tabelle [d1]		
3	Gipsfaserplatte	12,5	1150	0,32
4	Gipsfaserplatte	12,5	1150	0,32
5	Dämmung WLG 040	Tabelle [d2]		

Wärmebrückenkatalog zum Beiblatt 2 der DIN 4108-6

U-Wert [U_1]:

Variable	Dicke [mm]	Rohdichte [kg/m³]	Lambda [W/(mK)]	U-Wert [U_1] [W/(m²K)]
Dämmung [d1]	120	150	0,04	0,31
	140	150	0,04	0,27
	160	150	0,04	0,24
	180	150	0,04	0,21
	200	150	0,04	0,19

U-Wert [U_2]:

Variable	Dicke [mm]	Rohdichte [kg/m³]	Lambda [W/(mK)]	U-Wert [U_2] [W/(m²K)]
Dachdämmung [d2]	160	150	0,04	0,24
	180	150	0,04	0,21
	200	150	0,04	0,19
	220	150	0,04	0,18
	240	150	0,04	0,16

Wärmebrückenverlustkoeffizient: (Ψ-Wert, außenmaßbezogen)

Variable	Dicke [mm]	Rohdichte [kg/m³]	Lambda [W/(mK)]	Variable [d2] - Dachdämmung WLG 040				
				160 mm	180 mm	200 mm	220 mm	240 mm
Dämmung [d1]	120	150	0,04	-0,01	-0,01	-0,02	-0,02	-0,03
	140	150	0,04	0,00	-0,01	-0,02	-0,02	-0,03
	160	150	0,04	0,00	-0,01	-0,01	-0,02	-0,02
	180	150	0,04	0,00	-0,01	-0,01	-0,01	-0,02
	200	150	0,04	0,00	0,00	-0,01	-0,01	-0,01

12 / Ortgang
12-H-F17a / Bild F17a - Holzbauart

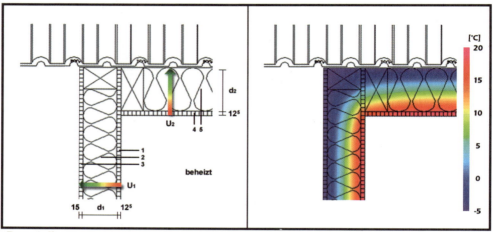

Baustoffe:

Pos.	Bezeichnung	Dicke [mm]	Rohdichte [kg/m³]	Lambda [W/(mK)]
1	Gipsfaserplatte	12,5	1150	0,32
2	Dämmung WLG 040		Tabelle [d1]	
3	Powerpanel HD	15	1000	0,4
4	Gipsfaserplatte	12,5	1150	0,32
5	Dämmung WLG 040		Tabelle [d2]	

Wärmebrückenkatalog zum Beiblatt 2 der DIN 4108-6

U-Wert [U_1]:

Variable	Dicke [mm]	Rohdichte [kg/m³]	Lambda [W/(mK)]	U-Wert [U_1] [W/(m²K)]
Dämmung [d1]	120	150	0,04	0,31
	140	150	0,04	0,27
	160	150	0,04	0,24
	180	150	0,04	0,21
	200	150	0,04	0,19

U-Wert [U_2]:

Variable	Dicke [mm]	Rohdichte [kg/m³]	Lambda [W/(mK)]	U-Wert [U_2] [W/(m²K)]
Dachdämmung [d2]	160	150	0,04	0,24
	180	150	0,04	0,21
	200	150	0,04	0,19
	220	150	0,04	0,18
	240	150	0,04	0,16

Wärmebrückenverlustkoeffizient: (Ψ-Wert, außenmaßbezogen)

Variable	Dicke [mm]	Rohdichte [kg/m³]	Lambda [W/(mK)]	Variable [d2] - Dachdämmung WLG 040				
				160 mm	180 mm	200 mm	220 mm	240 mm
Dämmung [d1]	120	150	0,04	-0,01	-0,01	-0,02	-0,02	-0,03
	140	150	0,04	0,00	-0,01	-0,02	-0,02	-0,03
	160	150	0,04	0,00	-0,01	-0,01	-0,02	-0,02
	180	150	0,04	0,00	-0,01	-0,01	-0,01	-0,02
	200	150	0,04	0,00	0,00	-0,01	-0,01	-0,01

Wärmebrückenkatalog zum Beiblatt 2 der DIN 4108-6

12 / Ortgang
12-H-F18 / Bild F18 - Holzbauart

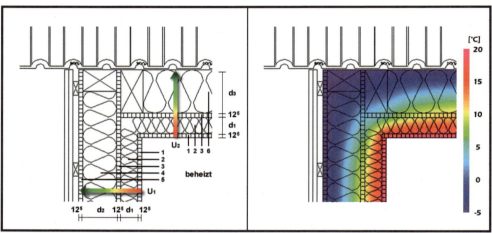

Baustoffe:

Pos.	Bezeichnung	Dicke [mm]	Rohdichte [kg/m³]	Lambda [W/(mK)]
1	Gipsfaserplatte	12,5	1150	0,32
2	Dämmung WLG 040	Tabelle [d1]		
3	Gipsfaserplatte	12,5	1150	0,32
4	Dämmung WLG 040	Tabelle [d2]		
5	Gipsfaserplatte	12,5	1150	0,32
6	Dämmung WLG 040	Tabelle [d3]		

U-Wert [U_1]:

Variable	Dicke [mm]	Rohdichte [kg/m³]	Lambda [W/(mK)]	Variable [d2] - Dämmung WLG 040				
				120 mm	140 mm	160 mm	180 mm	200 mm
Dämmung [d1]	40	30	0,04	0,23	0,21	0,19	0,17	0,16
	60	30	0,04	0,21	0,19	0,17	0,16	0,15

U-Wert [U_2]:

Variable	Dicke [mm]	Rohdichte [kg/m³]	Lambda [W/(mK)]	Variable [d3] - Dämmung WLG 040				
				160 mm	180 mm	200 mm	220 mm	240 mm
Dämmung [d1]	40	30	0,04	0,19	0,17	0,16	0,15	0,14
	60	30	0,04	0,17	0,16	0,15	0,14	0,13

Wärmebrückenverlustkoeffizient: (Ψ-Wert, außenmaßbezogen)

Variable	Variable [d1] - Dämmung 40 mm - 0,04 W/(mK)								
	Dicke [mm]	Rohdichte [kg/m³]	Lambda [W/(mK)]	Variable [d3] - Dämmung WLG 040				
				160 mm	180 mm	200 mm	220 mm	240 mm
Dämmung [d2]	120	150	0,04	-0,05	-0,05	-0,06	-0,06	-0,06
	140	150	0,04	-0,05	-0,05	-0,05	-0,06	-0,06
	160	150	0,04	-0,04	-0,05	-0,05	-0,05	-0,05
	180	150	0,04	-0,04	-0,04	-0,04	-0,05	-0,05
	200	150	0,04	-0,04	-0,04	-0,04	-0,04	-0,05

Variable	Variable [d1] - Dämmung 60 mm - 0,04 W/(mK)								
	Dicke [mm]	Rohdichte [kg/m³]	Lambda [W/(mK)]	Variable [d3] - Dämmung WLG 040				
				160 mm	180 mm	200 mm	220 mm	240 mm
Dämmung [d2]	120	150	0,04	-0,06	-0,06	-0,06	-0,06	-0,06
	140	150	0,04	-0,06	-0,06	-0,05	-0,05	-0,06
	160	150	0,04	-0,06	-0,05	-0,05	-0,05	-0,05
	180	150	0,04	-0,06	-0,05	-0,05	-0,05	-0,05
	200	150	0,04	-0,06	-0,05	-0,05	-0,05	-0,05

12 / Ortgang
12-H-F18a / Bild F18a - Holzbauart

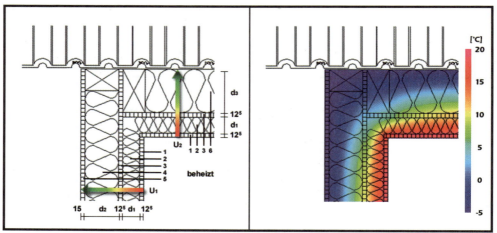

Baustoffe:

Pos.	Bezeichnung	Dicke [mm]	Rohdichte [kg/m³]	Lambda [W/(mK)]
1	Gipsfaserplatte	12,5	1150	0,32
2	Dämmung WLG 040	Tabelle [d1]		
3	Gipsfaserplatte	12,5	1150	0,32
4	Dämmung WLG 040	Tabelle [d2]		
5	Powerpanel HD	15	1000	0,4
6	Dämmung WLG 040	Tabelle [d3]		

U-Wert [U_1]:

				U-Wert [U_1] [W/(m²K)]				
Variable	Dicke [mm]	Rohdichte [kg/m³]	Lambda [W/(mK)]	Variable [d2] - Dämmung WLG 040				
				120 mm	140 mm	160 mm	180 mm	200 mm
Dämmung [d1]	40	30	0,04	0,23	0,21	0,19	0,17	0,16
	60	30	0,04	0,21	0,19	0,17	0,16	0,15

U-Wert [U_2]:

				U-Wert [U_2] [W/(m²K)]				
Variable	Dicke [mm]	Rohdichte [kg/m³]	Lambda [W/(mK)]	Variable [d3] - Dämmung WLG 040				
				160 mm	180 mm	200 mm	220 mm	240 mm
Dämmung [d1]	40	30	0,04	0,19	0,17	0,16	0,15	0,14
	60	30	0,04	0,17	0,16	0,15	0,14	0,13

Wärmebrückenverlustkoeffizient: (Ψ-Wert, außenmaßbezogen)

				Variable [d1] - Dämmung 40 mm - 0,04 W/(mK)				
Variable	Dicke [mm]	Rohdichte [kg/m³]	Lambda [W/(mK)]	Variable [d3] - Dämmung WLG 040				
				160 mm	180 mm	200 mm	220 mm	240 mm
Dämmung [d2]	120	150	0,04	-0,05	-0,05	-0,06	-0,06	-0,06
	140	150	0,04	-0,05	-0,05	-0,05	-0,06	-0,06
	160	150	0,04	-0,04	-0,05	-0,05	-0,05	-0,05
	180	150	0,04	-0,04	-0,04	-0,04	-0,05	-0,05
	200	150	0,04	-0,04	-0,04	-0,04	-0,04	-0,05

				Variable [d1] - Dämmung 60 mm - 0,04 W/(mK)				
Variable	Dicke [mm]	Rohdichte [kg/m³]	Lambda [W/(mK)]	Variable [d3] - Dämmung WLG 040				
				160 mm	180 mm	200 mm	220 mm	240 mm
Dämmung [d2]	120	150	0,04	-0,06	-0,06	-0,06	-0,06	-0,06
	140	150	0,04	-0,06	-0,06	-0,05	-0,05	-0,06
	160	150	0,04	-0,06	-0,05	-0,05	-0,05	-0,05
	180	150	0,04	-0,06	-0,05	-0,05	-0,05	-0,05
	200	150	0,04	-0,06	-0,05	-0,05	-0,05	-0,05

12 / Ortgang
12-H-F19a / Bild F19a - Holzbauart

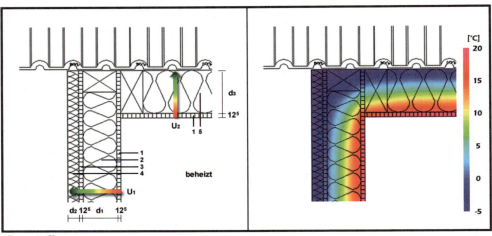

Baustoffe:

Pos.	Bezeichnung	Dicke [mm]	Rohdichte [kg/m³]	Lambda [W/(mK)]
1	Gipsfaserplatte	12,5	1150	0,32
2	Dämmung WLG 040	Tabelle [d1]		
3	Gipsfaserplatte	12,5	1150	0,32
4	WDVS WLG 040	Tabelle [d2]		
5	Dämmung WLG 040	Tabelle [d3]		

U-Wert [U_1]:

				U-Wert [U_1] - [W/(m²K)]				
Variable	Dicke [mm]	Rohdichte [kg/m³]	Lambda [W/(mK)]	Variable [d1] - Dämmung WLG 040				
				120 mm	140 mm	160 mm	180 mm	200 mm
WDVS [d2]	40	30	0,04	0,24	0,21	0,19	0,17	0,16
	60	30	0,04	0,21	0,19	0,17	0,16	0,15
	80	30	0,04	0,19	0,17	0,16	0,15	0,14
	100	30	0,04	0,17	0,16	0,15	0,14	0,13
	120	30	0,04	0,16	0,15	0,14	0,13	0,12

U-Wert [U_2]:

Variable	Dicke [mm]	Rohdichte [kg/m³]	Lambda [W/(mK)]	U-Wert [U_2] [W/(m²K)]
Dachdäm- mung [d3]	160	150	0,04	0,24
	180	150	0,04	0,21
	200	150	0,04	0,19
	220	150	0,04	0,18
	240	150	0,04	0,16

Wärmebrückenkatalog zum Beiblatt 2 der DIN 4108-6

Wärmebrückenverlustkoeffizient: (Ψ-Wert, außenmaßbezogen)

	Variable [d3] - Dachdämmung 160 mm - 0,04 W/(mK)							
Variable	Dicke [mm]	Rohdichte [kg/m³]	Lambda [W/(mK)]	Variable [d1] - Dämmung WLG 040				
				120 mm	140 mm	160 mm	180 mm	200 mm
WDVS [d2]	40	30	0,04	-0,01	0,00	0,00	0,00	0,00
	60	30	0,04	-0,01	-0,01	0,00	0,00	0,00
	80	30	0,04	-0,01	-0,01	-0,01	-0,01	-0,01
	100	30	0,04	-0,01	-0,01	-0,01	-0,01	-0,01
	120	30	0,04	-0,01	-0,01	-0,01	-0,01	-0,01

	Variable [d3] - Dachdämmung 180 mm - 0,04 W/(mK)							
Variable	Dicke [mm]	Rohdichte [kg/m³]	Lambda [W/(mK)]	Variable [d1] - Dämmung WLG 040				
				120 mm	140 mm	160 mm	180 mm	200 mm
WDVS [d2]	40	30	0,04	-0,01	-0,01	-0,01	0,00	0,00
	60	30	0,04	-0,01	-0,01	-0,01	-0,01	0,00
	80	30	0,04	-0,01	-0,01	-0,01	-0,01	-0,01
	100	30	0,04	-0,01	-0,01	-0,01	-0,01	-0,01
	120	30	0,04	-0,01	-0,01	-0,01	-0,01	-0,01

	Variable [d3] - Dachdämmung 200 mm - 0,04 W/(mK)							
Variable	Dicke [mm]	Rohdichte [kg/m³]	Lambda [W/(mK)]	Variable [d1] - Dämmung WLG 040				
				120 mm	140 mm	160 mm	180 mm	200 mm
WDVS [d2]	40	30	0,04	-0,01	-0,01	-0,01	-0,01	0,00
	60	30	0,04	-0,01	-0,01	-0,01	-0,01	-0,01
	80	30	0,04	-0,02	-0,01	-0,01	-0,01	-0,01
	100	30	0,04	-0,02	-0,02	-0,01	-0,01	-0,01
	120	30	0,04	-0,02	-0,02	-0,01	-0,01	-0,01

	Variable [d3] - Dachdämmung 220 mm - 0,04 W/(mK)							
Variable	Dicke [mm]	Rohdichte [kg/m³]	Lambda [W/(mK)]	Variable [d1] - Dämmung WLG 040				
				120 mm	140 mm	160 mm	180 mm	200 mm
WDVS [d2]	40	30	0,04	-0,02	-0,02	-0,01	-0,01	-0,01
	60	30	0,04	-0,02	-0,02	-0,01	-0,01	-0,01
	80	30	0,04	-0,02	-0,02	-0,01	-0,01	-0,01
	100	30	0,04	-0,02	-0,01	-0,01	-0,01	-0,01
	120	30	0,04	-0,02	-0,01	-0,01	-0,01	-0,01

	Variable [d3] - Dachdämmung 240 mm - 0,04 W/(mK)							
Variable	Dicke [mm]	Rohdichte [kg/m³]	Lambda [W/(mK)]	Variable [d1] - Dämmung WLG 040				
				120 mm	140 mm	160 mm	180 mm	200 mm
WDVS [d2]	40	30	0,04	-0,02	-0,02	-0,02	-0,02	-0,01
	60	30	0,04	-0,02	-0,02	-0,02	-0,02	-0,01
	80	30	0,04	-0,02	-0,02	-0,02	-0,01	-0,01
	100	30	0,04	-0,01	-0,01	-0,01	-0,01	-0,01
	120	30	0,04	-0,01	-0,01	-0,01	-0,01	-0,01

12 / Ortgang
12-H-F19b / Bild F19b - Holzbauart

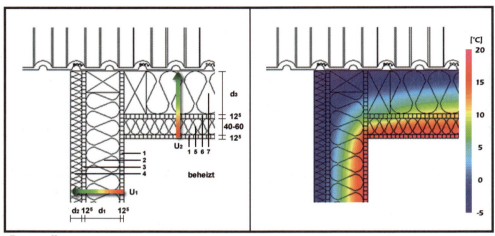

Baustoffe:

Pos.	Bezeichnung	Dicke [mm]	Rohdichte [kg/m³]	Lambda [W/(mK)]
1	Gipsfaserplatte	12,5	1150	0,32
2	Dämmung WLG 040	Tabelle [d1]		
3	Gipsfaserplatte	12,5	1150	0,32
4	WDVS WLG 040	Tabelle [d2]		
5	Dämmung WLG 040	60	150	0,04
6	Gipsfaserplatte	12,5	1150	0,32
7	Dämmung WLG 040	Tabelle [d3]		

U-Wert [U_1]:

				U-Wert [U_1] - [W/(m²K)]				
Variable	Dicke [mm]	Rohdichte [kg/m³]	Lambda [W/(mK)]	Variable [d1] - Dämmung WLG 040				
				120 mm	140 mm	160 mm	180 mm	200 mm
WDVS [d2]	40	30	0,04	0,24	0,21	0,19	0,17	0,16
	60	30	0,04	0,21	0,19	0,17	0,16	0,15
	80	30	0,04	0,19	0,17	0,16	0,15	0,14
	100	30	0,04	0,17	0,16	0,15	0,14	0,13
	120	30	0,04	0,16	0,15	0,14	0,13	0,12

U-Wert [U_2]:

Variable	Dicke [mm]	Rohdichte [kg/m³]	Lambda [W/(mK)]	U-Wert [U_2] [W/(m²K)]
Dachdämmung [d3]	160	150	0,04	0,17
	180	150	0,04	0,16
	200	150	0,04	0,15
	220	150	0,04	0,14
	240	150	0,04	0,13

Wärmebrückenverlustkoeffizient: (Ψ-Wert, außenmaßbezogen)

		Variable [d3] - Dachdämmung 160 mm - 0,04 W/(mK)							
Variable	Dicke [mm]	Rohdichte [kg/m³]	Lambda [W/(mK)]	Variable [d1] - Dämmung WLG 040					
				120 mm	140 mm	160 mm	180 mm	200 mm	
WDVS [d2]	40	30	0,04	-0,03	-0,03	-0,03	-0,03	-0,02	
	60	30	0,04	-0,03	-0,03	-0,03	-0,03	-0,02	
	80	30	0,04	-0,03	-0,03	-0,03	-0,03	-0,03	
	100	30	0,04	-0,02	-0,03	-0,03	-0,03	-0,03	
	120	30	0,04	-0,02	-0,02	-0,02	-0,03	-0,03	

		Variable [d3] - Dachdämmung 180 mm - 0,04 W/(mK)							
Variable	Dicke [mm]	Rohdichte [kg/m³]	Lambda [W/(mK)]	Variable [d1] - Dämmung WLG 040					
				120 mm	140 mm	160 mm	180 mm	200 mm	
WDVS [d2]	40	30	0,04	-0,04	-0,03	-0,03	-0,03	-0,03	
	60	30	0,04	-0,03	-0,03	-0,03	-0,03	-0,03	
	80	30	0,04	-0,03	-0,03	-0,03	-0,03	-0,03	
	100	30	0,04	-0,03	-0,03	-0,03	-0,03	-0,03	
	120	30	0,04	-0,02	-0,02	-0,03	-0,03	-0,03	

		Variable [d3] - Dachdämmung 200 mm - 0,04 W/(mK)							
Variable	Dicke [mm]	Rohdichte [kg/m³]	Lambda [W/(mK)]	Variable [d1] - Dämmung WLG 040					
				120 mm	140 mm	160 mm	180 mm	200 mm	
WDVS [d2]	40	30	0,04	-0,04	-0,04	-0,03	-0,03	-0,03	
	60	30	0,04	-0,04	-0,03	-0,03	-0,03	-0,03	
	80	30	0,04	-0,03	-0,03	-0,03	-0,03	-0,03	
	100	30	0,04	-0,03	-0,03	-0,03	-0,03	-0,03	
	120	30	0,04	-0,03	-0,03	-0,03	-0,03	-0,03	

		Variable [d3] - Dachdämmung 220 mm - 0,04 W/(mK)							
Variable	Dicke [mm]	Rohdichte [kg/m³]	Lambda [W/(mK)]	Variable [d1] - Dämmung WLG 040					
				120 mm	140 mm	160 mm	180 mm	200 mm	
WDVS [d2]	40	30	0,04	-0,05	-0,04	-0,04	-0,04	-0,03	
	60	30	0,04	-0,04	-0,04	-0,04	-0,03	-0,03	
	80	30	0,04	-0,04	-0,04	-0,03	-0,03	-0,03	
	100	30	0,04	-0,03	-0,03	-0,03	-0,03	-0,03	
	120	30	0,04	-0,03	-0,03	-0,03	-0,03	-0,03	

		Variable [d3] - Dachdämmung 240 mm - 0,04 W/(mK)							
Variable	Dicke [mm]	Rohdichte [kg/m³]	Lambda [W/(mK)]	Variable [d1] - Dämmung WLG 040					
				120 mm	140 mm	160 mm	180 mm	200 mm	
WDVS [d2]	40	30	0,04	-0,05	-0,05	-0,04	-0,04	-0,04	
	60	30	0,04	-0,05	-0,04	-0,04	-0,04	-0,03	
	80	30	0,04	-0,04	-0,04	-0,04	-0,04	-0,03	
	100	30	0,04	-0,04	-0,04	-0,03	-0,03	-0,03	
	120	30	0,04	-0,03	-0,03	-0,03	-0,03	-0,03	

12 / Ortgang
12-H-F19c / Bild F19c - Holzbauart

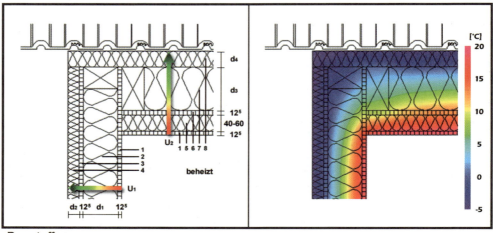

Baustoffe:

Pos.	Bezeichnung	Dicke [mm]	Rohdichte [kg/m³]	Lambda [W/(mK)]
1	Gipsfaserplatte	12,5	1150	0,32
2	Dämmung WLG 040	Tabelle [d1]		
3	Gipsfaserplatte	12,5	1150	0,32
4	WDVS WLG 040	Tabelle [d2]		
5	Dämmung WLG 040	60	150	0,04
6	Gipsfaserplatte	12,5	1150	0,32
7	Dämmung WLG 040	Tabelle [d3]		
8	Dämmung WLG 040	Tabelle [d4]		

U-Wert [U_1]:

				U-Wert [U_1] - [W/(m²K)]				
Variable	Dicke [mm]	Rohdichte [kg/m³]	Lambda [W/(mK)]	Variable [d1] - Dämmung WLG 040				
				120 mm	140 mm	160 mm	180 mm	200 mm
WDVS [d2]	40	30	0,04	0,24	0,21	0,19	0,17	0,16
	60	30	0,04	0,21	0,19	0,17	0,16	0,15
	80	30	0,04	0,19	0,17	0,16	0,15	0,14
	100	30	0,04	0,17	0,16	0,15	0,14	0,13
	120	30	0,04	0,16	0,15	0,14	0,13	0,12

U-Wert [U_2]:

				U-Wert [U_2] - [W/(m²K)]				
Variable	Dicke [mm]	Rohdichte [kg/m³]	Lambda [W/(mK)]	Variable [d3] - Dämmung WLG 040				
				160 mm	180 mm	200 mm	220 mm	240 mm
Dämmung [d4]	40	150	0,04	0,15	0,14	0,13	0,12	0,11
	60	150	0,04	0,14	0,13	0,12	0,11	0,11
	80	150	0,04	0,13	0,12	0,11	0,11	0,10

Wärmebrückenverlustkoeffizient: (Ψ-Wert, außenmaßbezogen)

Variable	Dicke [mm]	Rohdichte [kg/m³]	Lambda [W/(mK)]	Variable [d1] - Dämmung WLG 040				
				120 mm	140 mm	160 mm	180 mm	200 mm
Variable [d4] - Dämmung 40 mm - 0,04 W/(mK)								
Variable [d3] - Dämmung 160 mm - 0,04 W/(mK)								
WDVS [d2]	40	30	0,04	-0,05	-0,05	-0,04	-0,04	-0,04
	60	30	0,04	-0,05	-0,04	-0,04	-0,04	-0,04
	80	30	0,04	-0,04	-0,04	-0,04	-0,04	-0,04
	100	30	0,04	-0,04	-0,04	-0,04	-0,04	-0,04
	120	30	0,04	-0,04	-0,04	-0,04	-0,04	-0,04
Variable [d3] - Dämmung 180 mm - 0,04 W/(mK)								
WDVS [d2]	40	30	0,04	-0,05	-0,05	-0,04	-0,04	-0,04
	60	30	0,04	-0,05	-0,05	-0,04	-0,04	-0,04
	80	30	0,04	-0,04	-0,04	-0,04	-0,04	-0,04
	100	30	0,04	-0,04	-0,04	-0,04	-0,04	-0,04
	120	30	0,04	-0,04	-0,04	-0,04	-0,04	-0,04
Variable [d3] - Dämmung 200 mm - 0,04 W/(mK)								
WDVS [d2]	40	30	0,04	-0,05	-0,05	-0,05	-0,04	-0,04
	60	30	0,04	-0,05	-0,05	-0,04	-0,04	-0,04
	80	30	0,04	-0,04	-0,04	-0,04	-0,04	-0,04
	100	30	0,04	-0,04	-0,04	-0,04	-0,04	-0,04
	120	30	0,04	-0,04	-0,04	-0,04	-0,04	-0,04
Variable [d3] - Dämmung 220 mm - 0,04 W/(mK)								
WDVS [d2]	40	30	0,04	-0,06	-0,05	-0,05	-0,05	-0,04
	60	30	0,04	-0,05	-0,05	-0,05	-0,04	-0,04
	80	30	0,04	-0,05	-0,05	-0,04	-0,04	-0,04
	100	30	0,04	-0,04	-0,04	-0,04	-0,04	-0,04
	120	30	0,04	-0,04	-0,04	-0,04	-0,04	-0,04
Variable [d3] - Dämmung 240 mm - 0,04 W/(mK)								
WDVS [d2]	40	30	0,04	-0,06	-0,06	-0,05	-0,05	-0,04
	60	30	0,04	-0,06	-0,05	-0,05	-0,05	-0,04
	80	30	0,04	-0,05	-0,05	-0,05	-0,04	-0,04
	100	30	0,04	-0,05	-0,05	-0,04	-0,04	-0,04
	120	30	0,04	-0,04	-0,04	-0,04	-0,04	-0,04

Wärmebrückenkatalog zum Beiblatt 2 der DIN 4108-6

Wärmebrückenverlustkoeffizient: (Ψ-Wert, außenmaßbezogen)

Variable	Dicke [mm]	Rohdichte [kg/m³]	Lambda [W/(mK)]	Variable [d1] - Dämmung WLG 040				
				120 mm	140 mm	160 mm	180 mm	200 mm
Variable [d4] - Dämmung 60 mm - 0,04 W/(mK)								
Variable [d3] - Dämmung 160 mm - 0,04 W/(mK)								
WDVS [d2]	40	30	0,04	-0,05	-0,05	-0,05	-0,04	-0,04
	60	30	0,04	-0,05	-0,05	-0,04	-0,04	-0,04
	80	30	0,04	-0,05	-0,04	-0,04	-0,04	-0,04
	100	30	0,04	-0,04	-0,04	-0,04	-0,04	-0,04
	120	30	0,04	-0,04	-0,04	-0,04	-0,04	-0,04
Variable [d3] - Dämmung 180 mm - 0,04 W/(mK)								
WDVS [d2]	40	30	0,04	-0,06	-0,05	-0,05	-0,04	-0,04
	60	30	0,04	-0,05	-0,05	-0,05	-0,04	-0,04
	80	30	0,04	-0,05	-0,05	-0,04	-0,04	-0,04
	100	30	0,04	-0,04	-0,04	-0,04	-0,04	-0,04
	120	30	0,04	-0,04	-0,04	-0,04	-0,04	-0,04
Variable [d3] - Dämmung 200 mm - 0,04 W/(mK)								
WDVS [d2]	40	30	0,04	-0,06	-0,05	-0,05	-0,05	-0,04
	60	30	0,04	-0,05	-0,05	-0,05	-0,04	-0,04
	80	30	0,04	-0,05	-0,05	-0,04	-0,04	-0,04
	100	30	0,04	-0,04	-0,04	-0,04	-0,04	-0,04
	120	30	0,04	-0,04	-0,04	-0,04	-0,04	-0,04
Variable [d3] - Dämmung 220 mm - 0,04 W/(mK)								
WDVS [d2]	40	30	0,04	-0,06	-0,06	-0,05	-0,05	-0,04
	60	30	0,04	-0,06	-0,05	-0,05	-0,05	-0,04
	80	30	0,04	-0,05	-0,05	-0,05	-0,04	-0,04
	100	30	0,04	-0,05	-0,05	-0,04	-0,04	-0,04
	120	30	0,04	-0,04	-0,04	-0,04	-0,04	-0,04
Variable [d3] - Dämmung 240 mm - 0,04 W/(mK)								
WDVS [d2]	40	30	0,04	-0,07	-0,06	-0,06	-0,05	-0,05
	60	30	0,04	-0,06	-0,06	-0,05	-0,05	-0,05
	80	30	0,04	-0,06	-0,05	-0,05	-0,05	-0,04
	100	30	0,04	-0,05	-0,05	-0,05	-0,04	-0,04
	120	30	0,04	-0,05	-0,04	-0,04	-0,04	-0,04

Wärmebrückenverlustkoeffizient: (Ψ-Wert, außenmaßbezogen)

Variable	Dicke [mm]	Rohdichte [kg/m³]	Lambda [W/(mK)]	Variable [d1] - Dämmung WLG 040				
				120 mm	140 mm	160 mm	180 mm	200 mm
Variable [d4] - Dämmung 80 mm - 0,04 W/(mK)								
Variable [d3] - Dämmung 160 mm - 0,04 W/(mK)								
WDVS [d2]	40	30	0,04	-0,06	-0,06	-0,05	-0,05	-0,04
	60	30	0,04	-0,06	-0,05	-0,05	-0,05	-0,04
	80	30	0,04	-0,05	-0,05	-0,05	-0,05	-0,04
	100	30	0,04	-0,05	-0,05	-0,05	-0,04	-0,04
	120	30	0,04	-0,04	-0,04	-0,04	-0,04	-0,04
Variable [d3] - Dämmung 180 mm - 0,04 W/(mK)								
WDVS [d2]	40	30	0,04	-0,06	-0,06	-0,05	-0,05	-0,05
	60	30	0,04	-0,06	-0,06	-0,05	-0,05	-0,04
	80	30	0,04	-0,05	-0,05	-0,05	-0,05	-0,04
	100	30	0,04	-0,05	-0,05	-0,05	-0,05	-0,04
	120	30	0,04	-0,05	-0,04	-0,04	-0,04	-0,04
Variable [d3] - Dämmung 200 mm - 0,04 W/(mK)								
WDVS [d2]	40	30	0,04	-0,07	-0,06	-0,06	-0,05	-0,05
	60	30	0,04	-0,06	-0,06	-0,05	-0,05	-0,05
	80	30	0,04	-0,06	-0,05	-0,05	-0,05	-0,05
	100	30	0,04	-0,05	-0,05	-0,05	-0,05	-0,04
	120	30	0,04	-0,05	-0,05	-0,05	-0,04	-0,04
Variable [d3] - Dämmung 220 mm - 0,04 W/(mK)								
WDVS [d2]	40	30	0,04	-0,07	-0,07	-0,06	-0,06	-0,05
	60	30	0,04	-0,07	-0,06	-0,06	-0,05	-0,05
	80	30	0,04	-0,06	-0,06	-0,05	-0,05	-0,05
	100	30	0,04	-0,06	-0,05	-0,05	-0,05	-0,05
	120	30	0,04	-0,05	-0,05	-0,05	-0,05	-0,04
Variable [d3] - Dämmung 240 mm - 0,04 W/(mK)								
WDVS [d2]	40	30	0,04	-0,08	-0,07	-0,07	-0,06	-0,06
	60	30	0,04	-0,07	-0,07	-0,06	-0,06	-0,05
	80	30	0,04	-0,06	-0,06	-0,06	-0,05	-0,05
	100	30	0,04	-0,06	-0,06	-0,05	-0,05	-0,05
	120	30	0,04	-0,05	-0,05	-0,05	-0,05	-0,05

14 / Pfettendach
14-M-84a / Bild 84a - monolithisches Mauerwerk

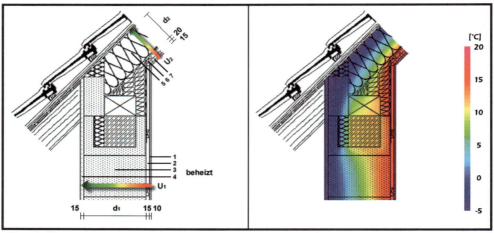

Baustoffe:

Pos.	Bezeichnung	Dicke [mm]	Rohdichte [kg/m³]	Lambda [W/(mK)]
1	Gipskartonplatte	15	900	0,25
2	Holzfaserplatte	20	1000	0,17
3	Mauerwerk	Tabelle [d1]		
4	Außenputz	15	1300	0,2
5	Dachdämmung WLG 040	Tabelle [d2]		
6	Holzfaserplatte	20	1000	0,17
7	Gipskartonplatte	15	900	0,25

U-Wert [U_1]:

Variable	Dicke [mm]	Rohdichte [kg/m³]	Lambda [W/(mK)]	U-Wert [U_1] [W/(m²K)]
Mauerwerk [d1]	240	350	0,09	0,32
	300	350	0,09	0,27
	365	350	0,09	0,22
	240	400	0,10	0,35
	300	400	0,10	0,29
	365	400	0,10	0,25
	240	450	0,12	0,41
	300	450	0,12	0,34
	365	450	0,12	0,29
	240	500	0,14	0,47
	300	500	0,14	0,39
	365	500	0,14	0,33
	240	550	0,16	0,52
	300	550	0,16	0,44
	365	550	0,16	0,37

U-Wert [U_2]:

Variable	Dicke [mm]	Rohdichte [kg/m³]	Lambda [W/(mK)]	U-Wert [U_2] [W/(m²K)]
Dachdämmung [d2]	140	150	0,04	0,26
	160	150	0,04	0,23
	180	150	0,04	0,21
	200	150	0,04	0,19

Wärmebrückenverlustkoeffizient: (Ψ-Wert, außenmaßbezogen)

Variable	Dicke [mm]	Rohdichte [kg/m³]	Lambda [W/(mK)]	Variable [d2] - Dachdämmung WLG 040			
				140 mm	160 mm	180 mm	200 mm
Mauerwerk [d1]	240	350	0,09	0,03	0,03	0,02	0,02
	300	350	0,09	-0,01	0,00	-0,01	0,00
	365	350	0,09	-0,01	0,00	0,00	0,01
	240	400	0,10	0,01	001	0,01	0,01
	300	400	0,10	-0,02	-0,02	-0,02	-0,02
	365	400	0,10	-0,02	-0,01	-0,01	0,00
	240	450	0,12	-0,01	-0,01	-0,02	-0,02
	300	450	0,12	-0,04	-0,04	-0,04	-0,04
	365	450	0,12	-0,03	-0,03	-0,03	-0,03
	240	500	0,14	-0,03	-0,04	-0,04	-0,05
	300	500	0,14	-0,06	-0,06	-0,07	-0,07
	365	500	0,14	-0,05	-0,05	-0,05	-0,05
	240	550	0,16	-0,06	-0,06	-0,07	-0,08
	300	550	0,16	-0,08	-0,08	-0,09	-0,09
	365	550	0,16	-0,07	-0,07	-0,07	-0,07

14 / Pfettendach
14-M-84b / Bild 84b - monolithisches Mauerwerk

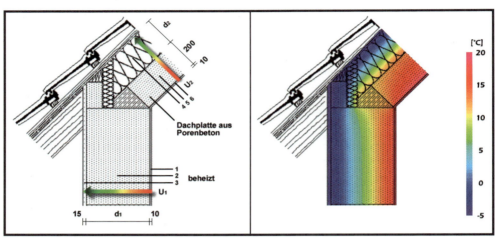

Baustoffe:

Pos.	Bezeichnung	Dicke [mm]	Rohdichte [kg/m³]	Lambda [W/(mK)]
1	Innenputz	10	1800	0,35
2	Mauerwerk		Tabelle [d1]	
3	Außenputz	15	1300	0,2
4	Dachdämmung WLG 040		Tabelle [d2]	
5	Dachplatte aus Porenbeton	200	600	0,16
6	Innenputz	10	1800	0,35

Wärmebrückenkatalog zum Beiblatt 2 der DIN 4108-6

U-Wert [U_1]:

Variable	Dicke [mm]	Rohdichte [kg/m³]	Lambda [W/(mK)]	U-Wert [U_1] [W/(m²K)]
Mauerwerk [d1]	240	350	0,09	0,34
	300	350	0,09	0,28
	365	350	0,09	0,23
	240	400	0,10	0,37
	300	400	0,10	0,31
	365	400	0,10	0,25
	240	450	0,12	0,44
	300	450	0,12	0,36
	365	450	0,12	0,30
	240	500	0,14	0,50
	300	500	0,14	0,41
	365	500	0,14	0,35
	240	550	0,16	0,56
	300	550	0,16	0,47
	365	550	0,16	0,39

U-Wert [U_2]:

Variable	Dicke [mm]	Rohdichte [kg/m³]	Lambda [W/(mK)]	U-Wert [U_2] [W/(m²K)]
Dachdämmung [d2]	100	150	0,04	0,25
	120	150	0,04	0,22
	140	150	0,04	0,20
	160	150	0,04	0,18

Wärmebrückenverlustkoeffizient: (Ψ-Wert, außenmaßbezogen)

Variable	Dicke [mm]	Rohdichte [kg/m³]	Lambda [W/(mK)]	Variable [d2] - Dachdämmung WLG 040			
				100 mm	120 mm	140 mm	160 mm
Mauerwerk [d1]	240	350	0,09	0,04	0,03	0,03	0,03
	300	350	0,09	0,01	0,01	0,01	0,00
	365	350	0,09	0,00	0,00	0,00	0,00
	240	400	0,10	0,03	0,03	0,03	0,02
	300	400	0,10	0,00	0,01	0,00	0,00
	365	400	0,10	-0,01	0,00	-0,01	0,00
	240	450	0,12	0,03	0,03	0,02	0,02
	300	450	0,12	-0,01	0,00	0,00	-0,01
	365	450	0,12	-0,01	-0,01	-0,01	-0,01
	240	500	0,14	0,03	0,03	0,02	0,01
	300	500	0,14	-0,01	0,00	-0,01	-0,01
	365	500	0,14	-0,01	-0,01	-0,01	-0,01
	240	550	0,16	0,03	0,02	0,01	0,01
	300	550	0,16	-0,02	-0,01	-0,02	-0,02
	365	550	0,16	-0,01	-0,01	-0,02	-0,02

14 / Pfettendach
14-K-85a / Bild 85a - kerngedämmtes Mauerwerk

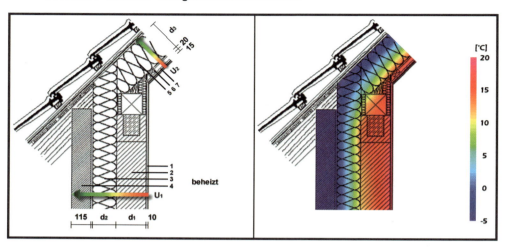

Baustoffe:

Pos.	Bezeichnung	Dicke [mm]	Rohdichte [kg/m³]	Lambda [W/(mK)]
1	Innenputz	10	1800	0,35
2	Mauerwerk		Tabelle [d1]	
3	Kerndämmung		Tabelle [d2]	
4	Verblendmauerwerk	115	2000	0,96
5	Dachdämmung WLG 040		Tabelle [d3]	
6	Holzfaserplatte	20	1000	0,17
7	Gipskartonplatte	15	900	0,25

U-Wert [U_1]:

				U-Wert [U_1] - [W/(m²K)]			
	Dicke [mm]	Rohdichte [kg/m³]	Lambda [W/(mK)]		Variable [d1] - 175 mm		
Variable				Kalksand-stein	Mauerwerk 0,10 W/(mK)	Mauerwerk 0,12 W/(mK)	Mauerwerk 0,14 W/(mK)
Kerndämmung [d2]	100	150	0,04	0,33	0,22	0,23	0,25
	120	150	0,04	0,29	0,20	0,21	0,22
	140	150	0,04	0,25	0,18	0,19	0,20

U-Wert [U_2]:

Variable	Dicke [mm]	Rohdichte [kg/m³]	Lambda [W/(mK)]	U-Wert [U_2] [W/(m²K)]
Dachdämmung [d3]	140	150	0,04	0,26
	160	150	0,04	0,23
	180	150	0,04	0,21
	200	150	0,04	0,19

Wärmebrückenverlustkoeffizient: (Ψ-Wert, außenmaßbezogen)

Variable	Dicke [mm]	Rohdichte [kg/m³]	Lambda [W/(mK)]	Variable [d3] - Dachdämmung WLG 040			
				140 mm	160 mm	180 mm	200 mm
Variable [d1] - Kalksandstein 175 mm - 0,99 W/(mK)							
Kerndämmung [d2]	100	150	0,04	-0,06	-0,05	-0,05	-0,05
	120	150	0,04	-0,06	-0,05	-0,05	-0,05
	140	150	0,04	-0,06	-0,05	-0,05	-0,04

Variable	Dicke [mm]	Rohdichte [kg/m³]	Lambda [W/(mK)]	Variable [d3] - Dachdämmung WLG 040			
				140 mm	160 mm	180 mm	200 mm
Variable [d1] - Mauerwerk 175 mm - 0,10 W/(mK)							
Kerndämmung [d2]	100	150	0,04	-0,03	-0,03	-0,02	-0,02
	120	150	0,04	-0,04	-0,03	-0,03	-0,02
	140	150	0,04	-0,05	-0,04	-0,03	-0,03

Variable	Dicke [mm]	Rohdichte [kg/m³]	Lambda [W/(mK)]	Variable [d3] - Dachdämmung WLG 040			
				140 mm	160 mm	180 mm	200 mm
Variable [d1] - Mauerwerk 175 mm - 0,12 W/(mK)							
Kerndämmung [d2]	100	150	0,04	-0,04	-0,03	-0,03	-0,02
	120	150	0,04	-0,04	-0,04	-0,03	-0,03
	140	150	0,04	-0,05	-0,04	-0,03	-0,03

Variable	Dicke [mm]	Rohdichte [kg/m³]	Lambda [W/(mK)]	Variable [d3] - Dachdämmung WLG 040			
				140 mm	160 mm	180 mm	200 mm
Variable [d1] - Mauerwerk 175 mm - 0,14 W/(mK)							
Kerndämmung [d2]	100	150	0,04	-0,04	-0,04	-0,03	-0,03
	120	150	0,04	-0,05	-0,04	-0,03	-0,03
	140	150	0,04	-0,05	-0,04	-0,04	-0,03

14 / Pfettendach
14-K-85b / Bild 85b - kerngedämmtes Mauerwerk

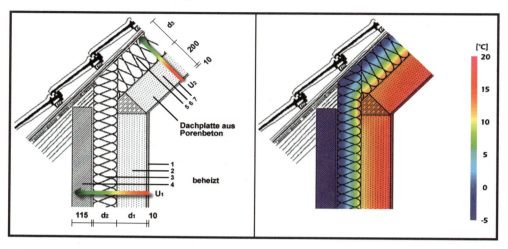

Baustoffe:

Pos.	Bezeichnung	Dicke [mm]	Rohdichte [kg/m³]	Lambda [W/(mK)]
1	Innenputz	10	1800	0,35
2	Mauerwerk		Tabelle [d1]	
3	Kerndämmung		Tabelle [d2]	
4	Verblendmauerwerk	115	2000	0,96
5	Dachdämmung WLG 040		Tabelle [d3]	
6	Dachplatte aus Porenbeton	200	600	0,16
7	Innenputz	10	1800	0,35

U-Wert [U_1]:

				U-Wert [U_1] - [W/(m²K)]			
	Dicke [mm]	Rohdichte [kg/m³]	Lambda [W/(mK)]	Variable [d1] - 175 mm			
Variable				Kalksandstein	Mauerwerk 0,10 W/(mK)	Mauerwerk 0,12 W/(mK)	Mauerwerk 0,14 W/(mK)
Kerndämmung [d2]	100	150	0,04	0,33	0,22	0,23	0,25
	120	150	0,04	0,29	0,20	0,21	0,22
	140	150	0,04	0,25	0,18	0,19	0,20

U-Wert [U_2]:

Variable	Dicke [mm]	Rohdichte [kg/m³]	Lambda [W/(mK)]	U-Wert [U_2] [W/(m²K)]
Dachdämmung [d3]	100	150	0,04	0,25
	120	150	0,04	0,22
	140	150	0,04	0,20
	160	150	0,04	0,18

Wärmebrückenverlustkoeffizient: (Ψ-Wert, außenmaßbezogen)

		Variable [d1] - Kalksandstein 175 mm - 0,99 W/(mK)					
Variable	Dicke [mm]	Rohdichte [kg/m³]	Lambda [W/(mK)]	Variable [d3] - Dachdämmung WLG 040			
				100 mm	120 mm	140 mm	160 mm
Kerndäm-mung [d2]	100	150	0,04	-0,02	-0,03	-0,03	-0,03
	120	150	0,04	-0,02	-0,02	-0,02	-0,03
	140	150	0,04	-0,02	-0,02	-0,02	-0,02

		Variable [d1] - Mauerwerk 175 mm - 0,10 W/(mK)					
Variable	Dicke [mm]	Rohdichte [kg/m³]	Lambda [W/(mK)]	Variable [d3] - Dachdämmung WLG 040			
				100 mm	120 mm	140 mm	160 mm
Kerndäm-mung [d2]	100	150	0,04	-0,02	-0,01	-0,01	-0,01
	120	150	0,04	-0,02	-0,02	-0,01	-0,01
	140	150	0,04	-0,03	-0,02	-0,02	-0,02

		Variable [d1] - Mauerwerk 175 mm - 0,12 W/(mK)					
Variable	Dicke [mm]	Rohdichte [kg/m³]	Lambda [W/(mK)]	Variable [d3] - Dachdämmung WLG 040			
				100 mm	120 mm	140 mm	160 mm
Kerndäm-mung [d2]	100	150	0,04	-0,02	-0,01	-0,01	-0,01
	120	150	0,04	-0,02	-0,02	-0,01	-0,01
	140	150	0,04	-0,03	-0,02	-0,02	-0,02

		Variable [d1] - Mauerwerk 175 mm - 0,14 W/(mK)					
Variable	Dicke [mm]	Rohdichte [kg/m³]	Lambda [W/(mK)]	Variable [d3] - Dachdämmung WLG 040			
				100 mm	120 mm	140 mm	160 mm
Kerndäm-mung [d2]	100	150	0,04	-0,02	-0,01	-0,01	-0,01
	120	150	0,04	-0,02	-0,02	-0,02	-0,01
	140	150	0,04	-0,03	-0,02	-0,02	-0,02

14 / Pfettendach
14-M-M53 / Bild M53 - monolithisches Mauerwerk

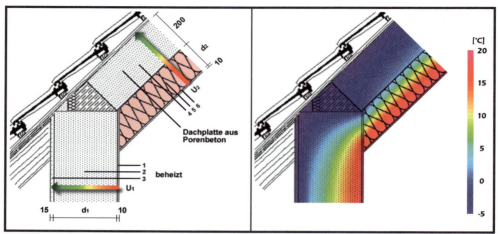

Baustoffe:

Pos.	Bezeichnung	Dicke [mm]	Rohdichte [kg/m³]	Lambda [W/(mK)]
1	Innenputz	10	1800	0,35
2	Mauerwerk		Tabelle [d1]	
3	Außenputz	15	1800	0,2
4	Dachplatte aus Porenbeton	200	600	0,16
5	Dämmplatte		Tabelle [d2]	
6	Innenputz	10	1800	0,35

U-Wert [U_1]:

Variable	Dicke [mm]	Rohdichte [kg/m³]	Lambda [W/(mK)]	U-Wert [U_1] [W/(m²K)]
Mauerwerk [d1]	300	350	0,09	0,28
	365	350	0,09	0,23
	300	400	0,10	0,31
	365	400	0,10	0,25
	300	450	0,12	0,36
	365	550	0,12	0,30

U-Wert [U_2]:

Variable	Dicke [mm]	Rohdichte [kg/m³]	Lambda [W/(mK)]	U-Wert [U_2] [W/(m²K)]
Dämmplatte [d2]	120	150	0,045	0,24
	140	150	0,045	0,22
	160	150	0,045	0,20
	180	150	0,045	0,18
	200	150	0,045	0,17

Wärmebrückenverlustkoeffizient: (Ψ-Wert, außenmaßbezogen)

Variable	Dicke [mm]	Rohdichte [kg/m³]	Lambda [W/(mK)]	Variable [d2] - Dämmplatte WLG 045				
				120 mm	140 mm	160 mm	180 mm	200 mm
Mauerwerk [d1]	300	350	0,09	0,00	-0,01	-0,02	-0,02	-0,03
	365	350	0,09	0,00	0,00	-0,01	-0,01	-0,02
	300	400	0,10	0,00	-0,01	-0,02	-0,03	-0,04
	365	400	0,10	0,00	0,00	-0,01	-0,01	-0,02
	300	450	0,12	-0,01	-0,02	-0,02	-0,03	-0,04
	365	550	0,12	0,01	0,00	-0,01	-0,01	-0,02

14 / Pfettendach
14-A-M09b / Bild M09b - außendämmtes Mauerwerk

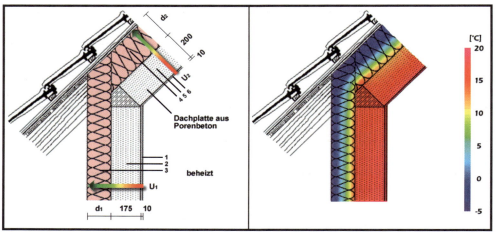

Baustoffe:

Pos.	Bezeichnung	Dicke [mm]	Rohdichte [kg/m³]	Lambda [W/(mK)]
1	Innenputz	10	1800	0,35
2	Kalksandstein	175	1800	0,99
3	WDVS	Tabelle [d1]		
4	Dämmplatte	Tabelle [d2]		
5	Dachplatte aus Porenbeton	200	600	0,16
6	Innenputz	10	1800	0,35

U-Wert [U_1]:

Variable	Dicke [mm]	Rohdichte [kg/m³]	Lambda [W/(mK)]	U-Wert [U_1] [W/(m²K)]
WDVS [d1]	100	115	0,045	0,38
	120	115	0,045	0,33
	140	115	0,045	0,29
	160	115	0,045	0,25

U-Wert [U_2]:

Variable	Dicke [mm]	Rohdichte [kg/m³]	Lambda [W/(mK)]	U-Wert [U_2] [W/(m²K)]
Dämmplatte [d2]	100	115	0,045	0,27
	120	115	0,045	0,24
	140	115	0,045	0,22
	160	115	0,045	0,20

Wärmebrückenverlustkoeffizient: (Ψ-Wert, außenmaßbezogen)

Variable	Dicke [mm]	Rohdichte [kg/m³]	Lambda [W/(mK)]	Variable [d2] - Dämmplatte WLG 045			
				100 mm	120 mm	140 mm	160 mm
WDVS [d1]	100	115	0,045	-0,01	-0,01	-0,02	-0,03
	120	115	0,045	-0,01	-0,01	-0,02	-0,02
	140	115	0,045	0,00	-0,01	-0,01	-0,02
	160	115	0,045	0,00	-0,01	-0,01	-0,01

14 / Pfettendach
14-K-M56 / Bild M56 - kerngedämmtes Mauerwerk

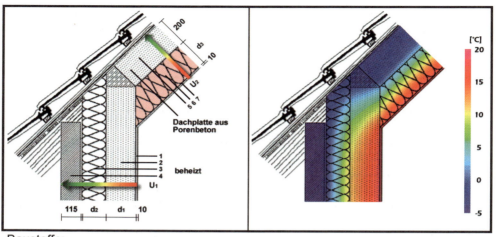

Baustoffe:

Pos.	Bezeichnung	Dicke [mm]	Rohdichte [kg/m³]	Lambda [W/(mK)]
1	Innenputz	10	1800	0,35
2	Mauerwerk		Tabelle [d1]	
3	Kerndämmung		Tabelle [d2]	
4	Verblendmauerwerk	115	2000	0,96
5	Dachplatte aus Porenbeton	200	600	0,16
6	Dämmplatte		Tabelle [d3]	
7	Innenputz	10	1800	0,35

U-Wert [U_1]:

				U-Wert [U_1] - [W/(m²K)]		
	Dicke [mm]	Rohdichte [kg/m³]	Lambda [W/(mK)]	Mauerwerk [d1]		
Variable				Mauerwerk 0,10 W/(mK)	Mauerwerk 0,12 W/(mK)	Mauerwerk 0,14 W/(mK)
Kerndämmung [d2]	100	150	0,04	0,22	0,23	0,25
	120	150	0,04	0,20	0,21	0,22
	140	150	0,04	0,18	0,19	0,20

U-Wert [U_2]:

Variable	Dicke [mm]	Rohdichte [kg/m³]	Lambda [W/(mK)]	U-Wert [U_2] [W/(m²K)]
Dämmplatte [d3]	120	150	0,045	0,24
	140	150	0,045	0,22
	160	150	0,045	0,20
	180	150	0,045	0,18
	200	150	0,045	0,17

Wärmebrückenverlustkoeffizient: (Ψ-Wert, außenmaßbezogen)

				Variable [d1] - Mauerwerk 175 mm - 0,10 W/(mK)		
Variable	Dicke [mm]	Rohdichte [kg/m³]	Lambda [W/(mK)]	Variable [d2] - Kerndämmung WLG 040		
				100 mm	120 mm	140 mm
Dämmplatte [d3]	120	150	0,045	-0,03	-0,03	-0,03
	140	150	0,045	-0,03	-0,03	-0,03
	160	150	0,045	-0,03	-0,03	-0,03
	180	150	0,045	-0,03	-0,03	-0,03
	200	150	0,045	-0,03	-0,03	-0,03

				Variable [d1] - Mauerwerk 175 mm - 0,12 W/(mK)		
Variable	Dicke [mm]	Rohdichte [kg/m³]	Lambda [W/(mK)]	Variable [d2] - Kerndämmung WLG 040		
				100 mm	120 mm	140 mm
Dämmplatte [d3]	120	150	0,045	-0,02	-0,02	-0,02
	140	150	0,045	-0,02	-0,02	-0,02
	160	150	0,045	-0,03	-0,02	-0,02
	180	150	0,045	-0,03	-0,03	-0,02
	200	150	0,045	-0,03	-0,03	-0,02

				Variable [d1] - Mauerwerk 175 mm - 0,14 W/(mK)		
Variable	Dicke [mm]	Rohdichte [kg/m³]	Lambda [W/(mK)]	Variable [d2] - Kerndämmung WLG 040		
				100 mm	120 mm	140 mm
Dämmplatte [d3]	120	150	0,045	-0,02	-0,02	-0,02
	140	150	0,045	-0,02	-0,02	-0,02
	160	150	0,045	-0,02	-0,02	-0,02
	180	150	0,045	-0,02	-0,02	-0,02
	200	150	0,045	-0,02	-0,02	-0,02

Wärmebrückenkatalog zum Beiblatt 2 der DIN 4108-6

14 / Pfettendach
14-H-F23 / Bild F23 - Holzbauart

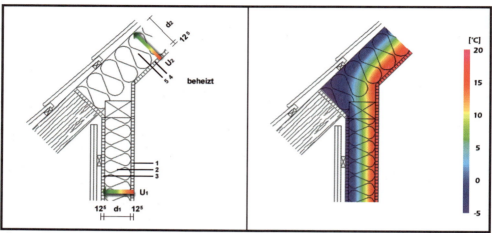

Baustoffe:

Pos.	Bezeichnung	Dicke [mm]	Rohdichte [kg/m³]	Lambda [W/(mK)]
1	Gipsfaserplatte	12,5	1150	0,32
2	Dämmung WLG 040	Tabelle [d1]		
3	Gipsfaserplatte	12,5	1150	0,32
4	Gipsfaserplatte	12,5	1150	0,32
5	Dämmung WLG 040	Tabelle [d2]		

U-Wert [U_1]:

Variable	Dicke [mm]	Rohdichte [kg/m³]	Lambda [W/(mK)]	U-Wert [U_1] [W/(m²K)]
Dämmung [d1]	120	150	0,04	0,31
	140	150	0,04	0,27
	160	150	0,04	0,24
	180	150	0,04	0,21
	200	150	0,04	0,19

U-Wert [U_2]:

Variable	Dicke [mm]	Rohdichte [kg/m³]	Lambda [W/(mK)]	U-Wert [U_2] [W/(m²K)]
Dachdämmung [d2]	160	150	0,04	0,24
	180	150	0,04	0,21
	200	150	0,04	0,19
	220	150	0,04	0,18
	240	150	0,04	0,16

Wärmebrückenverlustkoeffizient: (Ψ-Wert, außenmaßbezogen)

Variable	Dicke [mm]	Rohdichte [kg/m³]	Lambda [W/(mK)]	Variable [d2] - Dachdämmung WLG 040				
				160 mm	180 mm	200 mm	220 mm	240 mm
Dämmung [d1]	120	150	0,04	0,01	0,00	0,00	-0,01	-0,01
	140	150	0,04	0,02	0,01	0,00	0,00	-0,01
	160	150	0,04	0,03	0,02	0,01	0,00	-0,01
	180	150	0,04	0,03	0,02	0,02	0,01	0,00
	200	150	0,04	0,04	0,03	0,02	0,01	0,00

Wärmebrückenkatalog zum Beiblatt 2 der DIN 4108-6

14 / Pfettendach
14-H-F23a / Bild F23a - Holzbauart

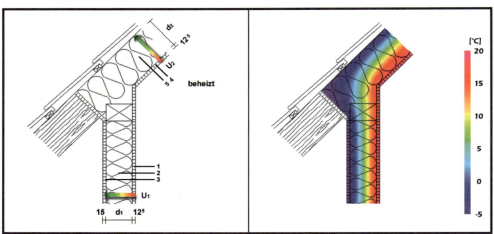

Baustoffe:

Pos.	Bezeichnung	Dicke [mm]	Rohdichte [kg/m³]	Lambda [W/(mK)]
1	Gipsfaserplatte	12,5	1150	0,32
2	Dämmung WLG 040	Tabelle [d1]		
3	Powerpanel HD	15	1000	0,4
4	Gipsfaserplatte	12,5	1150	0,32
5	Dämmung WLG 040	Tabelle [d2]		

Wärmebrückenkatalog zum Beiblatt 2 der DIN 4108-6

U-Wert [U_1]:

Variable	Dicke [mm]	Rohdichte [kg/m³]	Lambda [W/(mK)]	U-Wert [U_1] [W/(m²K)]
Dämmung [d1]	120	150	0,04	0,31
	140	150	0,04	0,27
	160	150	0,04	0,24
	180	150	0,04	0,21
	200	150	0,04	0,19

U-Wert [U_2]:

Variable	Dicke [mm]	Rohdichte [kg/m³]	Lambda [W/(mK)]	U-Wert [U_2] [W/(m²K)]
Dachdämmung [d2]	160	150	0,04	0,24
	180	150	0,04	0,21
	200	150	0,04	0,19
	220	150	0,04	0,18
	240	150	0,04	0,16

Wärmebrückenverlustkoeffizient: (Ψ-Wert, außenmaßbezogen)

Variable	Dicke [mm]	Rohdichte [kg/m³]	Lambda [W/(mK)]	Variable [d2] - Dachdämmung WLG 040				
				160 mm	180 mm	200 mm	220 mm	240 mm
Dämmung [d1]	120	150	0,04	0,01	0,00	0,00	-0,01	-0,01
	140	150	0,04	0,02	0,01	0,00	0,00	-0,01
	160	150	0,04	0,03	0,02	0,01	0,00	-0,01
	180	150	0,04	0,03	0,02	0,02	0,01	0,00
	200	150	0,04	0,04	0,03	0,02	0,01	0,00

Wärmebrückenkatalog zum Beiblatt 2 der DIN 4108-6

14 / Pfettendach
14-H-F24 / Bild F24 - Holzbauart

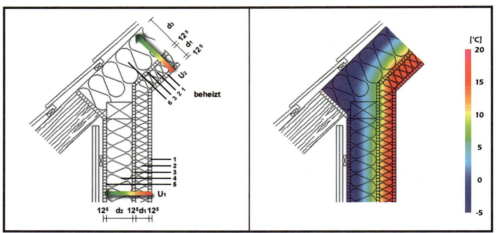

Baustoffe:

Pos.	Bezeichnung	Dicke [mm]	Rohdichte [kg/m³]	Lambda [W/(mK)]
1	Gipsfaserplatte	12,5	1150	0,32
2	Dämmung WLG 040	Tabelle [d1]		
3	Gipsfaserplatte	12,5	1150	0,32
4	Dämmung WLG 040	Tabelle [d2]		
5	Gipsfaserplatte	12,5	1150	0,32
6	Dämmung WLG 040	Tabelle [d3]		

U-Wert [U_1]:

				U-Wert [U_1] [W/(m²K)]				
Variable	Dicke [mm]	Rohdichte [kg/m³]	Lambda [W/(mK)]	Variable [d2] - Dämmung WLG 040				
				120 mm	140 mm	160 mm	180 mm	200 mm
Dämmung [d1]	40	30	0,04	0,23	0,21	0,19	0,17	0,16
	60	30	0,04	0,21	0,19	0,17	0,16	0,15

U-Wert [U_2]:

				U-Wert [U_2] [W/(m²K)]				
Variable	Dicke [mm]	Rohdichte [kg/m³]	Lambda [W/(mK)]	Variable [d3] - Dämmung WLG 040				
				160 mm	180 mm	200 mm	220 mm	240 mm
Dämmung [d1]	40	30	0,04	0,19	0,17	0,16	0,15	0,14
	60	30	0,04	0,17	0,16	0,15	0,14	0,13

Wärmebrückenverlustkoeffizient: (Ψ-Wert, außenmaßbezogen)

				Variable [d1] - Dämmung 40 mm - 0,04 W/(mK)				
Variable	Dicke [mm]	Rohdichte [kg/m³]	Lambda [W/(mK)]	Variable [d3] - Dämmung WLG 040				
				160 mm	180 mm	200 mm	220 mm	240 mm
Dämmung [d2]	120	150	0,04	0,00	-0,01	-0,01	-0,02	-0,02
	140	150	0,04	0,00	-0,01	-0,01	-0,02	-0,02
	160	150	0,04	0,00	0,00	-0,01	-0,01	-0,02
	180	150	0,04	0,00	0,00	-0,01	-0,01	-0,01
	200	150	0,04	0,00	0,00	0,00	-0,01	-0,01

				Variable [d1] - Dämmung 60 mm - 0,04 W/(mK)				
Variable	Dicke [mm]	Rohdichte [kg/m³]	Lambda [W/(mK)]	Variable [d3] - Dämmung WLG 040				
				160 mm	180 mm	200 mm	220 mm	240 mm
Dämmung [d2]	120	150	0,04	-0,01	-0,01	-0,02	-0,02	-0,02
	140	150	0,04	-0,01	-0,01	-0,01	-0,02	-0,02
	160	150	0,04	-0,01	-0,01	-0,01	-0,02	-0,02
	180	150	0,04	-0,01	-0,01	-0,01	-0,01	-0,01
	200	150	0,04	-0,01	-0,01	-0,01	-0,01	-0,01

14 / Pfettendach
14-H-F24a / Bild F24a - Holzbauart

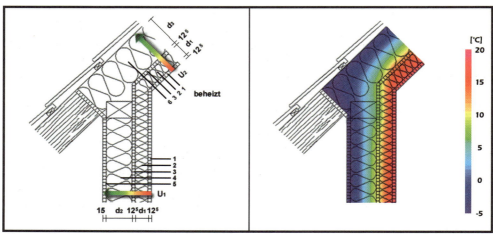

Baustoffe:

Pos.	Bezeichnung	Dicke [mm]	Rohdichte [kg/m³]	Lambda [W/(mK)]
1	Gipsfaserplatte	12,5	1150	0,32
2	Dämmung WLG 040	Tabelle [d1]		
3	Gipsfaserplatte	12,5	1150	0,32
4	Dämmung WLG 040	Tabelle [d2]		
5	Powerpanel HD	15	1000	0,4
6	Dämmung WLG 040	Tabelle [d3]		

Wärmebrückenkatalog zum Beiblatt 2 der DIN 4108-6

U-Wert [U_1]:

				U-Wert [U_1] [W/(m²K)]				
Variable	Dicke [mm]	Rohdichte [kg/m³]	Lambda [W/(mK)]	Variable [d2] - Dämmung WLG 040				
				120 mm	140 mm	160 mm	180 mm	200 mm
Dämmung [d1]	40	30	0,04	0,23	0,21	0,19	0,17	0,16
	60	30	0,04	0,21	0,19	0,17	0,16	0,15

U-Wert [U_2]:

				U-Wert [U_2] [W/(m²K)]				
Variable	Dicke [mm]	Rohdichte [kg/m³]	Lambda [W/(mK)]	Variable [d3] - Dämmung WLG 040				
				160 mm	180 mm	200 mm	220 mm	240 mm
Dämmung [d1]	40	30	0,04	0,19	0,17	0,16	0,15	0,14
	60	30	0,04	0,17	0,16	0,15	0,14	0,13

Wärmebrückenverlustkoeffizient: (Ψ-Wert, außenmaßbezogen)

				Variable [d1] - Dämmung 40 mm - 0,04 W/(mK)				
Variable	Dicke [mm]	Rohdichte [kg/m³]	Lambda [W/(mK)]	Variable [d3] - Dämmung WLG 040				
				160 mm	180 mm	200 mm	220 mm	240 mm
Dämmung [d2]	120	150	0,04	0,00	-0,01	-0,01	-0,02	-0,02
	140	150	0,04	0,00	-0,01	-0,01	-0,02	-0,02
	160	150	0,04	0,00	0,00	-0,01	-0,01	-0,02
	180	150	0,04	0,00	0,00	-0,01	-0,01	-0,01
	200	150	0,04	0,00	0,00	0,00	-0,01	-0,01

				Variable [d1] - Dämmung 60 mm - 0,04 W/(mK)				
Variable	Dicke [mm]	Rohdichte [kg/m³]	Lambda [W/(mK)]	Variable [d3] - Dämmung WLG 040				
				160 mm	180 mm	200 mm	220 mm	240 mm
Dämmung [d2]	120	150	0,04	-0,01	-0,01	-0,02	-0,02	-0,02
	140	150	0,04	-0,01	-0,01	-0,01	-0,02	-0,02
	160	150	0,04	-0,01	-0,01	-0,01	-0,02	-0,02
	180	150	0,04	-0,01	-0,01	-0,01	-0,01	-0,01
	200	150	0,04	-0,01	-0,01	-0,01	-0,01	-0,01

14 / Pfettendach
14-H-F25a / Bild F25a - Holzbauart

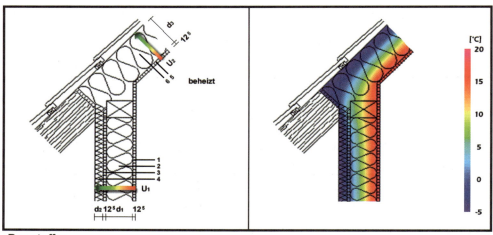

Baustoffe:

Pos.	Bezeichnung	Dicke [mm]	Rohdichte [kg/m³]	Lambda [W/(mK)]
1	Gipsfaserplatte	12,5	1150	0,32
2	Dämmung WLG 040	Tabelle [d1]		
3	Gipsfaserplatte	12,5	1150	0,32
4	WDVS WLG 040	Tabelle [d2]		
5	Gipsfaserplatte	12,5	1150	0,32
6	Dämmung WLG 040	Tabelle [d3]		

U-Wert [U1]:

Variable	Dicke [mm]	Rohdichte [kg/m³]	Lambda [W/(mK)]	U-Wert [U1] [W/(m²K)] Variable [d1] - Dämmung WLG 040				
				120 mm	140 mm	160 mm	180 mm	200 mm
WDVS [d2]	40	30	0,04	0,24	0,21	0,19	0,17	0,16
	60	30	0,04	0,21	0,19	0,17	0,16	0,15
	80	30	0,04	0,19	0,17	0,16	0,15	0,14
	100	30	0,04	0,17	0,16	0,15	0,14	0,13
	120	30	0,04	0,16	0,15	0,14	0,13	0,12

U-Wert [U2]:

Variable	Dicke [mm]	Rohdichte [kg/m³]	Lambda [W/(mK)]	U-Wert [U2] [W/(m²K)]
Dachdämmung [d3]	160	150	0,04	0,24
	180	150	0,04	0,21
	200	150	0,04	0,19
	220	150	0,04	0,18
	240	150	0,04	0,16

Wärmebrückenverlustkoeffizient: (Ψ-Wert, außenmaßbezogen)

Variable	Dicke [mm]	Rohdichte [kg/m³]	Lambda [W/(mK)]	Variable [d1] - Dämmung WLG 040				
				120 mm	140 mm	160 mm	180 mm	200 mm

Variable [d3] - Dachdämmung 160 mm - 0,04 W/(mK)

Variable	Dicke [mm]	Rohdichte [kg/m³]	Lambda [W/(mK)]	120 mm	140 mm	160 mm	180 mm	200 mm
WDVS [d2]	40	30	0,04	-0,09	-0,09	-0,09	-0,09	-0,09
	60	30	0,04	-0,09	-0,09	-0,09	-0,09	-0,09
	80	30	0,04	-0,08	-0,09	-0,09	-0,09	-0,09
	100	30	0,04	-0,08	-0,08	-0,09	-0,09	-0,09
	120	30	0,04	-0,08	-0,08	-0,09	-0,09	-0,09

Variable [d3] - Dachdämmung 180 mm - 0,04 W/(mK)

Variable	Dicke [mm]	Rohdichte [kg/m³]	Lambda [W/(mK)]	120 mm	140 mm	160 mm	180 mm	200 mm
WDVS [d2]	40	30	0,04	-0,09	-0,09	-0,09	-0,09	-0,08
	60	30	0,04	-0,09	-0,09	-0,08	-0,08	-0,08
	80	30	0,04	-0,08	-0,08	-0,08	-0,08	-0,08
	100	30	0,04	-0,08	-0,08	-0,08	-0,08	-0,08
	120	30	0,04	-0,08	-0,08	-0,08	-0,08	-0,08

Variable [d3] - Dachdämmung 200 mm - 0,04 W/(mK)

Variable	Dicke [mm]	Rohdichte [kg/m³]	Lambda [W/(mK)]	120 mm	140 mm	160 mm	180 mm	200 mm
WDVS [d2]	40	30	0,04	-0,09	-0,09	-0,08	-0,08	-0,08
	60	30	0,04	-0,08	-0,08	-0,08	-0,08	-0,08
	80	30	0,04	-0,08	-0,08	-0,08	-0,08	-0,08
	100	30	0,04	-0,08	-0,08	-0,08	-0,08	-0,08
	120	30	0,04	-0,07	-0,08	-0,08	-0,08	-0,08

Variable [d3] - Dachdämmung 220 mm - 0,04 W/(mK)

Variable	Dicke [mm]	Rohdichte [kg/m³]	Lambda [W/(mK)]	120 mm	140 mm	160 mm	180 mm	200 mm
WDVS [d2]	40	30	0,04	-0,09	-0,09	-0,08	-0,08	-0,08
	60	30	0,04	-0,08	-0,08	-0,08	-0,08	-0,08
	80	30	0,04	-0,08	-0,08	-0,08	-0,08	-0,07
	100	30	0,04	-0,08	-0,07	-0,07	-0,07	-0,07
	120	30	0,04	-0,07	-0,07	-0,07	-0,07	-0,07

Variable [d3] - Dachdämmung 240 mm - 0,04 W/(mK)

Variable	Dicke [mm]	Rohdichte [kg/m³]	Lambda [W/(mK)]	120 mm	140 mm	160 mm	180 mm	200 mm
WDVS [d2]	40	30	0,04	-0,09	-0,09	-0,08	-0,08	-0,07
	60	30	0,04	-0,08	-0,08	-0,08	-0,07	-0,07
	80	30	0,04	-0,08	-0,08	-0,07	-0,07	-0,07
	100	30	0,04	-0,07	-0,07	-0,07	-0,07	-0,07
	120	30	0,04	-0,07	-0,07	-0,07	-0,07	-0,07

14 / Pfettendach
14-H-F25b / Bild F25b - Holzbauart

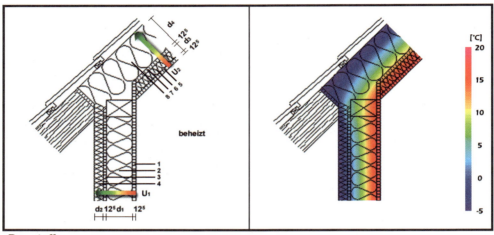

Baustoffe:

Pos.	Bezeichnung	Dicke [mm]	Rohdichte [kg/m³]	Lambda [W/(mK)]
1	Gipsfaserplatte	12,5	1150	0,32
2	Dämmung WLG 040	Tabelle [d1]		
3	Gipsfaserplatte	12,5	1150	0,32
4	Dämmung WLG 040	Tabelle [d2]		
5	Gipsfaserplatte	12,5	1150	0,32
6	Dämmung WLG 040	Tabelle [d3]		
7	Gipsfaserplatte	12,5	1150	0,32
8	Dämmung WLG 040	Tabelle [d4]		

U-Wert [U_1]:

				U-Wert [U_1] - [W/(m²K)]				
Variable	Dicke [mm]	Rohdichte [kg/m³]	Lambda [W/(mK)]	Variable [d1] - Dämmung WLG 040				
				120 mm	140 mm	160 mm	180 mm	200 mm
WDVS [d2]	40	30	0,04	0,24	0,21	0,19	0,17	0,16
	60	30	0,04	0,21	0,19	0,17	0,16	0,15
	80	30	0,04	0,19	0,17	0,16	0,15	0,14
	100	30	0,04	0,17	0,16	0,15	0,14	0,13
	120	30	0,04	0,16	0,15	0,14	0,13	0,12

U-Wert [U_2]:

				U-Wert [U_2] - [W/(m²K)]		
Variable	Dicke [mm]	Rohdichte [kg/m³]	Lambda [W/(mK)]	Variable [d4] - Dämmung WLG 040		
				160 mm	200 mm	240 mm
Dämmung [d3]	40	150	0,04	0,19	0,16	0,14
	60	150	0,04	0,17	0,15	0,13

Wärmebrückenverlustkoeffizient: (Ψ-Wert, außenmaßbezogen)

Variable	Dicke [mm]	Rohdichte [kg/m³]	Lambda [W/(mK)]	Variable [d1] - Dämmung WLG 040				
				120 mm	140 mm	160 mm	180 mm	200 mm
Variable [d3] - Dämmung 40 mm - 0,04 W/(mK)								
Variable [d4] - Dämmung 160 mm - 0,04 W/(mK)								
WDVS [d2]	40	30	0,04	0,00	0,00	0,00	0,00	0,01
	60	30	0,04	0,00	0,00	0,00	0,00	0,00
	80	30	0,04	0,00	0,00	0,00	0,00	0,00
	100	30	0,04	0,00	0,00	0,00	0,00	0,00
	120	30	0,04	0,00	0,00	0,00	-0,01	-0,01
Variable [d4] - Dämmung 200 mm - 0,04 W/(mK)								
WDVS [d2]	40	30	0,04	-0,01	-0,01	-0,01	0,00	0,00
	60	30	0,04	-0,01	-0,01	-0,01	0,00	0,00
	80	30	0,04	-0,01	-0,01	-0,01	-0,01	-0,01
	100	30	0,04	-0,01	-0,01	-0,01	-0,01	-0,01
	120	30	0,04	-0,01	-0,01	-0,01	-0,01	-0,01
Variable [d4] - Dämmung 240 mm - 0,04 W/(mK)								
WDVS [d2]	40	30	0,04	-0,02	-0,02	-0,02	-0,01	-0,01
	60	30	0,04	-0,02	-0,02	-0,01	-0,01	-0,01
	80	30	0,04	-0,02	-0,02	-0,01	-0,01	-0,01
	100	30	0,04	-0,02	-0,01	-0,01	-0,01	-0,01
	120	30	0,04	-0,01	-0,01	-0,01	-0,01	-0,01

Variable	Dicke [mm]	Rohdichte [kg/m³]	Lambda [W/(mK)]	Variable [d1] - Dämmung WLG 040				
				120 mm	140 mm	160 mm	180 mm	200 mm
Variable [d3] - Dämmung 60 mm - 0,04 W/(mK)								
Variable [d4] - Dämmung 160 mm - 0,04 W/(mK)								
WDVS [d2]	40	30	0,04	-0,01	0,00	0,00	0,00	0,01
	60	30	0,04	-0,01	0,00	0,00	0,00	0,00
	80	30	0,04	0,00	0,00	0,00	0,00	0,00
	100	30	0,04	0,00	0,00	0,00	0,00	0,00
	120	30	0,04	0,00	0,00	0,00	0,00	-0,01
Variable [d4] - Dämmung 200 mm - 0,04 W/(mK)								
WDVS [d2]	40	30	0,04	-0,02	-0,01	-0,01	0,00	0,00
	60	30	0,04	-0,01	-0,01	-0,01	0,00	0,00
	80	30	0,04	-0,01	-0,01	-0,01	-0,01	-0,01
	100	30	0,04	-0,01	-0,01	-0,01	-0,01	-0,01
	120	30	0,04	-0,01	-0,01	-0,01	-0,01	-0,01
Variable [d4] - Dämmung 240 mm - 0,04 W/(mK)								
WDVS [d2]	40	30	0,04	-0,02	-0,02	-0,01	-0,01	-0,01
	60	30	0,04	-0,02	-0,02	-0,01	0,00	0,00
	80	30	0,04	-0,02	-0,02	-0,01	-0,01	-0,01
	100	30	0,04	-0,02	-0,01	-0,01	-0,01	-0,01
	120	30	0,04	-0,01	-0,01	-0,01	-0,01	-0,01

16 / Sparrendach
16-M-86a / Bild 86a - monolithisches Mauerwerk

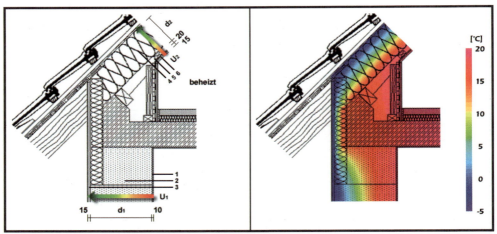

Baustoffe:

Pos.	Bezeichnung	Dicke [mm]	Rohdichte [kg/m³]	Lambda [W/(mK)]
1	Innenputz	10	1800	0,35
2	Mauerwerk		Tabelle [d1]	
3	Außenputz	15	1300	0,2
4	Dachdämmung WLG 040		Tabelle [d2]	
5	Holzfaserplatte	20	1000	0,17
6	Gipskartonplatte	15	900	0,25

Wärmebrückenkatalog zum Beiblatt 2 der DIN 4108-6

U-Wert [U_1]:

Variable	Dicke [mm]	Rohdichte [kg/m³]	Lambda [W/(mK)]	U-Wert [U_1] [W/(m²K)]
Mauerwerk [d1]	240	350	0,09	0,34
	300	350	0,09	0,28
	365	350	0,09	0,23
	240	400	0,10	0,37
	300	400	0,10	0,31
	365	400	0,10	0,25
	240	450	0,12	0,44
	300	450	0,12	0,36
	365	450	0,12	0,30
	240	500	0,14	0,50
	300	500	0,14	0,41
	365	500	0,14	0,35
	240	550	0,16	0,56
	300	550	0,16	0,47
	365	550	0,16	0,39

U-Wert [U_2]:

Variable	Dicke [mm]	Rohdichte [kg/m³]	Lambda [W/(mK)]	U-Wert [U_2] [W/(m²K)]
Dachdämmung [d2]	140	150	0,04	0,26
	160	150	0,04	0,23
	180	150	0,04	0,21
	200	150	0,04	0,19

Wärmebrückenverlustkoeffizient: (Ψ-Wert, außenmaßbezogen)

Variable	Dicke [mm]	Rohdichte [kg/m³]	Lambda [W/(mK)]	Variable [d2] - Dachdämmung WLG 040			
				140 mm	160 mm	180 mm	200 mm
Mauerwerk [d1]	240	350	0,09	0,08	0,07	0,07	0,06
	300	350	0,09	0,11	0,11	0,10	0,10
	365	350	0,09	0,13	0,13	0,13	0,13
	240	400	0,10	0,06	0,06	0,05	0,04
	300	400	0,10	0,10	0,09	0,09	0,08
	365	400	0,10	0,12	0,12	0,12	0,11
	240	450	0,12	0,03	0,02	0,01	0,01
	300	450	0,12	0,07	0,06	0,06	0,05
	365	450	0,12	0,10	0,10	0,09	0,09
	240	500	0,14	0,00	-0,01	-0,02	-0,03
	300	500	0,14	0,04	0,04	0,03	0,02
	365	500	0,14	0,08	0,07	0,07	0,06
	240	550	0,16	-0,03	-0,05	-0,06	-0,07
	300	550	0,16	0,02	0,01	0,00	-0,01
	365	550	0,16	0,06	0,05	0,05	0,04

16 / Sparrendach
16-M-86b / Bild 86b - monolithisches Mauerwerk

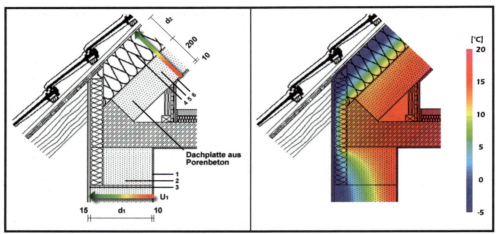

Baustoffe:

Pos.	Bezeichnung	Dicke [mm]	Rohdichte [kg/m³]	Lambda [W/(mK)]
1	Innenputz	10	1800	0,35
2	Mauerwerk		Tabelle [d1]	
3	Außenputz	15	1300	0,2
4	Dachdämmung WLG 040		Tabelle [d2]	
5	Dachplatte aus Porenbeton	200	600	0,16
6	Innenputz	10	1800	0,35

U-Wert [U_1]:

Variable	Dicke [mm]	Rohdichte [kg/m³]	Lambda [W/(mK)]	U-Wert [U_1] [W/(m²K)]
Mauerwerk [d1]	240	350	0,09	0,34
	300	350	0,09	0,28
	365	350	0,09	0,23
	240	400	0,10	0,37
	300	400	0,10	0,31
	365	400	0,10	0,25
	240	450	0,12	0,44
	300	450	0,12	0,36
	365	450	0,12	0,30
	240	500	0,14	0,50
	300	500	0,14	0,41
	365	500	0,14	0,35
	240	550	0,16	0,56
	300	550	0,16	0,47
	365	550	0,16	0,39

U-Wert [U_2]:

Variable	Dicke [mm]	Rohdichte [kg/m³]	Lambda [W/(mK)]	U-Wert [U_2] [W/(m²K)]
Dachdämmung [d2]	100	150	0,04	0,25
	120	150	0,04	0,22
	140	150	0,04	0,20
	160	150	0,04	0,18

Wärmebrückenverlustkoeffizient: (Ψ-Wert, außenmaßbezogen)

Variable	Dicke [mm]	Rohdichte [kg/m³]	Lambda [W/(mK)]	Variable [d2] - Dachdämmung WLG 040			
				100 mm	120 mm	140 mm	160 mm
Mauerwerk [d1]	240	350	0,09	0,07	0,07	0,06	0,06
	300	350	0,09	0,10	0,09	0,09	0,09
	365	350	0,09	0,11	0,11	0,11	0,11
	240	400	0,10	0,06	0,05	0,05	0,04
	300	400	0,10	0,08	0,08	0,08	0,07
	365	400	0,10	0,10	0,10	0,10	0,10
	240	450	0,12	0,03	0,02	0,01	0,01
	300	450	0,12	0,06	0,06	0,05	0,05
	365	450	0,12	0,08	0,08	0,08	0,07
	240	500	0,14	0,00	-0,01	-0,02	-0,03
	300	500	0,14	0,04	0,03	0,02	0,02
	365	500	0,14	0,06	0,06	0,05	0,05
	240	550	0,16	-0,03	-0,04	-0,05	-0,06
	300	550	0,16	0,01	0,01	0,00	-0,01
	365	550	0,16	0,04	0,04	0,03	0,03

16 / Sparrendach
16-K-87a / Bild 87a - kerngedämmtes Mauerwerk

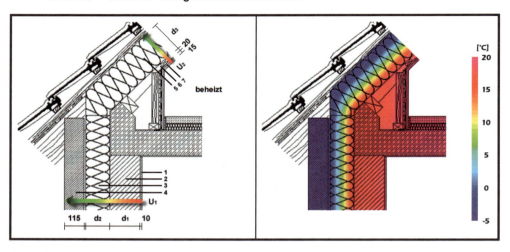

Baustoffe:

Pos.	Bezeichnung	Dicke [mm]	Rohdichte [kg/m³]	Lambda [W/(mK)]
1	Innenputz	10	1800	0,35
2	Mauerwerk		Tabelle [d1]	
3	Kerndämmung		Tabelle [d2]	
4	Verblendmauerwerk	115	2000	0,96
5	Dachdämmung WLG 040		Tabelle [d3]	
6	Holzfaserplatte	20	1000	0,17
7	Gipskartonplatte	15	900	0,25

U-Wert [U_1]:

				U-Wert [U_1] - [W/(m²K)]			
	Dicke	Rohdichte	Lambda	Variable [d1] - 175 mm			
Variable	[mm]	[kg/m³]	[W/(mK)]	Kalksand-stein	Mauer-werk 0,10 W/(mK)	Mauer-werk 0,12 W/(mK)	Mauer-werk 0,14 W/(mK)
Kerndäm-mung [d2]	100	150	0,04	0,33	0,22	0,23	0,25
	120	150	0,04	0,29	0,20	0,21	0,22
	140	150	0,04	0,25	0,18	0,19	0,20

U-Wert [U_2]:

Variable	Dicke [mm]	Rohdichte [kg/m³]	Lambda [W/(mK)]	U-Wert [U_2] [W/(m²K)]
Dachdäm-mung [d3]	140	150	0,04	0,26
	160	150	0,04	0,23
	180	150	0,04	0,21
	200	150	0,04	0,19

Wärmebrückenkatalog zum Beiblatt 2 der DIN 4108-6

Wärmebrückenverlustkoeffizient: (Ψ-Wert, außenmaßbezogen)

	Variable [d1] - Kalksandstein 175 mm - 0,99 W/(mK)						
Variable	Dicke [mm]	Rohdichte [kg/m³]	Lambda [W/(mK)]	Variable [d3] - Dachdämmung WLG 040			
				140 mm	160 mm	180 mm	200 mm
Kerndämmung [d2]	100	150	0,04	-0,03	-0,03	-0,03	-0,03
	120	150	0,04	-0,03	-0,03	-0,03	-0,03
	140	150	0,04	-0,04	-0,03	-0,03	-0,03

	Variable [d1] - Mauerwerk 175 mm - 0,10 W/(mK)						
Variable	Dicke [mm]	Rohdichte [kg/m³]	Lambda [W/(mK)]	Variable [d3] - Dachdämmung WLG 040			
				140 mm	160 mm	180 mm	200 mm
Kerndämmung [d2]	100	150	0,04	0,01	0,01	0,02	0,02
	120	150	0,04	0,00	0,00	0,01	0,01
	140	150	0,04	-0,01	-0,01	0,00	0,00

	Variable [d1] - Mauerwerk 175 mm - 0,12 W/(mK)						
Variable	Dicke [mm]	Rohdichte [kg/m³]	Lambda [W/(mK)]	Variable [d3] - Dachdämmung WLG 040			
				140 mm	160 mm	180 mm	200 mm
Kerndämmung [d2]	100	150	0,04	0,01	0,01	0,01	0,02
	120	150	0,04	-0,01	0,00	0,00	0,01
	140	150	0,04	-0,01	-0,01	0,00	0,00

	Variable [d1] - Mauerwerk 175 mm - 0,14 W/(mK)						
Variable	Dicke [mm]	Rohdichte [kg/m³]	Lambda [W/(mK)]	Variable [d3] - Dachdämmung WLG 040			
				140 mm	160 mm	180 mm	200 mm
Kerndämmung [d2]	100	150	0,04	0,00	0,01	0,01	0,01
	120	150	0,04	-0,01	0,00	0,00	0,00
	140	150	0,04	-0,02	-0,01	0,00	0,00

16 / Sparrendach
16-K-87b / Bild 87b - kerngedämmtes Mauerwerk

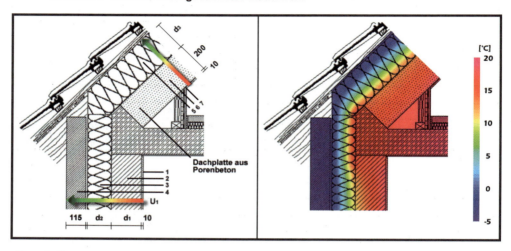

Baustoffe:

Pos.	Bezeichnung	Dicke [mm]	Rohdichte [kg/m³]	Lambda [W/(mK)]
1	Innenputz	10	1800	0,35
2	Mauerwerk		Tabelle [d1]	
3	Kerndämmung		Tabelle [d2]	
4	Verblendmauerwerk	115	2000	0,96
5	Dachdämmung WLG 040		Tabelle [d3]	
6	Dachplatte aus Porenbeton	200	600	0,16
7	Innenputz	10	1800	0,35

U-Wert [U_1]:

				U-Wert [U_1] - [W/(m²K)]			
	Dicke [mm]	Rohdichte [kg/m³]	Lambda [W/(mK)]	Variable [d1] - 175 mm			
Variable				Kalksandstein	Mauerwerk 0,10 W/(mK)	Mauerwerk 0,12 W/(mK)	Mauerwerk 0,14 W/(mK)
Kerndämmung [d2]	100	150	0,04	0,33	0,22	0,23	0,25
	120	150	0,04	0,29	0,20	0,21	0,22
	140	150	0,04	0,25	0,18	0,19	0,20

U-Wert [U_2]:

Variable	Dicke [mm]	Rohdichte [kg/m³]	Lambda [W/(mK)]	U-Wert [U_2] [W/(m²K)]
Dachdämmung [d3]	100	150	0,04	0,25
	120	150	0,04	0,22
	140	150	0,04	0,20
	160	150	0,04	0,18

Wärmebrückenkatalog zum Beiblatt 2 der DIN 4108-6

Wärmebrückenverlustkoeffizient: (Ψ-Wert, außenmaßbezogen)

		Variable [d1] - Kalksandstein 175 mm - 0,99 W/(mK)						
Variable	Dicke [mm]	Rohdichte [kg/m³]	Lambda [W/(mK)]	Variable [d3] - Dachdämmung WLG 040				
				100 mm	120 mm	140 mm	160 mm
Kerndäm- mung [d2]	100	150	0,04	-0,02	-0,02	-0,02	-0,03
	120	150	0,04	-0,02	-0,02	-0,02	-0,02
	140	150	0,04	-0,02	-0,02	-0,02	-0,02

		Variable [d1] - Mauerwerk 175 mm - 0,10 W/(mK)						
Variable	Dicke [mm]	Rohdichte [kg/m³]	Lambda [W/(mK)]	Variable [d3] - Dachdämmung WLG 040				
				100 mm	120 mm	140 mm	160 mm
Kerndäm- mung [d2]	100	150	0,04	0,02	0,02	0,02	0,02
	120	150	0,04	0,01	0,01	0,01	0,01
	140	150	0,04	0,00	0,00	0,00	0,01

		Variable [d1] - Mauerwerk 175 mm - 0,12 W/(mK)						
Variable	Dicke [mm]	Rohdichte [kg/m³]	Lambda [W/(mK)]	Variable [d3] - Dachdämmung WLG 040				
				100 mm	120 mm	140 mm	160 mm
Kerndäm- mung [d2]	100	150	0,04	0,02	0,02	0,02	0,02
	120	150	0,04	0,00	0,01	0,01	0,01
	140	150	0,04	0,00	0,00	0,00	0,00

		Variable [d1] - Mauerwerk 175 mm - 0,14 W/(mK)						
Variable	Dicke [mm]	Rohdichte [kg/m³]	Lambda [W/(mK)]	Variable [d3] - Dachdämmung WLG 040				
				100 mm	120 mm	140 mm	160 mm
Kerndäm- mung [d2]	100	150	0,04	0,01	0,01	0,01	0,01
	120	150	0,04	0,00	0,00	0,01	0,01
	140	150	0,04	-0,01	0,00	0,00	0,00

16 / Sparrendach
16-H-F20 / Bild F20 - Holzbauart

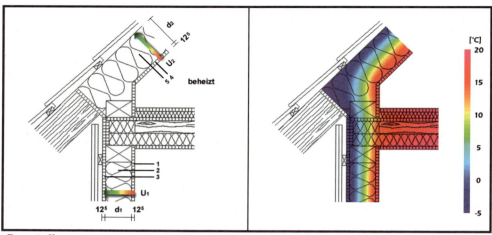

Baustoffe:

Pos.	Bezeichnung	Dicke [mm]	Rohdichte [kg/m³]	Lambda [W/(mK)]
1	Gipsfaserplatte	12,5	1150	0,32
2	Dämmung WLG 040	Tabelle [d1]		
3	Gipsfaserplatte	12,5	1150	0,32
4	Gipsfaserplatte	12,5	1150	0,32
5	Dämmung WLG 040	Tabelle [d2]		

U-Wert [U_1]:

Variable	Dicke [mm]	Rohdichte [kg/m³]	Lambda [W/(mK)]	U-Wert [U_1] [W/(m²K)]
Dämmung [d1]	120	150	0,04	0,31
	140	150	0,04	0,27
	160	150	0,04	0,24
	180	150	0,04	0,21
	200	150	0,04	0,19

U-Wert [U_2]:

Variable	Dicke [mm]	Rohdichte [kg/m³]	Lambda [W/(mK)]	U-Wert [U_2] [W/(m²K)]
Dachdämmung [d2]	160	150	0,04	0,24
	180	150	0,04	0,21
	200	150	0,04	0,19
	220	150	0,04	0,18
	240	150	0,04	0,16

Wärmebrückenverlustkoeffizient: (Ψ-Wert, außenmaßbezogen)

Variable	Dicke [mm]	Rohdichte [kg/m³]	Lambda [W/(mK)]	Variable [d2] - Dachdämmung WLG 040				
				160 mm	180 mm	200 mm	220 mm	240 mm
Dämmung [d1]	120	150	0,04	0,08	0,07	0,07	0,06	0,05
	140	150	0,04	0,07	0,07	0,06	0,06	0,05
	160	150	0,04	0,07	0,06	0,06	0,06	0,05
	180	150	0,04	0,06	0,06	0,06	0,05	0,05
	200	150	0,04	0,06	0,05	0,05	0,05	0,05

16 / **Sparrendach**
16-H-F20a / **Bild F20a - Holzbauart**

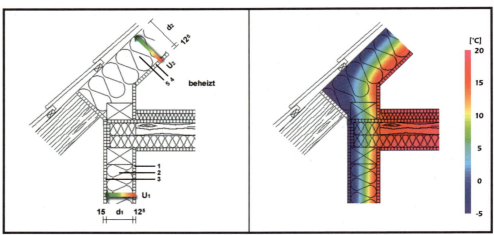

Baustoffe:

Pos.	Bezeichnung	Dicke [mm]	Rohdichte [kg/m³]	Lambda [W/(mK)]
1	Gipsfaserplatte	12,5	1150	0,32
2	Dämmung WLG 040	Tabelle [d1]		
3	Powerpanel HD	15	1000	0,4
4	Gipsfaserplatte	12,5	1150	0,32
5	Dachdämmung WLG 040	Tabelle [d2]		

U-Wert [U_1]:

Variable	Dicke [mm]	Rohdichte [kg/m³]	Lambda [W/(mK)]	U-Wert [U_1] [W/(m²K)]
Dämmung [d1]	120	150	0,04	0,31
	140	150	0,04	0,27
	160	150	0,04	0,24
	180	150	0,04	0,21
	200	150	0,04	0,19

U-Wert [U_2]:

Variable	Dicke [mm]	Rohdichte [kg/m³]	Lambda [W/(mK)]	U-Wert [U_2] [W/(m²K)]
Dachdämmung [d2]	160	150	0,04	0,24
	180	150	0,04	0,21
	200	150	0,04	0,19
	220	150	0,04	0,18
	240	150	0,04	0,16

Wärmebrückenverlustkoeffizient: (Ψ-Wert, außenmaßbezogen)

Variable	Dicke [mm]	Rohdichte [kg/m³]	Lambda [W/(mK)]	Variable [d2] - Dachdämmung WLG 040				
				160 mm	180 mm	200 mm	220 mm	240 mm
Dämmung [d1]	120	150	0,04	0,08	0,07	0,07	0,06	0,05
	140	150	0,04	0,07	0,07	0,06	0,06	0,05
	160	150	0,04	0,07	0,06	0,06	0,06	0,05
	180	150	0,04	0,06	0,06	0,06	0,05	0,05
	200	150	0,04	0,06	0,05	0,05	0,05	0,05

16 / Sparrendach
16-H-F21 / Bild F21 - Holzbauart

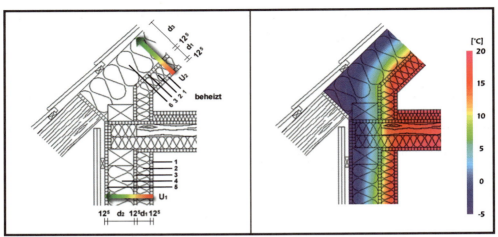

Baustoffe:

Pos.	Bezeichnung	Dicke [mm]	Rohdichte [kg/m³]	Lambda [W/(mK)]
1	Gipsfaserplatte	12,5	1150	0,32
2	Dämmung WLG 040	Tabelle [d1]		
3	Gipsfaserplatte	12,5	1150	0,32
4	Dämmung WLG 040	Tabelle [d2]		
5	Gipsfaserplatte	12,5	1150	0,32
6	Dämmung WLG 040	Tabelle [d3]		

Wärmebrückenkatalog zum Beiblatt 2 der DIN 4108-6

U-Wert [U_1]:

				U-Wert [U_1] [W/(m²K)]				
Variable	Dicke [mm]	Rohdichte [kg/m³]	Lambda [W/(mK)]	Variable [d2] - Dämmung WLG 040				
				120 mm	140 mm	160 mm	180 mm	200 mm
Dämmung [d1]	40	30	0,04	0,23	0,21	0,19	0,17	0,16
	60	30	0,04	0,21	0,19	0,17	0,16	0,15

U-Wert [U_2]:

				U-Wert [U_2] [W/(m²K)]				
Variable	Dicke [mm]	Rohdichte [kg/m³]	Lambda [W/(mK)]	Variable [d3] - Dämmung WLG 040				
				160 mm	180 mm	200 mm	220 mm	240 mm
Dämmung [d1]	40	30	0,04	0,19	0,17	0,16	0,15	0,14
	60	30	0,04	0,17	0,16	0,15	0,14	0,13

Wärmebrückenverlustkoeffizient: (Ψ-Wert, außenmaßbezogen)

				Variable [d1] - Dämmung 40 mm - 0,04 W/(mK)				
Variable	Dicke [mm]	Rohdichte [kg/m³]	Lambda [W/(mK)]	Variable [d3] - Dämmung WLG 040				
				160 mm	180 mm	200 mm	220 mm	240 mm
Dämmung [d2]	120	150	0,04	0,04	0,03	0,02	0,02	0,01
	140	150	0,04	0,04	0,03	0,03	0,02	0,02
	160	150	0,04	0,04	0,03	0,03	0,02	0,02
	180	150	0,04	0,04	0,03	0,03	0,02	0,02
	200	150	0,04	0,04	0,03	0,03	0,02	0,02

				Variable [d1] - Dämmung 60 mm - 0,04 W/(mK)				
Variable	Dicke [mm]	Rohdichte [kg/m³]	Lambda [W/(mK)]	Variable [d3] - Dämmung WLG 040				
				160 mm	180 mm	200 mm	220 mm	240 mm
Dämmung [d2]	120	150	0,04	0,03	0,02	0,02	0,02	0,02
	140	150	0,04	0,02	0,02	0,02	0,02	0,02
	160	150	0,04	0,02	0,02	0,02	0,02	0,02
	180	150	0,04	0,02	0,02	0,02	0,02	0,02
	200	150	0,04	0,02	0,02	0,02	0,02	0,02

16 / Sparrendach
16-H-F21a / Bild F21a - Holzbauart

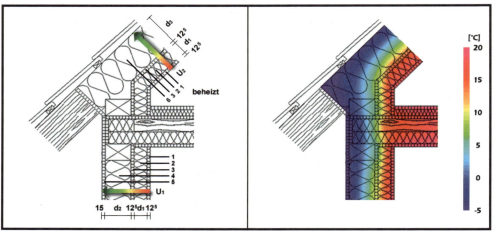

Baustoffe:

Pos.	Bezeichnung	Dicke [mm]	Rohdichte [kg/m³]	Lambda [W/(mK)]
1	Gipsfaserplatte	12,5	1150	0,32
2	Dämmung WLG 040	Tabelle [d1]		
3	Gipsfaserplatte	12,5	1150	0,32
4	Dämmung WLG 040	Tabelle [d2]		
5	Powerpanel HD	15	1000	0,4
6	Dämmung WLG 040	Tabelle [d3]		

U-Wert [U_1]:

Variable	Dicke [mm]	Rohdichte [kg/m³]	Lambda [W/(mK)]	*U*-Wert [U_1] [W/(m²K)]				
				Variable [d2] - Dämmung WLG 040				
				120 mm	140 mm	160 mm	180 mm	200 mm
Dämmung [d1]	40	30	0,04	0,23	0,21	0,19	0,17	0,16
	60	30	0,04	0,21	0,19	0,17	0,16	0,15

U-Wert [U_2]:

Variable	Dicke [mm]	Rohdichte [kg/m³]	Lambda [W/(mK)]	*U*-Wert [U_2] [W/(m²K)]				
				Variable [d3] - Dämmung WLG 040				
				160 mm	180 mm	200 mm	220 mm	240 mm
Dämmung [d1]	40	30	0,04	0,19	0,17	0,16	0,15	0,14
	60	30	0,04	0,17	0,16	0,15	0,14	0,13

Wärmebrückenverlustkoeffizient: (Ψ-Wert, außenmaßbezogen)

Variable	Dicke [mm]	Rohdichte [kg/m³]	Lambda [W/(mK)]	Variable [d1] - Dämmung 40 mm - 0,04 W/(mK)				
				Variable [d3] - Dämmung WLG 040				
				160 mm	180 mm	200 mm	220 mm	240 mm
Dämmung [d2]	120	150	0,04	0,04	0,03	0,02	0,02	0,01
	140	150	0,04	0,04	0,03	0,03	0,02	0,02
	160	150	0,04	0,04	0,03	0,03	0,02	0,02
	180	150	0,04	0,04	0,03	0,03	0,02	0,02
	200	150	0,04	0,04	0,03	0,03	0,02	0,02

Variable	Dicke [mm]	Rohdichte [kg/m³]	Lambda [W/(mK)]	Variable [d1] - Dämmung 60 mm - 0,04 W/(mK)				
				Variable [d3] - Dämmung WLG 040				
				160 mm	180 mm	200 mm	220 mm	240 mm
Dämmung [d2]	120	150	0,04	0,03	0,02	0,02	0,02	0,02
	140	150	0,04	0,02	0,02	0,02	0,02	0,02
	160	150	0,04	0,02	0,02	0,02	0,02	0,02
	180	150	0,04	0,02	0,02	0,02	0,02	0,02
	200	150	0,04	0,02	0,02	0,02	0,02	0,02

16 / Sparrendach
16-H-F22a / Bild F22a - Holzbauart

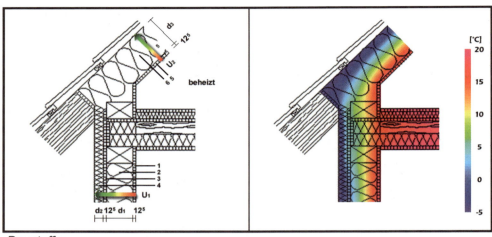

Baustoffe:

Pos.	Bezeichnung	Dicke [mm]	Rohdichte [kg/m³]	Lambda [W/(mK)]
1	Gipsfaserplatte	12,5	1150	0,32
2	Dämmung WLG 040	Tabelle [d1]		
3	Gipsfaserplatte	12,5	1150	0,32
4	WDVS WLG 040	Tabelle [d2]		
5	Gipsfaserplatte	12,5	1150	0,32
6	Dämmung WLG 040	Tabelle [d3]		

U-Wert [U_1]:

				U-Wert [U_1] - [W/(m²K)]					
		Dicke	Rohdichte	Lambda	Variable [d1] - Dämmung WLG 040				
Variable		[mm]	[kg/m³]	[W/(mK)]	120 mm	140 mm	160 mm	180 mm	200 mm
WDVS [d2]		40	30	0,04	0,24	0,21	0,19	0,17	0,16
		60	30	0,04	0,21	0,19	0,17	0,16	0,15
		80	30	0,04	0,19	0,17	0,16	0,15	0,14
		100	30	0,04	0,17	0,16	0,15	0,14	0,13
		120	30	0,04	0,16	0,15	0,14	0,13	0,12

U-Wert [U_2]:

Variable	Dicke [mm]	Rohdichte [kg/m³]	Lambda [W/(mK)]	U-Wert [U_2] [W/(m²K)]
Dachdäm- mung [d3]	160	150	0,04	0,24
	180	150	0,04	0,21
	200	150	0,04	0,19
	220	150	0,04	0,18
	240	150	0,04	0,16

Wärmebrückenkatalog zum Beiblatt 2 der DIN 4108-6

Wärmebrückenverlustkoeffizient: (Ψ-Wert, außenmaßbezogen)

Variable	Dicke [mm]	Rohdichte [kg/m³]	Lambda [W/(mK)]	Variable [d3] - Dachdämmung 160 mm - 0,04 W/(mK)				
				Variable [d1] - Dämmung WLG 040				
				120 mm	140 mm	160 mm	180 mm	200 mm
WDVS [d2]	40	30	0,04	-0,03	-0,03	-0,03	-0,03	-0,03
	60	30	0,04	-0,03	-0,03	-0,04	-0,04	-0,04
	80	30	0,04	-0,04	-0,04	-0,04	-0,04	-0,05
	100	30	0,04	-0,05	-0,05	-0,05	-0,05	-0,05
	120	30	0,04	-0,05	-0,05	-0,06	-0,06	-0,06

Variable	Dicke [mm]	Rohdichte [kg/m³]	Lambda [W/(mK)]	Variable [d3] - Dachdämmung 180 mm - 0,04 W/(mK)				
				Variable [d1] - Dämmung WLG 040				
				120 mm	140 mm	160 mm	180 mm	200 mm
WDVS [d2]	40	30	0,04	-0,02	-0,02	-0,02	-0,02	-0,02
	60	30	0,04	-0,02	-0,02	-0,02	-0,02	-0,02
	80	30	0,04	-0,03	-0,03	-0,03	-0,03	-0,03
	100	30	0,04	-0,03	-0,03	-0,04	-0,04	-0,04
	120	30	0,04	-0,04	-0,04	-0,04	-0,04	-0,05

Variable	Dicke [mm]	Rohdichte [kg/m³]	Lambda [W/(mK)]	Variable [d3] - Dachdämmung 200 mm - 0,04 W/(mK)				
				Variable [d1] - Dämmung WLG 040				
				120 mm	140 mm	160 mm	180 mm	200 mm
WDVS [d2]	40	30	0,04	-0,01	-0,01	-0,01	-0,01	0,00
	60	30	0,04	-0,01	-0,01	-0,01	-0,01	-0,01
	80	30	0,04	-0,02	-0,02	-0,02	-0,02	-0,02
	100	30	0,04	-0,02	-0,02	-0,02	-0,02	-0,02
	120	30	0,04	-0,03	-0,03	-0,03	-0,03	-0,03

Variable	Dicke [mm]	Rohdichte [kg/m³]	Lambda [W/(mK)]	Variable [d3] - Dachdämmung 220 mm - 0,04 W/(mK)				
				Variable [d1] - Dämmung WLG 040				
				120 mm	140 mm	160 mm	180 mm	200 mm
WDVS [d2]	40	30	0,04	0,00	0,00	0,00	0,01	0,01
	60	30	0,04	0,00	0,00	0,00	0,00	0,00
	80	30	0,04	-0,01	-0,01	0,00	0,00	0,00
	100	30	0,04	-0,01	-0,01	-0,01	-0,01	-0,01
	120	30	0,04	-0,01	-0,01	-0,01	-0,01	-0,01

Variable	Dicke [mm]	Rohdichte [kg/m³]	Lambda [W/(mK)]	Variable [d3] - Dachdämmung 240 mm - 0,04 W/(mK)				
				Variable [d1] - Dämmung WLG 040				
				120 mm	140 mm	160 mm	180 mm	200 mm
WDVS [d2]	40	30	0,04	0,01	0,01	0,02	0,02	0,02
	60	30	0,04	0,01	0,01	0,01	0,01	0,02
	80	30	0,04	0,00	0,01	0,01	0,01	0,01
	100	30	0,04	0,00	0,00	0,00	0,01	0,01
	120	30	0,04	0,00	0,00	0,00	0,00	0,00

16 / Sparrendach
16-H-F22b / Bild F22b - Holzbauart

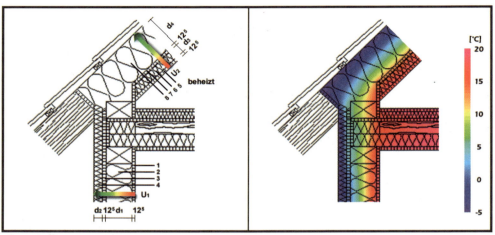

Baustoffe:

Pos.	Bezeichnung	Dicke [mm]	Rohdichte [kg/m³]	Lambda [W/(mK)]
1	Gipsfaserplatte	12,5	1150	0,32
2	Dämmung WLG 040	Tabelle [d1]		
3	Gipsfaserplatte	12,5	1150	0,32
4	WDVS WLG 040	Tabelle [d2]		
5	Gipsfaserplatte	12,5	1150	0,32
6	Dämmung WLG 040	Tabelle [d3]		
7	Gipsfaserplatte	12,5	1150	0,32
8	Dämmung WLG 040	Tabelle [d4]		

U-Wert [U_1]:

				U-Wert [U_1] - [W/(m²K)]				
Variable	Dicke [mm]	Rohdichte [kg/m³]	Lambda [W/(mK)]	Variable [d1] - Dämmung WLG 040				
				120 mm	140 mm	160 mm	180 mm	200 mm
WDVS [d2]	40	30	0,04	0,24	0,21	0,19	0,17	0,16
	60	30	0,04	0,21	0,19	0,17	0,16	0,15
	80	30	0,04	0,19	0,17	0,16	0,15	0,14
	100	30	0,04	0,17	0,16	0,15	0,14	0,13
	120	30	0,04	0,16	0,15	0,14	0,13	0,12

U-Wert [U_2]:

				U-Wert [U_2] - [W/(m²K)]		
Variable	Dicke [mm]	Rohdichte [kg/m³]	Lambda [W/(mK)]	Variable [d4] - Dämmung WLG 040		
				160 mm	200 mm	240 mm
Dämmung [d3]	40	150	0,04	0,19	0,16	0,14
	60	150	0,04	0,17	0,15	0,13

Wärmebrückenkatalog zum Beiblatt 2 der DIN 4108-6

Wärmebrückenverlustkoeffizient: (Ψ-Wert, außenmaßbezogen)

Variable	Dicke [mm]	Rohdichte [kg/m³]	Lambda [W/(mK)]	Variable [d1] - Dämmung WLG 040				
				120 mm	140 mm	160 mm	180 mm	200 mm
Variable [d3] - Dämmung 40 mm - 0,04 W/(mK)								
Variable [d4] - Dämmung 160 mm - 0,04 W/(mK)								
WDVS [d2]	40	30	0,04	0,03	0,03	0,03	0,03	0,03
	60	30	0,04	0,03	0,03	0,03	0,03	0,03
	80	30	0,04	0,02	0,02	0,02	0,02	0,02
	100	30	0,04	0,02	0,02	0,02	0,02	0,01
	120	30	0,04	0,01	0,01	0,01	0,01	0,01
Variable [d4] - Dämmung 200 mm - 0,04 W/(mK)								
WDVS [d2]	40	30	0,04	0,02	0,02	0,02	0,02	0,03
	60	30	0,04	0,01	0,02	0,02	0,02	0,02
	80	30	0,04	0,01	0,01	0,01	0,01	0,01
	100	30	0,04	0,01	0,01	0,01	0,01	0,01
	120	30	0,04	0,00	0,00	0,00	0,00	0,00
Variable [d4] - Dämmung 240 mm - 0,04 W/(mK)								
WDVS [d2]	40	30	0,04	0,00	0,01	0,01	0,01	0,02
	60	30	0,04	0,00	0,00	0,01	0,01	0,01
	80	30	0,04	0,00	0,00	0,00	0,01	0,01
	100	30	0,04	0,00	0,00	0,00	0,00	0,00
	120	30	0,04	0,00	0,00	0,00	0,00	0,00

Variable	Dicke [mm]	Rohdichte [kg/m³]	Lambda [W/(mK)]	Variable [d1] - Dämmung WLG 040				
				120 mm	140 mm	160 mm	180 mm	200 mm
Variable [d3] - Dämmung 60 mm - 0,04 W/(mK)								
Variable [d4] - Dämmung 160 mm - 0,04 W/(mK)								
WDVS [d2]	40	30	0,04	0,02	0,03	0,03	0,03	0,03
	60	30	0,04	0,02	0,02	0,02	0,02	0,02
	80	30	0,04	0,02	0,02	0,02	0,02	0,02
	100	30	0,04	0,01	0,01	0,01	0,01	0,01
	120	30	0,04	0,01	0,01	0,01	0,01	0,01
Variable [d4] - Dämmung 200 mm - 0,04 W/(mK)								
WDVS [d2]	40	30	0,04	0,01	0,02	0,02	0,02	0,03
	60	30	0,04	0,01	0,01	0,02	0,02	0,02
	80	30	0,04	0,01	0,01	0,01	0,01	0,02
	100	30	0,04	0,01	0,01	0,01	0,01	0,01
	120	30	0,04	0,00	0,00	0,00	0,01	0,01
Variable [d4] - Dämmung 240 mm - 0,04 W/(mK)								
WDVS [d2]	40	30	0,04	0,00	0,01	0,01	0,02	0,02
	60	30	0,04	0,00	0,01	0,01	0,01	0,02
	80	30	0,04	0,00	0,00	0,01	0,01	0,01
	100	30	0,04	0,00	0,00	0,00	0,01	0,01
	120	30	0,04	0,00	0,00	0,00	0,00	0,00

18 / Flachdach
18-M-88a / Bild 88a - monolithisches Mauerwerk

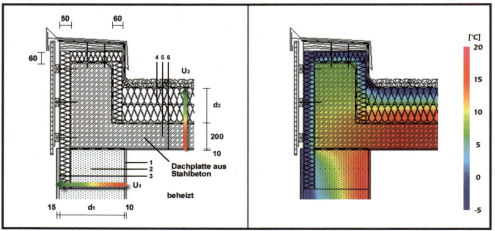

Baustoffe:

Pos.	Bezeichnung	Dicke [mm]	Rohdichte [kg/m³]	Lambda [W/(mK)]
1	Innenputz	10	1800	0,35
2	Mauerwerk		Tabelle [d1]	
3	Außenputz	15	1300	0,2
4	Dachdämmung WLG 040		Tabelle [d2]	
5	Dachplatte aus Stahlbeton	200	2400	2,1
6	Innenputz	10	1800	0,35

U-Wert [U_1]:

Variable	Dicke [mm]	Rohdichte [kg/m³]	Lambda [W/(mK)]	U-Wert [U_1] [W/(m²K)]
Mauerwerk [d1]	240	350	0,09	0,34
	300	350	0,09	0,28
	365	350	0,09	0,23
	240	400	0,10	0,37
	300	400	0,10	0,31
	365	400	0,10	0,25
	240	450	0,12	0,44
	300	450	0,12	0,36
	365	450	0,12	0,30
	240	500	0,14	0,50
	300	500	0,14	0,41
	365	500	0,14	0,35
	240	550	0,16	0,56
	300	550	0,16	0,47
	365	550	0,16	0,39

U-Wert [U_2]:

Variable	Dicke [mm]	Rohdichte [kg/m³]	Lambda [W/(mK)]	U-Wert [U_2] [W/(m²K)]
Dachdämmung [d2]	140	150	0,04	0,26
	160	150	0,04	0,23
	180	150	0,04	0,21
	200	150	0,04	0,19

Wärmebrückenverlustkoeffizient: (Ψ-Wert, außenmaßbezogen)

Variable	Dicke [mm]	Rohdichte [kg/m³]	Lambda [W/(mK)]	Variable [d2] - Dachdämmung WLG 040			
				140 mm	160 mm	180 mm	200 mm
Mauerwerk [d1]	240	350	0,09	0,13	0,14	0,14	0,15
	300	350	0,09	0,14	0,14	0,15	0,15
	365	350	0,09	0,13	0,14	0,15	0,15
	240	400	0,10	0,12	0,12	0,12	0,13
	300	400	0,10	0,12	0,13	0,14	0,14
	365	400	0,10	0,12	0,13	0,14	0,14
	240	450	0,12	0,09	0,09	0,09	0,10
	300	450	0,12	0,10	0,11	0,11	0,11
	365	450	0,12	0,10	0,11	0,11	0,12
	240	500	0,14	0,06	0,06	0,06	0,06
	300	500	0,14	0,08	0,08	0,08	0,09
	365	500	0,14	0,08	0,09	0,09	0,10
	240	550	0,16	0,03	0,03	0,03	0,03
	300	550	0,16	0,05	0,06	0,06	0,06
	365	550	0,16	0,06	0,07	0,07	0,08

18 / Flachdach
18-M-88b / Bild 88b - monolithisches Mauerwerk

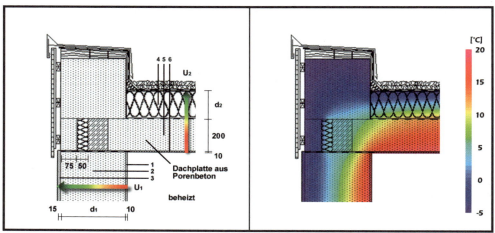

Baustoffe:

Pos.	Bezeichnung	Dicke [mm]	Rohdichte [kg/m³]	Lambda [W/(mK)]
1	Innenputz	10	1800	0,35
2	Mauerwerk	Tabelle [d1]		
3	Außenputz	15	1300	0,2
4	Dachdämmung WLG 040	Tabelle [d2]		
5	Dachplatte aus Porenbeton	200	600	0,16
6	Innenputz	10	1800	0,35

U-Wert [U_1]:

Variable	Dicke [mm]	Rohdichte [kg/m³]	Lambda [W/(mK)]	U-Wert [U_1] [W/(m²K)]
Mauerwerk [d1]	240	350	0,09	0,34
	300	350	0,09	0,28
	365	350	0,09	0,23
	240	400	0,10	0,37
	300	400	0,10	0,31
	365	400	0,10	0,25
	240	450	0,12	0,44
	300	450	0,12	0,36
	365	450	0,12	0,30
	240	500	0,14	0,50
	300	500	0,14	0,41
	365	500	0,14	0,35
	240	550	0,16	0,56
	300	550	0,16	0,47
	365	550	0,16	0,39

U-Wert [U_2]:

Variable	Dicke [mm]	Rohdichte [kg/m³]	Lambda [W/(mK)]	U-Wert [U_2] [W/(m²K)]
Dachdämmung [d2]	100	150	0,04	0,25
	120	150	0,04	0,22
	140	150	0,04	0,20
	160	150	0,04	0,18

Wärmebrückenverlustkoeffizient: (Ψ-Wert, außenmaßbezogen)

Variable	Dicke [mm]	Rohdichte [kg/m³]	Lambda [W/(mK)]	Variable [d2] - Dachdämmung WLG 040			
				100 mm	120 mm	140 mm	160 mm
Mauerwerk [d1]	240	350	0,09	-0,08	-0,07	-0,07	-0,07
	300	350	0,09	-0,08	-0,07	-0,07	-0,07
	365	350	0,09	-0,08	-0,08	-0,08	-0,07
	240	400	0,10	-0,09	-0,08	-0,08	-0,08
	300	400	0,10	-0,08	-0,08	-0,08	-0,08
	365	400	0,10	-0,09	-0,08	-0,08	-0,08
	240	450	0,12	-0,10	-0,10	-0,10	-0,09
	300	450	0,12	-0,09	-0,09	-0,09	-0,09
	365	450	0,12	-0,10	-0,09	-0,09	-0,09
	240	500	0,14	-0,12	-0,11	-0,11	-0,11
	300	500	0,14	-0,10	-0,10	-0,10	-0,10
	365	500	0,14	-0,11	-0,10	-0,10	-0,10
	240	550	0,16	-0,13	-0,13	-0,13	-0,13
	300	550	0,16	-0,11	-0,12	-0,12	-0,12
	365	550	0,16	-0,12	-0,11	-0,11	-0,11

18 / Flachdach
18-M-89 / Bild 89 - außengedämmtes Mauerwerk

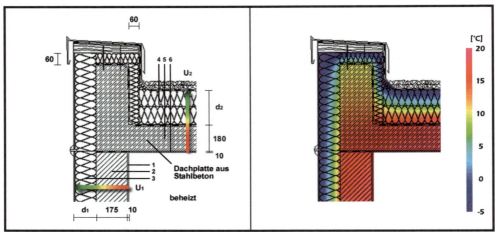

Baustoffe:

Pos.	Bezeichnung	Dicke [mm]	Rohdichte [kg/m³]	Lambda [W/(mK)]
1	Innenputz	10	1800	0,35
2	Kalksandstein	175	1800	0,99
3	Wärmedämmverbundsystem	Tabelle [d1]		
4	Dachdämmung WLG 040	Tabelle [d2]		
5	Dachplatte aus Stahlbeton	180	2400	2,1
6	Innenputz	10	1800	0,35

Wärmebrückenkatalog zum Beiblatt 2 der DIN 4108-6

U-Wert [U_1]:

Variable	Dicke [mm]	Rohdichte [kg/m³]	Lambda [W/(mK)]	U-Wert [U_1] [W/(m²K)]
WDVS [d1]	100	150	0,04	0,35
	120	150	0,04	0,30
	140	150	0,04	0,26
	160	150	0,04	0,23
	100	150	0,045	0,38
	120	150	0,045	0,33
	140	150	0,045	0,29
	160	150	0,045	0,25

U-Wert [U_2]:

Variable	Dicke [mm]	Rohdichte [kg/m³]	Lambda [W/(mK)]	U-Wert [U_2] [W/(m²K)]
Dachdämmung [d2]	140	150	0,04	0,26
	160	150	0,04	0,23
	180	150	0,04	0,21
	200	150	0,04	0,19

Wärmebrückenverlustkoeffizient: (Ψ-Wert, außenmaßbezogen)

Variable	Dicke [mm]	Rohdichte [kg/m³]	Lambda [W/(mK)]	Variable [d2] - Dachdämmung WLG 040			
				140 mm	160 mm	180 mm	200 mm
WDVS [d1]	100	150	0,04	0,07	0,07	0,08	0,08
	120	150	0,04	0,07	0,07	0,08	0,09
	140	150	0,04	0,07	0,07	0,08	0,09
	160	150	0,04	0,07	0,07	0,08	0,09
	100	150	0,045	0,06	0,07	0,07	0,08
	120	150	0,045	0,07	0,07	0,08	0,08
	140	150	0,045	0,07	0,07	0,08	0,08
	160	150	0,045	0,06	0,07	0,08	0,09

18 / Flachdach
18-K-90a / Bild 90a - kerngedämmtes Mauerwerk

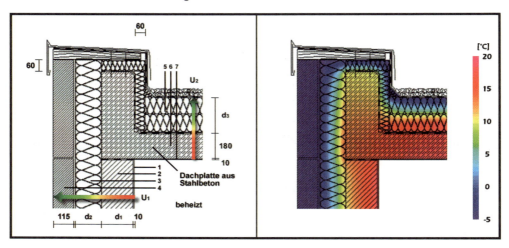

Baustoffe:

Pos.	Bezeichnung	Dicke [mm]	Rohdichte [kg/m³]	Lambda [W/(mK)]
1	Innenputz	10	1800	0,35
2	Mauerwerk		Tabelle [d1]	
3	Kerndämmung		Tabelle [d2]	
4	Verblendmauerwerk	115	2000	0,96
5	Dachdämmung WLG 040		Tabelle [d3]	
6	Dachplatte aus Stahlbeton	180	2400	2,1
7	Innenputz	10	1800	0,35

U-Wert [U_1]:

	U-Wert [U_1] - [W/(m²K)]						
	Dicke [mm]	Rohdichte [kg/m³]	Lambda [W/(mK)]	Variable [d1] - 175 mm			
Variable				Kalksandstein	Mauerwerk 0,10 W/(mK)	Mauerwerk 0,12 W/(mK)	Mauerwerk 0,14 W/(mK)
Kerndämmung [d2]	100	150	0,04	0,33	0,22	0,23	0,25
	120	150	0,04	0,29	0,20	0,21	0,22
	140	150	0,04	0,25	0,18	0,19	0,20

U-Wert [U_2]:

Variable	Dicke [mm]	Rohdichte [kg/m³]	Lambda [W/(mK)]	U-Wert [U_2] [W/(m²K)]
Dachdämmung [d3]	140	150 •	0,04	0,26
	160	150	0,04	0,23
	180	150	0,04	0,21
	200	150	0,04	0,19

Wärmebrückenverlustkoeffizient: (Ψ-Wert, außenmaßbezogen)

Variable [d1] - Kalksandstein 175 mm - 0,99 W/(mK)

Variable	Dicke [mm]	Rohdichte [kg/m³]	Lambda [W/(mK)]	Variable [d3] - Dachdämmung WLG 040			
				140 mm	160 mm	180 mm	200 mm
Kerndämmung [d2]	100	150	0,04	0,07	0,08	0,09	0,09
	120	150	0,04	0,07	0,08	0,09	0,09
	140	150	0,04	0,06	0,07	0,08	0,09

Variable [d1] - Mauerwerk 175 mm - 0,10 W/(mK)

Variable	Dicke [mm]	Rohdichte [kg/m³]	Lambda [W/(mK)]	Variable [d3] - Dachdämmung WLG 040			
				140 mm	160 mm	180 mm	200 mm
Kerndämmung [d2]	100	150	0,04	0,10	0,11	0,12	0,13
	120	150	0,04	0,09	0,10	0,11	0,12
	140	150	0,04	0,07	0,09	0,10	0,11

Variable [d1] - Mauerwerk 175 mm - 0,12 W/(mK)

Variable	Dicke [mm]	Rohdichte [kg/m³]	Lambda [W/(mK)]	Variable [d3] - Dachdämmung WLG 040			
				140 mm	160 mm	180 mm	200 mm
Kerndämmung [d2]	100	150	0,04	0,10	0,11	0,12	0,13
	120	150	0,04	0,08	0,10	0,11	0,12
	140	150	0,04	0,07	0,09	0,10	0,11

Variable [d1] - Mauerwerk 175 mm - 0,14 W/(mK)

Variable	Dicke [mm]	Rohdichte [kg/m³]	Lambda [W/(mK)]	Variable [d3] - Dachdämmung WLG 040			
				140 mm	160 mm	180 mm	200 mm
Kerndämmung [d2]	100	150	0,04	0,09	0,10	0,11	0,12
	120	150	0,04	0,08	0,09	0,10	0,11
	140	150	0,04	0,07	0,08	0,09	0,10

18 / Flachdach
18-K-90b / Bild 90b - kerngedämmtes Mauerwerk

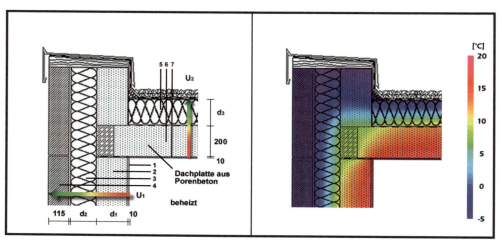

Baustoffe:

Pos.	Bezeichnung	Dicke [mm]	Rohdichte [kg/m³]	Lambda [W/(mK)]
1	Innenputz	10	1800	0,35
2	Mauerwerk		Tabelle [d1]	
3	Kerndämmung		Tabelle [d2]	
4	Verblendmauerwerk	115	2000	0,96
5	Dachdämmung WLG 040		Tabelle [d3]	
6	Dachplatte aus Porenbeton	200	600	0,16
7	Innenputz	10	1800	0,35

U-Wert [U_1]:

				U-Wert [U_1] - [W/(m²K)]			
	Dicke	Rohdichte	Lambda	Variable [d1] - 175 mm			
Variable	[mm]	[kg/m³]	[W/(mK)]	Kalksandstein	Mauerwerk 0,10 W/(mK)	Mauerwerk 0,12 W/(mK)	Mauerwerk 0,14 W/(mK)
Kerndämmung [d2]	100	150	0,04	0,33	0,22	0,23	0,25
	120	150	0,04	0,29	0,20	0,21	0,22
	140	150	0,04	0,25	0,18	0,19	0,20

U-Wert [U_2]:

Variable	Dicke [mm]	Rohdichte [kg/m³]	Lambda [W/(mK)]	U-Wert [U_2] [W/(m²K)]
Dachdämmung [d3]	140	150	0,04	0,26
	160	150	0,04	0,23
	180	150	0,04	0,21
	200	150	0,04	0,19

Wärmebrückenkatalog zum Beiblatt 2 der DIN 4108-6

Wärmebrückenverlustkoeffizient: (Ψ-Wert, außenmaßbezogen)

Variable	Dicke [mm]	Rohdichte [kg/m³]	Lambda [W/(mK)]	Variable [d1] - Kalksandstein 175 mm - 0,99 W/(mK)			
				Variable [d3] - Dachdämmung WLG 040			
				140 mm	160 mm	180 mm	200 mm
Kerndäm-mung [d2]	100	150	0,04	-0,06	-0,06	-0,06	-0,06
	120	150	0,04	-0,06	-0,06	-0,06	-0,05
	140	150	0,04	-0,06	-0,06	-0,05	-0,05

Variable	Dicke [mm]	Rohdichte [kg/m³]	Lambda [W/(mK)]	Variable [d1] - Mauerwerk 175 mm - 0,10 W/(mK)			
				Variable [d3] - Dachdämmung WLG 040			
				140 mm	160 mm	180 mm	200 mm
Kerndäm-mung [d2]	100	150	0,04	-0,07	-0,06	-0,05	-0,05
	120	150	0,04	-0,07	-0,06	-0,05	-0,05
	140	150	0,04	-0,07	-0,06	-0,05	-0,05

Variable	Dicke [mm]	Rohdichte [kg/m³]	Lambda [W/(mK)]	Variable [d1] - Mauerwerk 175 mm - 0,12 W/(mK)			
				Variable [d3] - Dachdämmung WLG 040			
				140 mm	160 mm	180 mm	200 mm
Kerndäm-mung [d2]	100	150	0,04	-0,06	-0,06	-0,05	-0,05
	120	150	0,04	-0,06	-0,06	-0,05	-0,05
	140	150	0,04	-0,07	-0,06	-0,05	-0,05

Variable	Dicke [mm]	Rohdichte [kg/m³]	Lambda [W/(mK)]	Variable [d1] - Mauerwerk 175 mm - 0,14 W/(mK)			
				Variable [d3] - Dachdämmung WLG 040			
				140 mm	160 mm	180 mm	200 mm
Kerndäm-mung [d2]	100	150	0,04	-0,06	-0,06	-0,05	-0,05
	120	150	0,04	-0,06	-0,06	-0,05	-0,05
	140	150	0,04	-0,06	-0,06	-0,05	-0,05

18 / Flachdach
18-A-M14 / Bild M14 - Außengedämmtes Mauerwerk

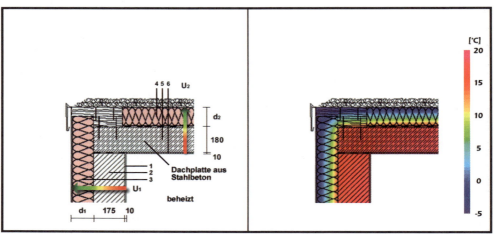

Baustoffe:

Pos.	Bezeichnung	Dicke [mm]	Rohdichte [kg/m³]	Lambda [W/(mK)]
1	Innenputz	10	1800	0,35
2	Kalksandstein	175	1800	0,99
3	Dämmplatte WLG 045	Tabelle [d1]		
4	Dämmplatte WLG 045	Tabelle [d2]		
5	Dachplatte aus Stahlbeton	180	2400	2,1
6	Innenputz	10	1800	0,35

U-Wert [*U*₁]:

Variable	Dicke [mm]	Rohdichte [kg/m³]	Lambda [W/(mK)]	*U*-Wert [*U*₁] [W/(m²K)]
WDVS [d1]	100	150	0,045	0,38
	120	150	0,045	0,33
	140	150	0,045	0,29
	160	150	0,045	0,25

U-Wert [*U*₂]:

Variable	Dicke [mm]	Rohdichte [kg/m³]	Lambda [W/(mK)]	*U*-Wert [*U*₂] [W/(m²K)]
Dämmung [d2]	140	150	0,045	0,29
	160	150	0,045	0,26
	180	150	0,045	0,23
	200	150	0,045	0,21

Wärmebrückenverlustkoeffizient: (Ψ-Wert, außenmaßbezogen)

Variable	Dicke [mm]	Rohdichte [kg/m³]	Lambda [W/(mK)]	Variable [d2] - Dämmung WLG 040			
				140 mm	160 mm	180 mm	200 mm
WDVS [d1]	100	150	0,045	0,00	-0,01	-0,01	-0,02
	120	150	0,045	-0,02	-0,02	-0,02	-0,02
	140	150	0,045	-0,03	-0,03	-0,02	-0,02
	160	150	0,045	-0,05	-0,04	-0,03	-0,01

19 / Dachflächenfenster
19-H-91 / Bild 91 - Holzbauart

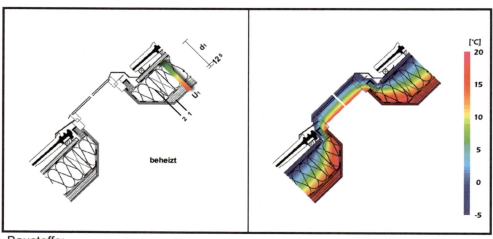

Baustoffe:

Pos.	Bezeichnung	Dicke [mm]	Rohdichte [kg/m³]	Lambda [W/(mK)]
1	Gipsfaserplatte	12,5	1150	0,32
2	Dämmung		Tabelle [d1]	

U-Wert [U_1]:

Variable	Dicke [mm]	Rohdichte [kg/m³]	Lambda [W/(mK)]	U-Wert [U_1] [W/(m²K)]
Dämmung [d1]	160	150	0,04	0,24
	180	150	0,04	0,21
	200	150	0,04	0,19
	220	150	0,04	0,18
	240	150	0,04	0,16

Wärmebrückenverlustkoeffizient: (Ψ-Wert, außenmaßbezogen)

Variable	Dicke [mm]	Rohdichte [kg/m³]	Lambda [W/(mK)]	Wärmebrückenverlustkoeffizient
Dämmung [d1]	160	150	0,04	0,16
	180	150	0,04	0,16
	200	150	0,04	0,16
	220	150	0,04	0,16
	240	150	0,04	0,16

19 / Dachflächenfenster
19-H-92 / Bild 92 - Holzbauart

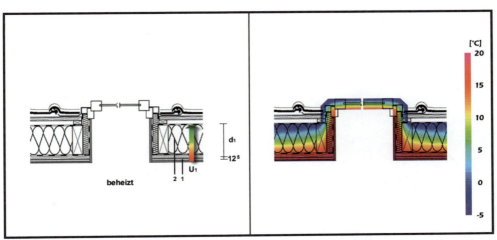

Baustoffe:

Pos.	Bezeichnung	Dicke [mm]	Rohdichte [kg/m³]	Lambda [W/(mK)]
1	Gipsfaserplatte	12,5	1150	0,32
2	Dämmung		Tabelle [d1]	

U-Wert [U_1]:

Variable	Dicke [mm]	Rohdichte [kg/m³]	Lambda [W/(mK)]	U-Wert [U_1] [W/(m²K)]
Dämmung [d1]	160	150	0,04	0,24
	180	150	0,04	0,21
	200	150	0,04	0,19
	220	150	0,04	0,18
	240	150	0,04	0,16

Wärmebrückenverlustkoeffizient: (Ψ-Wert, außenmaßbezogen)

Variable	Dicke [mm]	Rohdichte [kg/m³]	Lambda [W/(mK)]	Wärmebrückenverlustkoeffizient
Dämmung [d1]	160	150	0,04	0,10
	180	150	0,04	0,10
	200	150	0,04	0,11
	220	150	0,04	0,11
	240	150	0,04	0,12

19 / Dachflächenfenster
19-A-M58 / Bild M58 - innengedämmtes Mauerwerk

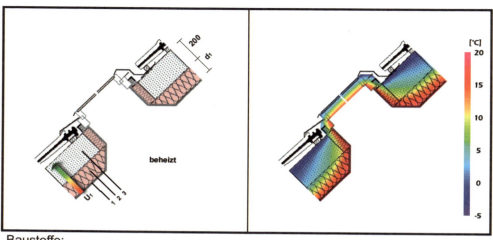

Baustoffe:

Pos.	Bezeichnung	Dicke [mm]	Rohdichte [kg/m³]	Lambda [W/(mK)]
1	Innenputz	10	1800	0,35
2	Dämmplatte WLG 045	Tabelle [d1]		
3	Dachplatte aus Porenbeton	200	600	0,16

U-Wert [U_1]:

Variable	Dicke [mm]	Rohdichte [kg/m³]	Lambda [W/(mK)]	U-Wert [U_1] [W/(m²K)]
Dämmung [d1]	120	150	0,045	0,24
	140	150	0,045	0,22
	160	150	0,045	0,20
	180	150	0,045	0,18
	200	150	0,045	0,17

Wärmebrückenverlustkoeffizient: (Ψ-Wert, außenmaßbezogen)

Variable	Dicke [mm]	Rohdichte [kg/m³]	Lambda [W/(mK)]	Wärmebrückenverlustkoeffizient
Dämmung [d1]	120	150	0,045	0,09
	140	150	0,045	0,09
	160	150	0,045	0,09
	180	150	0,045	0,10
	200	150	0,045	0,11

19 / Dachflächenfenster
19-A-M59 / Bild M59 - innengedämmtes Massivdach

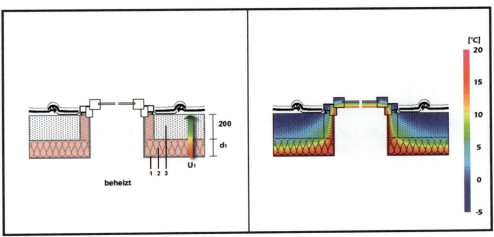

Baustoffe:

Pos.	Bezeichnung	Dicke [mm]	Rohdichte [kg/m³]	Lambda [W/(mK)]
1	Innenputz	10	1800	0,35
2	Dämmplatte WLG 045	Tabelle [d1]		
3	Dachplatte aus Porenbeton	200	600	0,16

U-Wert [U_1]:

Variable	Dicke [mm]	Rohdichte [kg/m³]	Lambda [W/(mK)]	U-Wert [U_1] [W/(m²K)]
Dämmung [d1]	120	150	0,045	0,24
	140	150	0,045	0,22
	160	150	0,045	0,20
	180	150	0,045	0,18
	200	150	0,045	0,17

Wärmebrückenverlustkoeffizient: (Ψ-Wert, außenmaßbezogen)

Variable	Dicke [mm]	Rohdichte [kg/m³]	Lambda [W/(mK)]	Wärmebrückenverlustkoeffizient
Dämmung [d1]	120	150	0,045	0,06
	140	150	0,045	0,07
	160	150	0,045	0,07
	180	150	0,045	0,08
	200	150	0,045	0,08

20 / Gaubenanschluss
20-H-93 / Bild 93 - Holzbauart

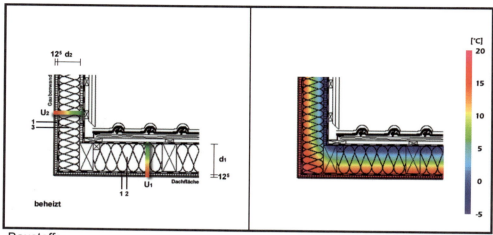

Baustoffe:

Pos.	Bezeichnung	Dicke [mm]	Rohdichte [kg/m³]	Lambda [W/(mK)]
1	Gipsfaserplatte	12,5	1150	0,32
2	Dämmung WLG 040		Tabelle [d1]	
3	Dämmung WLG 040		Tabelle [d2]	

U-Wert [U_1]:

Variable	Dicke [mm]	Rohdichte [kg/m³]	Lambda [W/(mK)]	U-Wert [U_1] [W/(m²K)]
Dämmung [d1]	160	150	0,04	0,24
	180	150	0,04	0,21
	200	150	0,04	0,19
	220	150	0,04	0,18
	240	150	0,04	0,16

U-Wert [U_2]:

Variable	Dicke [mm]	Rohdichte [kg/m³]	Lambda [W/(mK)]	U-Wert [U_2] [W/(m²K)]
Dämmung [d2]	120	150	0,04	0,31
	140	150	0,04	0,27
	160	150	0,04	0,24

Wärmebrückenverlustkoeffizient: (Ψ-Wert, außenmaßbezogen)

Variable	Dicke [mm]	Rohdichte [kg/m³]	Lambda [W/(mK)]	Variable [d2] - Dämmung WLG 040		
				120 mm	140 mm	160 mm
Dämmung [d1]	160	150	0,04	0,06	0,06	0,06
	180	150	0,04	0,06	0,06	0,06
	200	150	0,04	0,06	0,06	0,06
	220	150	0,04	0,06	0,06	0,06
	240	150	0,04	0,06	0,06	0,06

21 / Dach
21-X-94 / Bild 94 - Innenwand-Anschluß

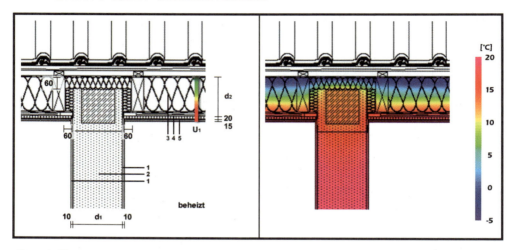

Baustoffe:

Pos.	Bezeichnung	Dicke [mm]	Rohdichte [kg/m³]	Lambda [W/(mK)]
1	Innenputz	10	1800	0,35
2	Mauerwerk		Tabelle [d1]	
3	Dachdämmung WLG 040		Tabelle [d2]	
4	Holzfaserplatte	20	1000	0,17
5	Gipskartonplatte	15	900	0,25

Wärmebrückenkatalog zum Beiblatt 2 der DIN 4108-6

U-Wert [U_1]:

Variable	Dicke [mm]	Rohdichte [kg/m³]	Lambda [W/(mK)]	U-Wert [U_1] [W/(m²K)]
Dachdäm-mung [d2]	140	150	0,04	0,26
	160	150	0,04	0,23
	180	150	0,04	0,21
	200	150	0,04	0,19

Wärmebrückenverlustkoeffizient: (Ψ-Wert, außenmaßbezogen)

Variable	Dicke [mm]	Rohdichte [kg/m³]	Lambda [W/(mK)]	Variable [d1] - 240 mm		
				Kalksandstein	Mauerwerk 0,14 W/(mK)	Mauerwerk 0,16 W/(mK)
Dachdäm-mung [d2]	140	150	0,04	0,16	0,13	0,13
	160	150	0,04	0,17	0,13	0,13
	180	150	0,04	0,17	0,13	0,13
	200	150	0,04	0,17	0,12	0,13

Wärmebrückenkatalog zum Beiblatt 2 der DIN 4108-6

22 / Keller
22-X-95 / Bild 95 - Innenwand-Anschluß

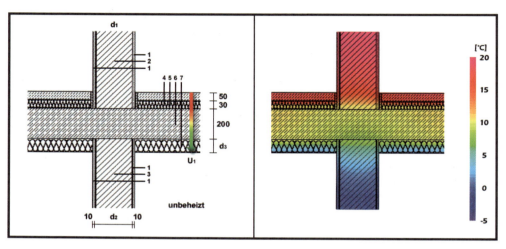

Baustoffe:

Pos.	Bezeichnung	Dicke [mm]	Rohdichte [kg/m³]	Lambda [W/(mK)]
1	Innenputz	10	1800	0,35
2	Mauerwerk (oben)	Tabelle [d1]		
3	Mauerwerk (unten)	Tabelle [d2]		
4	Estrich	50	2000	1,4
5	Estrichdämmung WLG 040	30	150	0,04
6	Decke aus Stahlbeton	200	2400	2,1
7	Perimeterdämmung WLG 045	Tabelle [d3]		

Wärmebrückenverlustkoeffizient: (Ψ-Wert, außenmaßbezogen)

Variable [d3] - Perimeterdämmung WLG 045 - 40 mm											
				Variable [d2]							
				Kalksandstein ohne Kimmstein			Kalksandstein mit ISO Kimmstein			Mauerwerk 0,16 W/(mK)		
Variable			Dicke [mm]	115	175	240	115	175	240	115	175	240
Mauerwerk [d1]	Kalksandstein ohne Kimmstein		115	0,14	-	-	---	-	-	---	-	-
			175	-	0,00	-	-	---	-	-	---	-
			240	-	-	0,0	-	-	---	-	-	---
	Kalksandstein mit ISO Kimmstein		115	---	-	-	-0,02	-	-	---	-	-
			175	-	---	-	-	-0,01	-	-	---	-
			240	-	-	---	-	-	-0,01	-	-	---
	Mauerwerk 0,16 W/(mK)		115	-0,02	-	-	-0,02	-	-	-0,02	-	-
			175	-	-0,02	-	-	-0,02	-	-	-0,03	-
			240	-	-	-0,02	-	-	-0,02	-	-	-0,03

Wärmebrückenkatalog zum Beiblatt 2 der DIN 4108-6

Variable [d3] - Perimeterdämmung WLG 045 - 50 mm											
			Variable [d2]								
		Dicke [mm]	Kalksandstein ohne Kimmstein			Kalksandstein mit ISO Kimmstein			Mauerwerk 0,16 W/(mK)		
Variable			115	175	240	115	175	240	115	175	240
Mauerwerk [d1]	Kalksandstein ohne Kimmstein	115	0,01	-	-	---	-	-	---	-	-
		175	-	0,02	-	-	---	-	-	---	-
		240	-	-	0,24	-	-	---	-	-	---
	Kalksandstein mit ISO Kimmstein	115	---	-	-	0,11	-	-	---	-	-
		175	-	---	-	-	0,14	-	-	---	-
		240	-	-	---	-	-	0,17	-	-	---
	Mauerwerk 0,16 W/(mK)	115	-0,01	-	-	0,09	-	-	0,01	-	-
		175	-	0,00	-	-	0,11	-	-	0,01	-
		240	-	-	0,12	-	-	0,12	-	-	0,01

Variable [d3] - Perimeterdämmung WLG 045 - 60 mm											
			Variable [d2]								
		Dicke [mm]	Kalksandstein ohne Kimmstein			Kalksandstein mit ISO Kimmstein			Mauerwerk 0,16 W/(mK)		
Variable			115	175	240	115	175	240	115	175	240
Mauerwerk [d1]	Kalksandstein ohne Kimmstein	115	0,16	-	-	---	-	-	---	-	-
		175	-	0,21	-	-	---	-	-	---	-
		240	-	-	0,25	-	-	---	-	-	---
	Kalksandstein mit ISO Kimmstein	115	---	-	-	0,12	-	-	---	-	-
		175	-	---	-	-	0,16	-	-	---	-
		240	-	-	---	-	-	0,19	-	-	---
	Mauerwerk 0,16 W/(mK)	115	0,10	-	-	0,10	-	-	0,02	-	-
		175	-	0,12	-	-	0,12	-	-	0,02	-
		240	-	-	0,14	-	-	0,14	-	-	0,02

Variable [d3] - Perimeterdämmung WLG 045 - 70 mm											
			Variable [d2]								
		Dicke [mm]	Kalksandstein ohne Kimmstein			Kalksandstein mit ISO Kimmstein			Mauerwerk 0,16 W/(mK)		
Variable			115	175	240	115	175	240	115	175	240
Mauerwerk [d1]	Kalksandstein ohne Kimmstein	115	0,16	-	-	---	-	-	---	-	-
		175	-	0,21	-	-	---	-	-	---	-
		240	-	-	0,26	-	-	---	-	-	---
	Kalksandstein mit ISO Kimmstein	115	---	-	-	0,13	-	-	---	-	-
		175	-	---	-	-	0,17	-	-	---	-
		240	-	-	---	-	-	0,20	-	-	---
	Mauerwerk 0,16 W/(mK)	115	0,11	-	-	0,11	-	-	0,02	-	-
		175	-	0,14	-	-	0,14	-	-	0,02	-
		240	-	-	0,16	-	-	0,16	-	-	0,03

22 / Keller
22-X-96 / Bild 96 - Innenwand-Anschluß

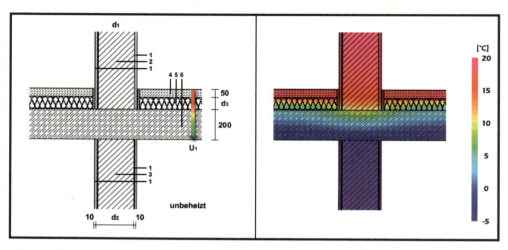

Baustoffe:

Pos.	Bezeichnung	Dicke [mm]	Rohdichte [kg/m³]	Lambda [W/(mK)]
1	Innenputz	10	1800	0,35
2	Mauerwerk (oben)	Tabelle [d1]		
3	Mauerwerk (unten)	Tabelle [d2]		
4	Estrich	50	2000	1,4
5	Estrichdämmung WLG 040	Tabelle [d3]		
6	Decke aus Stahlbeton	200	2400	2,1

U-Wert [U_1]:

Variable	Dicke [mm]	Rohdichte [kg/m³]	Lambda [W/(mK)]	U-Wert [U_1] [W/(m²K)]
Estrichdäm-mung [d2]	30	150	0,04	0,95
	50	150	0,04	0,64
	70	150	0,04	0,49

Wärmebrückenverlustkoeffizient: (Ψ-Wert, außenmaßbezogen)

Variable		Dicke [mm]	Variable [d3] - Estrichdämmung WLG 040 - 30 mm							
			Variable [d2]								
			Kalksandstein ohne Kimmstein			Kalksandstein mit ISO Kimmstein			Mauerwerk 0,16 W/(mK)		
			115	175	240	115	175	240	115	175	240
Mauerwerk [d1]	Kalksandstein ohne Kimmstein	115	0,18	-	-	---	-	-	---	-	-
		175	-	0,24	-	-	---	-	-	---	-
		240	-	-	0,31	-	-	---	-	-	---
	Kalksandstein mit ISO Kimmstein	115	---	-	-	0,06	-	-	---	-	-
		175	-	---	-	-	0,09	-	-	---	-
		240	-	-	---	-	-	0,12	-	-	---
	Mauerwerk 0,16 W/(mK)	115	0,00	-	-	0,00	-	-	-0,01	-	-
		175	-	0,00	-	-	0,00	-	-	0,00	-
		240	-	-	0,01	-	-	0,01	-	-	---

Variable		Dicke [mm]	Variable [d3] - Estrichdämmung WLG 040 - 50 mm							
			Variable [d2]								
			Kalksandstein ohne Kimmstein			Kalksandstein mit ISO Kimmstein			Mauerwerk 0,16 W/(mK)		
			115	175	240	115	175	240	115	175	240
Mauerwerk [d1]	Kalksandstein ohne Kimmstein	115	0,20	-	-	---	-	-	---	-	-
		175	-	0,26	-	-	---	-	-	---	-
		240	-	-	0,31	-	-	---	-	-	---
	Kalksandstein mit ISO Kimmstein	115	---	-	-	0,09	-	-	---	-	-
		175	-	---	-	-	0,12	-	-	---	-
		240	-	-	---	-	-	0,16	-	-	---
	Mauerwerk 0,16 W/(mK)	115	0,02	-	-	0,02	-	-	0,02	-	-
		175	-	0,03	-	-	0,03	-	-	0,03	-
		240	-	-	0,04	-	-	0,04	-	-	0,03

Variable		Dicke [mm]	Variable [d3] - Estrichdämmung WLG 040 - 70 mm							
			Variable [d2]								
			Kalksandstein ohne Kimmstein			Kalksandstein mit ISO Kimmstein			Mauerwerk 0,16 W/(mK)		
			115	175	240	115	175	240	115	175	240
Mauerwerk [d1]	Kalksandstein ohne Kimmstein	115	0,20	-	-	---	-	-	---	-	-
		175	-	0,27	-	-	---	-	-	---	-
		240	-	-	0,32	-	-	---	-	-	---
	Kalksandstein mit ISO Kimmstein	115	---	-	-	0,09	-	-	---	-	-
		175	-	---	-	-	0,13	-	-	---	-
		240	-	-	---	-	-	0,17	-	-	---
	Mauerwerk 0,16 W/(mK)	115	0,03	-	-	0,03	-	-	0,03	-	-
		175	-	0,04	-	-	0,04	-	-	0,04	-
		240	-	-	0,05	-	-	0,05	-	-	0,04

22 / Keller
22-X-96a / Bild 96a - Innenwand-Anschluß

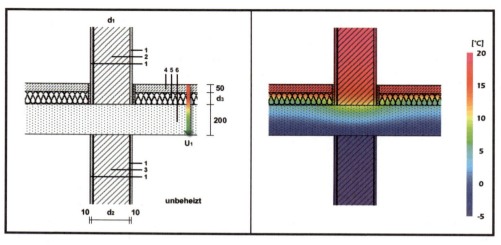

Baustoffe:

Pos.	Bezeichnung	Dicke [mm]	Rohdichte [kg/m³]	Lambda [W/(mK)]
1	Innenputz	10	1800	0,35
2	Mauerwerk (oben)	Tabelle [d1]		
3	Mauerwerk (unten)	Tabelle [d2]		
4	Estrich	50	2000	1,4
5	Estrichdämmung WLG 040	Tabelle [d3]		
6	Decke aus Porenbeton	240	600	0,16

U-Wert [U_1]:

Variable	Dicke [mm]	Rohdichte [kg/m³]	Lambda [W/(mK)]	U-Wert [U_1] [W/(m²K)]
Estrichdäm-mung [d2]	30	150	0,04	0,41
	50	150	0,04	0,34
	70	150	0,04	0,29

Wärmebrückenkatalog zum Beiblatt 2 der DIN 4108-6

Wärmebrückenverlustkoeffizient: (Ψ-Wert, außenmaßbezogen)

Variable [d3] - Estrichdämmung WLG 040 - 30 mm									
			Variable [d2]						
		Dicke [mm]	Kalksandstein ohne Kimmstein			Kalksandstein mit ISO Kimmstein			Mauerwerk 0,16 W/(mK)		
Variable			115	175	240	115	175	240	115	175	240
Mauerwerk [d1]	Kalksandstein ohne Kimmstein	115	-0,01	-	-	---	-	-	---	-	-
		175	-	0,00	-	-	---	-	-	---	-
		240	-	-	0,00	-	-	---	-	-	---
	Kalksandstein mit ISO Kimmstein	115	---	-	-	-0,02	-	-	---	-	-
		175	-	---	-	-	-0,01	-	-	---	-
		240	-	-	---	-	-	-0,01	-	-	---
	Mauerwerk 0,16 W/(mK)	115	-0,02	-	-	-0,02	-	-	-0,02	-	-
		175	-	-0,02	-	-	-0,02	-	-	-0,03	-
		240	-	-	-0,02	-	-	-0,02	-	-	-0,03

Variable [d3] - Estrichdämmung WLG 040 - 50 mm									
			Variable [d2]						
		Dicke [mm]	Kalksandstein ohne Kimmstein			Kalksandstein mit ISO Kimmstein			Mauerwerk 0,16 W/(mK)		
Variable			115	175	240	115	175	240	115	175	240
Mauerwerk [d1]	Kalksandstein ohne Kimmstein	115	0,01	-	-	---	-	-	---	-	-
		175	-	0,02	-	-	---	-	-	---	-
		240	-	-	0,03	-	-	---	-	-	---
	Kalksandstein mit ISO Kimmstein	115	---	-	-	0,00	-	-	---	-	-
		175	-	---	-	-	0,01	-	-	---	-
		240	-	-	---	-	-	0,01	-	-	---
	Mauerwerk 0,16 W/(mK)	115	-0,01	-	-	-0,01	-	-	-0,01	-	-
		175	-	0,00	-	-	0,00	-	-	-0,01	-
		240	-	-	0,00	-	-	0,00	-	-	-0,01

Variable [d3] - Estrichdämmung WLG 040 - 70 mm									
			Variable [d2]						
		Dicke [mm]	Kalksandstein ohne Kimmstein			Kalksandstein mit ISO Kimmstein			Mauerwerk 0,16 W/(mK)		
Variable			115	175	240	115	175	240	115	175	240
Mauerwerk [d1]	Kalksandstein ohne Kimmstein	115	0,03	-	-	---	-	-	---	-	-
		175	-	0,04	-	-	---	-	-	---	-
		240	-	-	0,04	-	-	---	-	-	---
	Kalksandstein mit ISO Kimmstein	115	---	-	-	0,01	-	-	---	-	-
		175	-	---	-	-	0,02	-	-	---	-
		240	-	-	---	-	-	0,03	-	-	---
	Mauerwerk 0,16 W/(mK)	115	0,00	-	-	0,00	-	-	0,00	-	-
		175	-	0,01	-	-	0,01	-	-	0,00	-
		240	-	-	0,01	-	-	0,01	-	-	0,00

Verzeichnis der verwendeten Normen und Verordnungen
(Ausgabedatum in Klammern)

DIN V 4108-6 (2003)	Wärmeschutz und Energie-Einsparung in Gebäuden Teil 6: Berechnung des Jahresheizwärme- und des Jahresheizenergiebedarfs
DIN EN ISO 10211-1 (1994)	Wärmebrücken im Hochbau Teil 1: Allgemeine Berechnungsverfahren
DIN EN ISO 10211-2 (2001)	Wärmebrücken im Hochbau Teil 2: Linienförmige Wärmebrücken
DIN EN 832 (2003)	Berechnung des Heizenergiebedarfs Wohngebäude
DIN 4108-2 (2003)	Wärmeschutz und Energieeinsparung in Gebäuden Teil 2: Mindestanforderungen an den Wärmeschutz
DIN 4108, Beiblatt 2 (2006)	Wärmebrücken Planungs- und Ausführungsbeispiele
DIN EN ISO 10077-1 (2006)	Wärmetechnisches Verhalten von Fenstern, Türen und Abschlüssen Berechnung des Wärmedurchgangskoeffizienten Teil 1: Vereinfachtes Verfahren
DIN EN ISO 13370 (1998)	Wärmeübertragung über das Erdreich Berechnungsverfahren
DIN EN ISO 13789 (1999)	Spezifischer Transmissionswärmeverlust Berechnungsverfahren
DIN EN ISO 6946 (2003)	Wärmedurchlasswiderstand und Wärmedurchgangskoeffizient Berechnungsverfahren
DIN EN ISO 7345 (1995)	Wärmeschutz Physikalische Größen und Definitionen
DIN V 4108-4 (2006)	Wärmeschutz und Energieeinsparung in Gebäuden Teil 4: Wärme- und feuchtetechnische Bemessungswerte

Literaturverzeichnis:

[1] Schoch, T. (2002): Neue Energieeinsparverordnung, Band 1: Wohnungsbau,
Bauwerk Verlag, Berlin

[2] Schoch, T. (2002): Neue Energieeinsparverordnung, Band 2: Nichtwohnbau
Bauwerk Verlag, Berlin

[3] Hegner, H-D. Vogler, I.(2002): Energieeinsparung EnEV - für die Praxis kommentiert;
Verlag Ernst und Sohn, Berlin

[4] Schoch, T.(2007): Das neue Beiblatt 2, in Mauerwerksbau Aktuell,
Bauwerk Verlag, Berlin

[5] Schoch, T.(2007): Novelle zur EnEV , in Mauerwerksbau Aktuell,
Bauwerk Verlag, Berlin

[6] Schoch, T.(2004): EnEV-Novelle 2004 Altbauten,
Bauwerk Verlag, Berlin